高等职业教育制冷与空调技术专业系列教材

制 冷 原 理

主　编　刘佳霓
副主编　黄国智　肖　键
参　编　叶必朝　何旭燕
主　审　陈焕新

机械工业出版社

全书分为三篇共九个模块,第一篇是基础篇,主要介绍制冷技术的热力学基础、主要制冷方法、制冷剂与载冷剂;第二篇是能力篇,主要介绍单级制冷循环、双级制冷循环、溴化锂吸收式制冷循环系统的原理与应用;第三篇是拓展篇,在基础篇和能力篇的基础上,介绍蓄冷空调制冷循环系统、复叠式制冷循环系统、热泵空调系统的原理与应用。"基础篇"按照"学习目标→相关知识"的思路组织内容,简明扼要、条理清楚;"能力篇"和"拓展篇"按照"学习目标→相关知识→知识运用"的思路组织内容,紧跟专业前沿,突出实际应用,符合学生的学习规律,同时满足了专业教学需要。

本书可作为高等职业院校、高等专科院校、成人高校、民办高校及本科院校举办的二级职业技术学院制冷及相关专业的教材,也可作为五年制高职、中职相关专业教材及从业人员的参考书、培训用书。

本书配有电子课件,凡使用本书作为教材的教师可登录机械工业出版社教材服务网 www.cmpedu.com 下载。咨询邮箱:cmpgaozhi@sina.com。咨询电话:010-88379375。

图书在版编目(CIP)数据

制冷原理/刘佳霓主编 . —北京:机械工业出版社,2012.9
(2025.8 重印)
高等职业教育制冷与空调技术专业系列教材
ISBN 978-7-111-39511-9

Ⅰ.①制… Ⅱ.①刘… Ⅲ.①制冷—理论—高等职业教育—教材 Ⅳ.①TB61

中国版本图书馆 CIP 数据核字(2012)第 197079 号

机械工业出版社(北京市百万庄大街 22 号　邮政编码 100037)
策划编辑:王海峰　张双国　责任编辑:王海峰　张双国　韩　冰
版式设计:霍永明　责任校对:张晓蓉
封面设计:马精明　责任印制:刘　媛
北京富资园科技发展有限公司印刷
2025 年 8 月第 1 版第 6 次印刷
184mm×260mm・10.75 印张・265 千字
标准书号:ISBN 978-7-111-39511-9
定价:35.00 元

电话服务　　　　　　　　　网络服务
客服电话:010-88361066　　机　工　官　网:www.cmpbook.com
　　　　　010-88379833　　机　工　官　博:weibo.com/cmp1952
　　　　　010-68326294　　金　书　网:www.golden-book.com
封底无防伪标均为盗版　　　机工教育服务网:www.cmpedu.com

前 言

随着制冷与空调行业的迅速发展,越来越多的高等职业院校开设了制冷类专业。为适应行业和专业的发展,机械工业出版社组织十多所高等职业院校的教师编写了这套适合高等职业院校制冷类专业学生的系列教材,以满足制冷类专业高素质技能型人才的培养要求。

《制冷原理》是这套系列教材中的一本。本教材的编写采用"模块化"的知识能力结构,全书分为基础篇、能力篇和拓展篇三大部分,每部分包括若干模块,每个模块为一个知识技能单元,在阐述不同的制冷与空调系统工作原理后,结合具体制冷与空调系统和装置进一步巩固和加深相关知识,彰显工学结合特色,适应实践教学环节需求。

本书专业知识覆盖面广,既涉及家用、商用制冷与空调装置,又涉及工业制冷装置。在内容编排上,立足于专业最前沿,既介绍传统的制冷原理、方法、设备,又补充了大量的新技术、新工艺、新设备。在课程组织上,力求循序渐进,深入浅出,强调实际、实用,实训贴近实际生产,突出能力培养,体现高等职业教育的特色。

本书共有九个模块,其中第一模块、第六模块由武汉商业服务学院刘佳霓编写,第四模块、第七模块由武汉凌丰冷气工程有限公司黄国智编写,第二模块、第九模块由保定电力职业技术学院肖键编写,第三模块、第五模块由常州工程职业技术学院叶必朝编写,第八模块由浙江商业职业技术学院何旭燕编写。

华中科技大学能源与动力工程学院陈焕新教授审阅了全书,并提出了许多宝贵的意见,特此致谢。

由于编写人员水平有限,书中难免存在不足之处,恳请专家和读者指正。

编 者

主要符号表

拉丁字母

h	比焓
p	压力
K	临界点
Ka	饱和液体线
Kb	饱和蒸气线
t	摄氏温度
s	比熵
S	熵
v	比体积
x	干度
T	热力学温度
H	磁场强度
B	磁感应强度
CFCs	氯氟烃
HCFCs	氢氯氟烃
HFCs	氢氟烃
ODP	臭氧层潜在破坏效应指数
GWP	全球温室潜在效应指数
q_0	单位质量制冷量
q_v	单位容积制冷量
Q	吸（放）热量
v_1	制冷剂在压缩机吸气状态下的比体积
V	压缩机吸入的容积
w_0	单位理论功
w_v	单位容积理论功
w_s	单位轴功
W	容积变化功
q_k	单位冷凝器热负荷
q_m	制冷剂质量流量，制冷剂循环量
D	气缸直径
s	活塞行程
n	压缩机转速，压缩指数
z	气缸数
V_h	理论输气量
V_s	实际输气量
P_0	理论功率
P_i	指示功率
P_m	摩擦功率
P_s	轴功率
P_{mot}	电动机功率
P_{in}	输入电动机的功率
$E.E.R$	能效比
IPF	蓄冰槽的含冰率

希腊字母

Δ	两者的差值
β	热力完善度
κ	等熵指数
λ	输气系数
ε	制冷系数
η_i	指示效率
η_m	机械效率
η_e	绝热效率
η_d	传动效率
η_{mot}	电动机效率
ξ	容积比，吸收式制冷机的热力系数

下标

g	制冷机从驱动热源吸收的，吸收式制冷循环发生器中的
gl	过冷的
gr	过热的
K, k	制冷循环冷凝端的
0	制冷循环蒸发端的，理论上的
c	逆卡诺循环的
H	制冷循环中的冷却介质端，高压级的（用于双级压缩制冷循环），高温部分的（用于复叠式制冷循环）
L	制冷循环中的被冷却介质端，低压级的（用于双级压缩制冷循环），低温部分的（用于复叠式制冷循环）
m	平均的，中间的（用于双级压缩制冷循环）
R	回热器的

上标

′	非理论上的，另一组比较对象的
″	有害过热的

目 录

前言
主要符号表
绪论 ·· 1

第一篇 基 础 篇

模块一 制冷技术的热力学基础 ········· 6
 一、学习目标 ···································· 6
 二、相关知识 ···································· 6
  (一) 热力学定律在制冷技术中的应用 ··· 6
  (二) 制冷剂的压焓图和温熵图 ········· 8
  (三) 制冷循环的热力学特性分析 ······· 9
 思考题与练习题 ······························· 11

模块二 主要制冷方法 ························ 12
 一、学习目标 ·································· 12
 二、相关知识 ·································· 12
  (一) 相变制冷 ······························· 12
  (二) 气体膨胀制冷 ························ 15

  (三) 涡流管制冷 ···························· 16
  (四) 热电制冷 ······························· 18
  (五) 磁制冷 ···································· 19
 思考题与练习题 ······························· 21

模块三 制冷剂与载冷剂 ···················· 22
 一、学习目标 ·································· 22
 二、相关知识 ·································· 22
  (一) 制冷剂概述 ···························· 22
  (二) 制冷剂的选择及使用注意事项 ··· 25
  (三) 常用制冷剂的性质 ·················· 28
  (四) 载冷剂 ···································· 32
 思考题与练习题 ······························· 34

第二篇 能 力 篇

**模块四 单级制冷循环系统的
原理与应用** ································ 36
 一、学习目标 ·································· 36
 二、相关知识 ·································· 36
  (一) 单级蒸气压缩式制冷理论循环 ··· 36
  (二) 单级蒸气压缩式制冷实际循环 ··· 41
  (三) 单级蒸气压缩式制冷实际
循环的热力计算 ······················ 51
  (四) 单级蒸气压缩式
制冷循环的特性分析 ············· 56
 三、知识运用 ·································· 61
  (一) 食品冷藏装置 ························ 61
  (二) 空调装置 ······························· 63
  (三) 制冰装置 ······························· 67
 思考题与练习题 ······························· 71

**模块五 双级制冷循环系统
的原理与应用** ·························· 72
 一、学习目标 ·································· 72

 二、相关知识 ·································· 72
  (一) 采用双级蒸气压缩式制
冷循环的原因和条件 ·············· 72
  (二) 双级蒸气压缩式制冷循环 ······· 73
  (三) 双级蒸气压缩式制冷循环
的热力计算 ······························ 80
  (四) 温度变化对双级蒸气压缩式
制冷循环特性的影响 ·············· 83
 三、知识运用 ·································· 83
  (一) 冷库直接供液制冷装置 ·········· 84
  (二) 冷库重力供液制冷装置 ·········· 86
  (三) 冷库氨泵供液制冷装置 ·········· 88
 思考题与练习题 ······························· 90

**模块六 溴化锂吸收式制冷循环
系统的原理与应用** ················ 92
 一、学习目标 ·································· 92
 二、相关知识 ·································· 92
  (一) 吸收式制冷的工作原理与循环 ··· 92

（二）溴化锂水溶液的性质 ………………… 93
　（三）溴化锂吸收式制冷机的工作原理 …… 94
　（四）溴化锂吸收式制冷机的特点 ………… 100
三、知识运用 …………………………………… 101
　（一）蒸汽型溴化锂吸收式制冷装置 ……… 101
　（二）热水型溴化锂吸收式制冷装置 ……… 101
　（三）直燃型溴化锂吸收式冷热水机组 …… 102
　（四）太阳能型溴化锂吸收式制冷装置 …… 102
思考题与练习题 ………………………………… 104

第三篇　拓　展　篇

模块七　蓄冷空调制冷循环系统的原理与应用 …………………… 106
一、学习目标 …………………………………… 106
二、相关知识 …………………………………… 106
　（一）蓄冷系统的工作原理 ………………… 106
　（二）蓄冷系统的分类与特点 ……………… 106
三、知识运用 …………………………………… 111
　（一）冰盘管式蓄冰装置 …………………… 111
　（二）冰球式蓄冷装置 ……………………… 112
　（三）制冰滑落式蓄冷装置 ………………… 113
　（四）冰晶式蓄冷装置 ……………………… 113
思考题与练习题 ………………………………… 114

模块八　复叠式制冷循环系统的原理与应用 ……………………… 115
一、学习目标 …………………………………… 115
二、相关知识 …………………………………… 115
　（一）采用复叠式制冷循环的原因 ………… 115
　（二）复叠式制冷循环的工作原理 ………… 115
　（三）复叠式制冷循环 ……………………… 116
　（四）复叠式制冷循环的特点 ……………… 122

三、知识运用 …………………………………… 122
　（一）D—8型低温箱复叠式制冷装置 …… 122
　（二）超低温冰箱 …………………………… 123
　（三）CO_2/NH_3复叠式制冷系统 ………… 124
思考题与练习题 ………………………………… 125

模块九　热泵空调系统的原理与应用 … 126
一、学习目标 …………………………………… 126
二、相关知识 …………………………………… 126
　（一）热泵的概念及工作原理 ……………… 126
　（二）热泵的发展及应用 …………………… 127
　（三）热泵的分类和特点 …………………… 127
三、知识运用 …………………………………… 131
　（一）空气源热泵空调装置 ………………… 131
　（二）水源热泵空调装置 …………………… 132
　（三）土壤源热泵空调装置 ………………… 132
思考题与练习题 ………………………………… 133

附录 ………………………………………… 134
附录A　附表1～附表13 …………………… 134
附录B　附图1～附图9 ……………………… 157

参考文献 …………………………………… 166

绪　论

制冷是指用人工的方法，在一定的时间和空间内，从低于环境温度的空间或物体中吸取热量，并将其转移给环境介质，制造和获得低于环境温度的过程。

能实现制冷过程的机械和设备称为制冷机。制冷机中使用的工作介质称为制冷剂。制冷剂在制冷机中循环流动并与外界发生能量交换，实现从低温热源吸取热量，向高温热源释放热量的制冷循环。由于热量只能自动地从高温物体传给低温物体，因此制冷的实现必须消耗能量，所消耗能量的形式可以是机械能、电能、热能、太阳能、化学能或其他可能的形式。

制冷技术是一门研究人工制冷，包括原理、过程、方法以及运用制冷机械设备来获得低温的一种应用技术，是为适应人们对低温条件的需要而产生和发展起来的。按照人工制冷所能达到的低温范围，制冷技术分为

普通制冷：$T > 120K$；深度制冷：$20K < T < 120K$；低温制冷：$0.3K < T < 20K$；超低温制冷：$T < 0.3K$

1. 制冷技术的发展历史

早在 3000 多年前，我国劳动人民就已开始在冬季采集、储藏天然冰于冰窖中，夏季用于食品冷藏和防暑降温。曹植在《大暑赋》中的诗句"积素冰于幽馆，气飞结而为霜"描述的就是这样的场景。

在《诗经·国风·豳风·七月》中有这样的记载："……二之日凿冰冲冲，三之日纳于凌阴……"，大意是周历十二月开始在深山谷里凿取冰块，正月开始藏冰于凌阴，四五月可以用冰。当时，这种藏冰的窖，称为"凌阴"。1986 年，在陕西省姚家港秦雍城遗址发掘出可以储藏 190m³ 冰块的地下冰室，这说明早在春秋时期秦国就很重视食物冷藏和防暑降温方面的设施建设。楚国的大诗人屈原在《招魂》赋中还有饮冰冻酒的记载："挫糟冻饮，酎清凉些"，翻译成现代文为：饮冰冻甜酒，真的好清凉。可见，当时的人们在夏天已经会享用冰冻饮料了。

古埃及出土的大约 2500 年前的壁画中，画有奴隶手持棕榈叶扇多孔性的陶制器皿，同时不断地在外面洒水，水蒸发吸热，使器皿内的水结冰，这也是较早的人工制冰的方法。

以上只是古代人对天然冰的利用和简单的人工制冰的方法，还不能称为制冷技术。

现代的制冷技术是 18 世纪后期发展起来的。1755 年，爱丁堡的化学教师库仑利用乙醚蒸发使水结冰。他的学生布拉克从本质上解释了融化和汽化现象，提出了潜热的概念，并发明了冰量热器，标志着现代制冷技术的开始。

在普冷方面，1834 年发明家波尔金斯造出了第一台以乙醚为工质的蒸气压缩式制冷机，并正式申请了英国第 6662 号专利。这是后来所有蒸气压缩式制冷机的雏形，但当时使用的工质是乙醚，容易燃烧。到 1875 年，卡利和林德用氨作为制冷剂，从此蒸气压缩式制冷机开始占有统治地位。

在此期间，空气绝热膨胀会显著降低空气温度的现象开始用于制冷。1844 年，医生高里用封闭循环的空气制冷机为患者建立了一座空调站，空气制冷机使他一举成名。威廉·西门斯在空气制冷机中引入了回热器，提高了制冷机的性能。

1859 年，卡列发明了氨水吸收式制冷系统，并申请了原理专利。

1910年前后，马利斯·莱兰克发明了蒸气喷射式制冷系统。

到20世纪，制冷技术有了更大发展。全封闭制冷压缩机的研制取得了成功（美国通用电器公司）。米里杰发现氟利昂制冷剂并用于蒸气压缩式制冷循环以及混合制冷剂的应用。伯宁顿发明回热式除湿器循环以及热泵的出现，均推动了制冷技术的发展。

在低温方面，1877年卡里捷液化了氧气。1895年林德液化了空气，建立了空气分离设备。1898年杜瓦用液态空气预冷氢气，然后用绝热节流使氢气成为液体，温度降至20.4K。1908年卡末林·昂纳斯用液态空气和液态氢预冷氦气，再用绝热节流将氦液化，获得4.2K的低温。杜瓦于1892年发明的杜瓦瓶，用于储存低温液体，为低温领域的研究提供了重要条件。

1934年，卡皮查发明了先用膨胀机将氦气降温，再用绝热节流使其液化的氦液化器。1947年，柯林斯将双膨胀机用于氦的预冷。大部分的氦液化器现已采用膨胀机，在制冷技术的开发和实际使用中获得广泛的应用。

新的降低温度的方法，扩大了低温的范围，并已进入超低温领域。德拜和焦克分别在1926年和1927年提出了用顺磁盐绝热退磁的方法获取低温，应用此方法获得的低温现已达到$1\times10^{-3}\sim5\times10^{-3}$K。由库提和西蒙等提出的核子绝热去磁的方法可将温度降至更低，库提用此法于1956年获得了20×10^{-3}K的低温。1951年由伦敦提出并于1965年研制出的3He-4He混合液稀释制冷法，可达到4×10^{-3}K。1950年泡墨朗切克提出的方法，利用压缩液态3He的绝热固化，可达到1×10^{-3}K的低温。

2. 制冷技术的应用

制冷最早是用来保存食品和降低房间温度的，随着科学技术与社会文明的进步，制冷技术的应用几乎渗透到工业、农业、建筑、医疗卫生、国防及科学研究等各个领域，并在改善人类的生活质量方面发挥着巨大作用。

（1）空气调节 空气调节是制冷技术应用面最广的领域。大多数空调系统都需要利用制冷装置进行空气的温度、湿度调节，构建人们所希望达到的环境条件。根据使用场合的不同，空气调节可分为舒适性空调和工艺性空调。

舒适性空调是指为人们创造适宜的生活和工作环境。例如，家庭、办公室用的局部空调装置或房间空调器，大型建筑、办公楼、车站、机场、宾馆、医院、商厦、影剧院、游乐厅等公共场所安装的集中式空调系统，汽车、飞机、火车、轮船等交通工具上的空调设施等。舒适性空调的应用不仅有益于人们的身心健康，而且可以提高生产和工作效率。

有些生产场所不仅需要为在恶劣环境中工作的人员提供一定程度的舒适条件，而且需要有利于设备工作和加工产品的工艺性空调。例如，高温生产车间、纺织厂、造纸厂、印刷厂、胶片厂、机器设备的操作控制房、精密仪器车间、精密加工车间、精密计量室、计算机房等场所需要空调系统，提供各生产环境必需的温度和湿度条件，以保证产品的质量或精密设备的正常工作特性。

（2）食品的冷冻和冷藏 制冷技术在冷冻与冷藏上的应用主要是对易腐食品（如鱼、肉、蛋、蔬菜等）进行冷加工、冷藏及冷藏运输，以减少生产和分配过程中的食品损耗，保证各个季节市场调配。采用的制冷装置有冷库、冷藏汽车、冷藏船、冷藏列车、冷藏商品陈列柜、冷柜和家用冰箱等。

（3）食品加工 生产和加工某些食品，如乳制品、奶酪、浓缩果汁和其他饮料时，制冷都是必不可少的。大规模生产啤酒时，就要依靠制冷来保持8～12℃的发酵温度。此外，某些生物制品和粮食制品采用冷冻干燥的方法储存，能更好地保持食品或材料的品质。冷冻干燥是将食品或生物材料先进行低温固化，然后运用抽空的方法使冻结的水分以升华的形式从材料中抽出。一些速溶咖啡的生产厂家就是采用这种工艺进行生产的。

(4) 工业生产及农牧业　制冷在化学工业中的应用有气体液化、混合气分离、天然气的液化和储运、燃料及化肥的生产、带走化学反应中的反应热等。机械制造中，利用制冷对钢进行低温处理（-90~-70℃），可以改变其金相组织，使奥氏体变成马氏体，提高钢的硬度和强度。在钢铁工业中，高炉鼓风需要用制冷的方法先将其除湿，然后再送入高炉，以降低铁液的焦化比，保证铁液质量。在材料回收中，利用材料在低温状态下的冷脆性能，可以对物料进行粉碎回收。目前，低温粉碎技术是回收含钢废旧轮胎中橡胶的最有效方法。

在农牧业中，制冷用于对农作物种子的低温处理，建造人工气候育秧室，保存优良种高的精液和胚胎等。

(5) 建筑工程　在建筑方面，浇制巨型混凝土大坝时，可用人工制冷方法来排除混凝土在凝固过程中析出的热量，以防坝体裂缝，并可提高混凝土的强度；在流沙地区开掘矿井或隧道时，可先将其四周土壤冻结，然后在冻土中进行施工，保证施工安全；拌和混凝土时，用冰代替水，利用冰的融化热补偿水泥的固化反应热，能有效地避免大型构件因得不到充分散热而产生内应力和裂缝等缺陷。此外，还可用人工制冷方法建造人工冰球场及溜冰场等。

(6) 能源与动力工程　在开发和合理使用现有能源、探索代用燃料的新能源、改善能源结构、改善环境条件等方面，制冷技术发挥着越来越重要的作用。例如，天然气的开采、储存和运输，核聚变的开发和利用，磁悬浮高速列车的运行，低温超导技术，氢能的生产及利用等。

(7) 国防工业　为了考核在高寒条件下工作的发动机、车辆、坦克、大炮等常规武器的性能，在研制和生产过程中往往需要进行环境模拟实验；航空仪表和火箭、导弹中的控制仪器，需在地面模拟高空低温条件进行性能实验，这些都需要利用制冷为其提供低温和低压的环境以进行试验。

(8) 医疗卫生　一些医疗手术，如心脏手术，切除肿瘤、白内障的手术，皮肤和眼球的移植手术及低温麻醉等，都需要制冷技术。一些药物、疫苗和血浆等生物样品都需要在低温下储藏，诸多的现代医疗器械、治疗仪、诊断仪也使用制冷技术，可以说现代医学已经离不开制冷了。

除此之外，在微电子技术、大型计算机、新型材料、宇宙开发、生物技术等尖端科学领域中，制冷技术也起着十分重要的作用。

3. 制冷技术的发展趋势

现代制冷工业正处于一个飞速发展的时期。在市场迅猛增长、国际竞争激烈、节能和环保迫切要求的背景下，受微电子、计算机、新型材料和其他相关工业领域技术进步的渗透和促进，现代制冷技术取得了一些突破性的进展，并具备了新的发展前景。

(1) 热泵技术的发展　随着人们对能源合理、高效利用的日益关注，制冷技术已不再局限于获取低温，而扩展到获取环境温度以上的热量，即热泵供热。热泵循环和制冷循环的原理、形式相同，只是循环的目的、循环工作区间的温度不同。它是指从环境介质中吸取热量，并将其转移给高于环境温度的加热对象的过程。利用逆向循环能量转换不仅可以制冷，而且可以供暖，从能量利用的观点来看，这是一种有效的方法。

(2) 计算机的应用　计算机技术的迅猛发展，大大推动了制冷技术的发展和应用，这主要体现在以下几方面：

1) 计算机辅助设计（CAD）和计算机辅助制造（CAM）开始在制冷机生产厂家普及应用。

2) 计算机仿真技术的应用大大减少了在制冷机设计过程中出现的失误，以及设备研制工作的试验工作量。

3) 微电子和计算机的应用使制冷自动控制技术产生质的飞跃，最佳运行工况调节、蒸发器供液量精确调节、压缩机能量调节、自动除霜、安全保护等过程控制更为理想化、人性化和智能化。

4) 计算机神经网络故障诊断系统在制冷机上的使用，使得制冷设备的操作与检修向着智能化方向发展。

5) 制冷设备的生产管理、计划管理、财务管理等也开始使用计算机。

(3) 新材料的应用　新材料在制冷领域的应用，提高了制冷产品性能、寿命和成本效益。

1) 陶瓷及陶瓷复合物（如熔融石英、稳定氧化铅、硼化铁、氧化硅等）具有一系列优良性质：比钢轻，强度和韧性好，耐磨，化学及尺寸稳定性好，热导率小，表面质量好。将陶瓷用烧结法渗入溶胶体一次成形零件或用作零件的表面涂釉，可改善零件表面性能。

2) 聚合材料（如工程塑料、合成橡胶和复合材料）可作为制冷产品中的电绝缘材料、减振件和软管材料；利用聚合材料的热塑性，以新工艺通过热定形的方法制造压缩机中的复杂零件（如转子、阀片等）。

(4) 机器、设备的发展　为满足各种制冷需要，制冷产品的种类、形式不断丰富，新品种层出不穷。例如，新型螺杆式压缩机、涡旋式压缩机、余摆线式压缩机等都具有很强的竞争力。在压缩机的驱动装置上，变频器用于空调、热泵及集中式制冷系统的变速驱动，节能效果显著。

(5) 新型制冷工质的研究　由于氟利昂制冷剂系列中的某一些氟利昂制冷剂对大气的臭氧层有破坏作用并会产生温室效应，1992年通过了《蒙特利尔议定书哥本哈根修正案》，规定1995年年底停止使用CFCs（氯氟烃）物质，并将于2030年前逐步淘汰HCFCs（氢氯氟烃）物质。目前，我国的空调、冷藏设备、热泵和其他制冷装置中的制冷剂主要是R22和R134a。

当前对新型制冷剂的研究多集中在HFC（氢氟烃）替代物的研究上，其中R407C、R410A及一些非共沸制冷剂的使用，收到了一定的节能效果，也满足了某些特定需要。HFC替代物虽然解决了臭氧层的消耗问题，但产生的较严重的温室效应仍然是困扰人们的一个不可忽视的问题。如果从环境的可接受性方面考虑，天然制冷剂无疑是解决问题最彻底而又最完满的途径。

目前，在天然制冷剂中，以NH_3和C_3H_8与其他烃的混合物，以及CO_2制冷技术最可能成为R22的长期替代物，具有良好的发展前景。

(6) 新的制冷理论及实践　除了制冷剂方面，在新的制冷理论及实践方面也取得了一些突破性进展，具有代表性的是热声制冷技术的研究和运用。

热声制冷技术是21世纪以来发展的一种新的制冷技术，与传统的蒸气压缩式制冷系统相比，具有相当大的优势。热声制冷技术无需使用污染环境的制冷剂，而是使用惰性气体或其混合物作为工质，不会导致臭氧层的破坏和温室效应；其基本机构简单可靠，无需贵重材料，在节省成本上具有很大的优势；它们无需往复运动和机构及密封或润滑组件，使用寿命得到大幅度延长。可以说，热声制冷技术已成为下一代制冷新技术的重要发展方向之一。

制冷技术是充满勃勃生机的学科和工业领域，环保、节能、可持续发展是其永恒的主题。巨大的市场增长潜力和新技术的交叉渗透将为它开辟广阔的发展天地。

第一篇 基 础 篇

模块一　制冷技术的热力学基础

一、学习目标

● 终极目标

能够对制冷循环进行热力学特性分析。

● 促成目标

1）了解制冷循环的热力学原理。
2）熟悉制冷剂的压焓图和温熵图。
3）掌握逆卡诺循环的特性及热力完善度的概念。

二、相关知识

热力学是研究热能与其他形式能量之间相互转换的规律以及热力系统内、外条件对能量转换的影响的学科。在人工制冷中，不仅有热量的转移，也包括热功转换的过程。制冷技术应用热力学原理，并服从热力学规律。

（一）热力学定律在制冷技术中的应用

1. 热力学定律

（1）热力学第一定律

热力学第一定律是能量守恒和转换定律在具有热现象的能量转换中的应用。它指出：自然界的一切物质都具有能量，能量能够从一种形式转换为另一种形式，从一个物体传递给另一个物体，在转换与传递过程中能量的数量不变。

当系统与外界发生能量传递与转换时，热力学第一定律可表述为

　　　　进入系统的能量 = 系统中热力学能量的增加量 + 离开系统的能量

（2）热力学第二定律

热力学第二定律揭示了能量交换和转换的条件、深度和方向。

热力学第二定律的开尔文说法是：不可能从单一热源吸取热量，使之完全变为有用功而不产生其他变化。由此可知，利用单一的热源（或冷源）是无法完成循环过程的。机械功可以全部变为热，但热却不能无条件地全部转换成机械功。制冷剂在循环过程中除了向低温热源吸热（制冷）外，还必须向高温热源排热。

热力学第二定律的克劳修斯说法是：不可能把热从低温物体传至高温物体而不引起其他变化。就像水不能自发地从低处流向高处一样，只有借助于外界的力量（消耗一定的机械功），才能使水从低处流向高处。这个外界的作用力的"补偿"是必需的。同样，热量也不能自发地从低温物体传向高温物体，要有一个补偿过程，必须消耗一定量的功或者热量。

2. 制冷的基本热力学原理

从热力学角度说，人工制冷系统是利用逆向循环的能量转换系统，其过程是在外界的"补偿"下，将低温物体的热量传送给高温物体。

目前使用的补偿过程的方法有两种：一种方法是通过消耗功（机械能或电能）来提高制冷剂的压力和温度，把制冷剂从低温物体（低温热源）吸取的热量，连同机械功转换成的热量一同排至环境介质（高温热源）中，从而完成热量从低温传向高温的过程，如蒸气压缩式制冷机等；另一种方法是通过消耗热能为"补偿"，来实现将低温物体的热量传送到高温物体的过程，如吸收式、蒸汽喷射式、吸附式制冷机等。以上两类制冷机的能量转换关系如图1-1和图1-2所示。

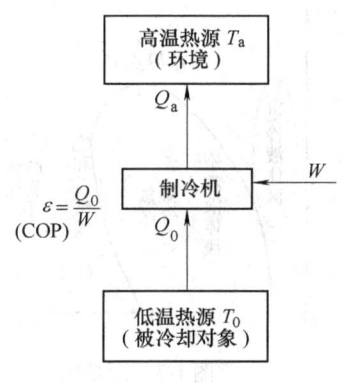

图1-1 以电能或机械能驱动的制冷机　　图1-2 以热能驱动的制冷机

对于电能或机械能驱动的制冷机，制冷机消耗功 W 实现从低温热源（被冷却对象，温度为 T_0）吸热，向高温热源（通常为环境，温度为 T_a）排热。假定两热源均为恒温热源，由低温热源的吸热量（即制冷量）为 Q_0，向高温热源的排热量为 Q_a。根据热力学第一定律有

$$Q_0 + W = Q_a \tag{1-1}$$

对于以热能驱动的制冷机，制冷机从驱动热源（温度为 T_g）吸收热量 Q_g 作为补偿，完成从低温热源吸热 Q_0，向高温热源排热 Q_a 的能量转换。同样，根据热力学第一定律有

$$Q_0 + Q_g = Q_a \tag{1-2}$$

为了实现上述能量转换，还必须有使制冷机能达到比低温热源更低温度的过程，并连续不断地从被冷却物体吸取热量。

3. 基本制冷方法

在制冷技术范围内，实现制冷过程有下述几种基本方法：

（1）相变制冷　利用液体在低温下的蒸发过程或固体在低温下的融化或升华过程，从被冷却物体吸取热量以制取冷量。

（2）气体绝热膨胀制冷　高压气体经绝热膨胀即可达到较低的温度，令低压气体复热即可制取冷量。

（3）气体涡流制冷　高压气体经涡流管膨胀后即可分离为热、冷两股气流，利用冷气流的复热过程即可制冷。

（4）热电制冷　令直流电通过半导体热电堆，即可在一端产生冷效应，在另一端产生热效应。

(二) 制冷剂的压焓图和温熵图

1. 压焓图（lg$p$-h 图）

在制冷循环的分析与计算中，通常借助于制冷剂的压焓图和温熵图。由于循环的各个过程中功与热的变化均可用焓值的变化量来描述，因此压焓图在制冷工程中得到广泛的应用。

压焓图是指以特定制冷剂的比焓值 h(kJ/kg) 为横坐标、以压力 p(MPa) 为纵坐标绘制成的线图。为了缩小图的尺寸，并使低压区内的线条交点清楚，纵坐标使用压力的对数值 lg$p$ 绘制，因此压焓图又称为 lg p-h 图，如图1-3 所示。

lg p-h 图的组成如下：

（1）临界点 K 和饱和曲线（见图1-3） 临界点 K 为两根粗实线的交点。在该点，制冷剂的液态和气态差别消失。

K 点左边的粗实线 Ka 为饱和液体线，线上任意一点的状态均是相应压力下的饱和液体状态。K 点右边的粗实线 Kb 为饱和蒸气线，线上任意一点的状态均为对应压力下的饱和蒸气状态。

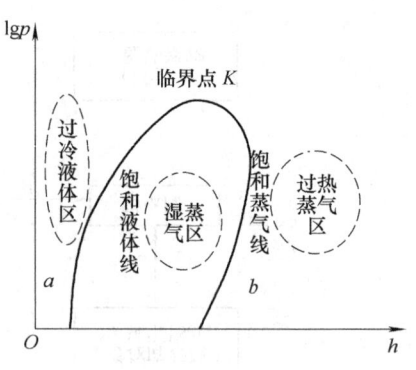

图1-3 压焓图

（2）三个状态区（见图1-3）

1）Ka 线左侧——过冷液体区，该区域内的制冷剂温度低于相同压力下的饱和温度，处于液态状态。

2）Kb 线右侧——过热蒸气区，该区域内的蒸气温度高于相同压力下的饱和温度，处于过热蒸气状态。

3）Ka 线和 Kb 线之间——湿蒸气区，即气液共存区（气液两相区）。在该区域中，等压线和等温线重合，压力与温度一一对应。

在制冷循环中，制冷剂的蒸发过程与冷凝过程主要在湿蒸气区进行，压缩过程则是在过热蒸气区内进行。

（3）六组等参数线（见图1-4）

1）等压线。图1-4 中与横坐标轴相平行的水平细实线均是等压线，同一水平线上的压力相等。

2）等焓线。图1-4 中与横坐标轴垂直的细实线为等焓线，凡处在同一条等焓线上的工质，不论其状态如何，其焓值均相同。

3）等温线。图1-4 中用折线表示的细实线为等温线。等温线在不同的区域内其变化形状不同：在过冷液体区等温线几乎与横坐标轴垂直，在湿蒸气区是与横坐标轴平行的水平线，在过热蒸气区是向右下方急剧弯曲的倾斜线。

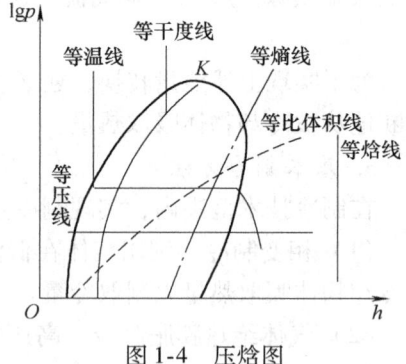

图1-4 压焓图

4）等熵线。图1-4 中自左下方向右上方弯曲的点画线为等熵线。制冷剂的理论压缩过程沿等熵线进行，因此过热蒸气区的等熵线用得较多。

5）等比体积线。图1-4 中自左向右稍向上弯曲的虚线为等比体积线。与等熵线比较，等比体积线要平坦一些。制冷循环中常用等比体积线查取制冷压缩机吸气点的比体积值。

6) 等干度线。在饱和液体线与干饱和蒸气线之间绘有等干度线。从临界点 K 出发,把湿蒸气区各相同的干度点连接而成的线称为等干度线。它只存在于湿蒸气区。饱和制冷剂液体的干度 x=0,湿蒸气的干度为 0<x<1,饱和蒸气的干度 x=1,也称为干饱和蒸气。

上述 6 个状态参数（p、t、v、x、h、s）中,只要知道其中任意两个状态参数值,就可确定制冷剂的热力状态,并在 $\lg p$-h 图上确定其状态点,查取该点的其余 4 个状态参数；而在饱和液体线和饱和蒸气线上只需知道一个参数就可以了。

2. 温熵图（T-s 图）

温熵图是制冷工程中比较常见的图（见图 1-5 和图 1-6）。它可以同 $\lg p$-h 图一一对应起来。

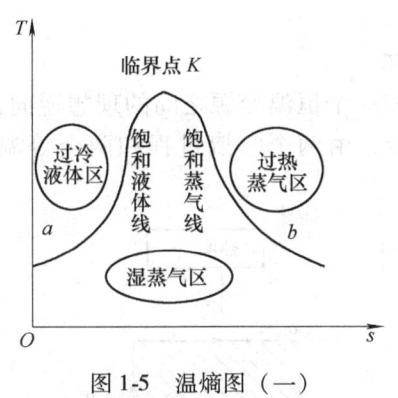

图 1-5　温熵图（一）

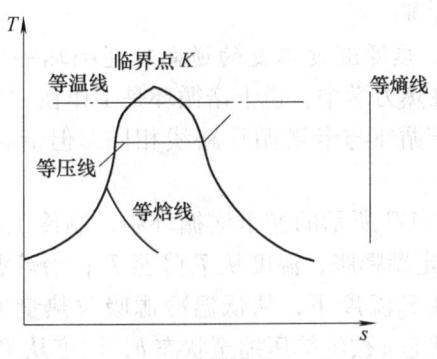

图 1-6　温熵图（二）

T-s 图的组成如下：

(1) 临界点 K 和饱和曲线（见图 1-5）　临界点 K 为两条粗实线的交点。K 点左边的粗实线 Ka 为饱和液体线,K 点右边粗实线 Kb 为饱和蒸气线。

(2) 三个状态区（见图 1-5）

1) Ka 线左侧——过冷液体区,该区域内的制冷剂处于液体状态。

2) Kb 线右侧——过热蒸气区,该区域内的制冷剂处于过热蒸气状态。

3) Ka 线和 Kb 线之间——湿蒸气区,即气液共存区。在该区域中,等压线和等温线正好重合,压力和温度一一对应。

(3) 常用的四组等参数线（见图 1-6）

1) 等压线。图 1-6 中的细实线为等压线,等压线在不同的区域内其变化形状不同。在过冷液体区,等压线略偏向饱和液体线；在湿蒸气区,等压线与对应的等温线重合；在过热蒸气区,等压线是向右上方急剧弯曲的斜线。

2) 等焓线。在湿蒸气区,等焓线近似与饱和气体线平行。在制冷循环中,通常把节流过程看做等焓过程。

3) 等温线。图 1-6 中用点画线表示的与横坐标轴平行的线为等温线。

4) 等熵线。图 1-6 中与纵坐标轴相平行的线为等熵线。

在 T-s 图上还可以表示其他参数,但是常用的一般是以上 4 个。

(三) 制冷循环的热力学特性分析

在热力学里,循环可分为正向循环和逆向循环两种。把热量转化成机械功的循环是正向循环,如动力循环。所有的热力发动机都是按正向循环工作的。在温熵图或压焓图上,正向循环的各个过程都是按顺时针方向依次变化的。

逆向循环是一种消耗功的循环。所有的制冷机和热泵都是按逆向循环工作的。在温熵图或压焓图上，逆向循环的各个过程都是按逆时针方向进行的。

循环还可分为可逆循环和不可逆循环两种。在构成循环的各个过程中，只要包含不可逆过程，则这个循环就是不可逆循环。在制冷循环中，各种形式的不可逆过程可分为两类：内部不可逆和外部不可逆。制冷剂在其流动或状态变化过程中因摩擦、扰动及内部不平衡而引起的损失，属于内部不可逆。蒸发器、冷凝器及其他换热器中有温差时的传热损失，属于外部不可逆。

研究逆向可逆循环的目的是寻找热力学上最完善的制冷循环，作为评价实际循环效率高低的标准。

1. 热源温度不变的逆向可逆循环——逆卡诺循环

在热力学中，逆卡诺循环是工作在一个恒温热源和一个恒温冷源之间的理想逆向循环。逆卡诺循环与卡诺循环路线相同，但沿相反方向进行，由两个等熵过程和两个等温过程组成。

图 1-7 所示的逆卡诺循环中，制冷工质沿绝热线 ad 定熵膨胀，温度从 T_1 降至 T_2；沿等温线 dc 膨胀，在 T_2 温度下，从低温冷源吸收热量 Q_2。工质再从状态 c 被绝热压缩至状态 b，温度从 T_2 升至 T_1。最后沿等温线 ba 压缩，在 T_1 温度下向高温热源（环境介质）放出热量 Q_1。在整个循环过程中，工质从低温热源吸取热量 Q_2，消耗循环净功 W，向高温热源（环境介质）放出热量 Q_1。根据热力学第一定律有

$$Q_1 = Q_2 + W \tag{1-3}$$

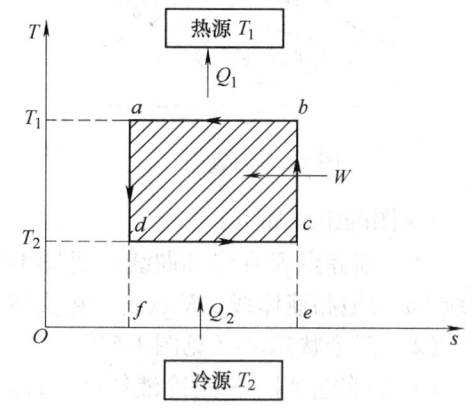

图 1-7 逆卡诺循环的 $T\text{-}s$ 图

在热力学中，用制冷系数来定义制冷循环的经济性。所谓制冷系数，它表示完成制冷循环时，从被冷却系统中吸收的热量 Q_2 与所消耗功 W 的比值，即

$$\varepsilon = Q_2/W \tag{1-4}$$

逆卡诺循环的制冷系数 ε_c 可从图 1-7 推得，即

$$Q_2 = T_2(s_c - s_d) \tag{1-5}$$

$$Q_1 = T_1(s_b - s_a) \tag{1-6}$$

由式（1-3）得

$$W = Q_1 - Q_2 = T_1(s_b - s_a) - T_2(s_c - s_d) \tag{1-7}$$

由于 $s_c = s_b$，$s_d = s_a$，
所以 $W = (T_1 - T_2)(s_c - s_d)$，则

$$\varepsilon_c = Q_2/W = [T_2(s_c - s_d)]/[(T_1 - T_2)(s_c - s_d)] \tag{1-8}$$
$$= T_2/(T_1 - T_2)$$

热力学第二定律表明：由两个等温过程与两个等熵过程所组成的逆卡诺循环最经济，其制冷系数也最大，任何实际制冷循环的制冷系数都小于逆卡诺循环的制冷系数。因为逆卡诺

循环没有任何不可逆损失，所以它是具有恒温热源的理想制冷循环。

任何实际过程都不可能是无传热温差或无任何损失的机械运动，实际的热交换过程总是在有温差的情况下进行的，否则理论上要求换热设备（蒸发器或冷凝器）具有无限大的传热面积，这当然是不可能的。因此，由于热交换时存在温差，在吸热过程中，工质的温度就会低于低温热源的温度 T_2；而在放热过程中，工质的温度应高于高温热源的温度 T_1，从而使实际循环的制冷系数下降。

逆卡诺循环从理论上指出了提高制冷装置经济性的重要方向，它还可以用作评价实际制冷循环完善程度的标准。

2. 热力完善度

在实际制冷循环中，制冷工质在流动或状态变化过程中，因摩擦、扰动及内部不平衡等因素会产生一定的损失，在换热器中，因传热温差的存在又会有一定的传热损失。因此，实际制冷循环是一个不可逆循环，其不可逆程度可用热力完善度 β 来衡量。

通常将实际制冷循环的制冷系数 ε 与工作于相同温度的可逆循环的制冷系数 ε_c 的比值，称为该不可逆循环的热力完善度，用 β 表示，即

$$\beta = \varepsilon / \varepsilon_c \tag{1-9}$$

热力完善度用来表示实际制冷循环接近逆卡诺循环的程度。它的值越接近 1，说明实际循环越接近可逆循环，不可逆损失越小，经济性越好。

热力完善度与制冷系数的意义不同。ε 仅从热力学第一定律的数量角度反映循环的经济性，而 β 则同时考虑了能量转换的数量关系和实际循环中不可逆程度的影响。从数值上看，ε 可以小于 1、等于 1 或大于 1，β 则始终小于 1，因为理想的可逆循环实际上是不可能达到的。当比较两个制冷装置循环的经济性时，如果两者的工作温度 T_1、T_2 相同，采用 ε 与采用 β 进行比较是等价的。如果两者的 T_1、T_2 不相同，只有对它们的热力完善度加以比较才能够如实反映出制冷装置循环的经济性优劣。因此，热力完善度是制冷循环的一个技术经济指标。

思考题与练习题

1. 热力学第一、第二定律的实质是什么？
2. 画出制冷剂压焓图中各等值线的走向。
3. 制冷系数的大小与哪些因素有关？
4. 什么是热力完善度？它和制冷系数有什么不同？
5. 研究逆卡诺循环的意义是什么？

模块二　主要制冷方法

一、学习目标

● 终极目标

会依据实际使用需求选用合适的制冷方法。

● 促成目标

1) 熟悉各种制冷方法的系统组成及工作原理。
2) 了解各种制冷方法的使用场合。
3) 了解各种制冷方法的特点。

二、相关知识

人工制冷的方法有很多，包括相变制冷、气体膨胀制冷、涡流管制冷、热电制冷和磁制冷等，其中相变制冷是应用最广泛的一种制冷方法。

（一）相变制冷

相变是指物质集聚态的变化，例如冰变成水就是一种相变过程。物质在发生相变时，伴随着吸收或放出一定的热量，这种热量称为相变热。相变制冷就是利用某些物质相变时的吸热效应，达到降低温度的效果。

固体物质的融化或升华、液体的汽化，都是吸热的相变过程，通过这些过程吸收大量热量，就可获得低温。例如，在大气压力下冰融解的温度为 0℃，1kg 冰可吸收 334.96kJ 的热量。干冰（固态二氧化碳）在大气压力下的升华温度为 -78.9℃，1kg 干冰可吸热 573.62kJ。由于冰和干冰只能单次使用，不能连续使用，因此严格来讲只能称为用冷，还不能称为制冷。在现代制冷技术中，广泛利用液体在汽化时产生的吸热效应来实现制冷，即液体汽化制冷。

当液体处在密闭容器内时，若此容器内除了液体及液体本身的蒸气外不存在任何其他气体，那么液体和蒸气在某一压力下将达到平衡，这种状态称为饱和状态。此时容器中的压力称为饱和压力，温度称为饱和温度。饱和压力随温度的升高而升高。如果将一部分饱和蒸气从容器中抽走，液体中就必然再汽化一部分蒸气来维持平衡。液体汽化时需要吸收热量，此热量称为汽化热。液体所吸收的热量来自被冷却对象，从而使被冷却对象变冷，或者使它维持在环境温度以下的某一低温。例如在空调器中，制冷剂液体在蒸发器中汽化，吸收室内空气的热量，使室内空气维持在环境温度以下。

为了使液体汽化过程得以连续进行，必须不断地将蒸气从容器中抽走，并使它凝结成液体后再送回到容器中形成循环。如果将容器中抽出的蒸气直接凝结成液体，所需冷却介质的温度比液体汽化的温度还要低，而在实际过程中希望蒸气的冷凝过程在常温下实现，因此需要将蒸气的压力提高到常温下的饱和压力。这样，液体汽化制冷必须具备四个基本工作过程，如图 2-1 所示。过程 I，制冷剂液体在低压下汽化，从被冷却对象中吸收热量，成为低压蒸气，实现制冷；过程Ⅱ，将低压蒸气抽出并提高压力变成高压蒸气；过程Ⅲ，将高压蒸气在常温和高压下冷凝，向环境温度的冷却介质排放热量，成为高压液体；过程Ⅳ，将高压液体再降低压力回到初始的低压状态，如此便完成循环。

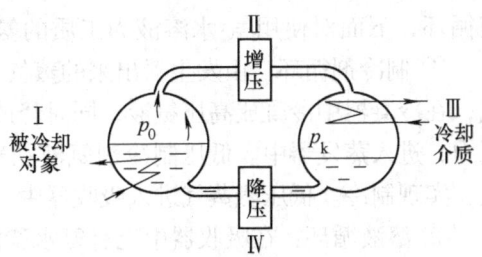

图 2-1　液体汽化制冷原理图

在上述制冷循环中，过程Ⅱ是循环的能量补偿过程。按照实际循环中所采用的能量补偿方式的不同，液体汽化制冷又可分为蒸气压缩式、吸收式、蒸汽喷射式和吸附式制冷。下面将分别介绍这几种制冷方式。

1. 蒸气压缩式制冷

蒸气压缩式制冷系统的组成如图 2-2 所示，主要由压缩机、冷凝器、节流元件、蒸发器组成，并由不同直径的管道串接成一个封闭的循环回路。

在蒸发器内处于低温低压的制冷剂液体与被冷却对象发生热量交换，吸收被冷却对象的热量并汽化，产生的低压蒸气被压缩机吸入，压缩机消耗能量（电能或机械能），将低压蒸气压缩到需要的高压后排出。压缩机排出的高温高压气态制冷剂在冷凝器内被常温冷却介质（水或空气）冷却冷凝，凝结成高压液体。高压液体流经节流元件时节流，变成低压低温湿蒸气，进入蒸发器，其中的液态制冷剂在蒸发器中汽化制冷。如此周而复始，形成循环。

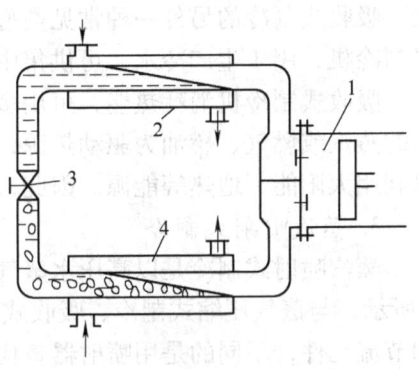

图 2-2　蒸气压缩式制冷系统
1—压缩机　2—冷凝器
3—节流元件　4—蒸发器

蒸气压缩式制冷的应用最为广泛，绝大多数家用冰箱、空调机、冷柜等都采用蒸气压缩式制冷，因此它是本书的重点内容之一。

2. 吸收式制冷

吸收式制冷系统的组成如图 2-3 所示，如果将它与蒸气压缩式制冷系统相比较，不难看出冷凝器、制冷剂节流阀、蒸发器的作用与蒸气压缩式制冷系统中的相应部件一一对应。而压缩机则由吸收器、发生器、溶液泵、换热器、溶液节流阀及溶液回路所取代，吸收器相当于压缩机的吸入侧，发生器相当于压缩机的压出侧。系统中使用的工质是由两种沸点不同的物质组成的二元溶液，低沸点的物质是制冷剂，高沸点的物质是吸收剂，制冷剂和吸收剂称为吸收式制冷的工质对，吸收剂在一定条件下对制冷剂有很强的吸收能力。例如氨-水工质对，氨比水的沸点低，而水又具有强烈吸收氨气的能力，故氨作制冷剂，水作吸收剂。

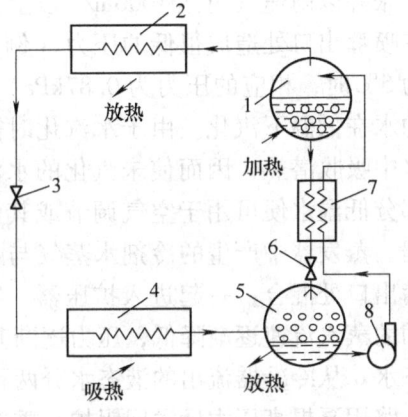

图 2-3　吸收式制冷系统
1—发生器　2—冷凝器　3—制冷剂节流阀
4—蒸发器　5—吸收器　6—溶液节流阀
7—换热器　8—溶液泵

吸收式制冷系统中有两个循环——制冷剂循环和溶

液循环，下面对使用氨-水溶液为工质的氨水吸收式制冷机进行介绍。

① 制冷剂循环：由发生器出来的蒸气（含有水蒸气）先经过精馏，得到几乎是纯氨的蒸气，在冷凝器中冷凝成高压氨液，同时释放出冷凝热量。高压氨液经制冷剂节流阀节流到蒸发压力，进入蒸发器中。低压制冷剂氨液在蒸发器中蒸发成低压氨蒸气，并同时从外界吸取热量，实现制冷。低压氨蒸气进入吸收器中，而后由溶液循环将低压氨蒸气转变成高压氨蒸气。

② 溶液循环：在吸收器中充有氨水稀溶液，用它吸收蒸发器中产生的氨蒸气。溶液吸收氨蒸气的过程是放热过程。因此，必须对吸收器进行冷却，否则随着温度的升高，吸收器将丧失吸收能力。吸收器中形成的氨水浓溶液用溶液泵提高压力后送入发生器。在发生器中，浓溶液被加热至沸腾。产生的蒸气先经过精馏，得到几乎是纯氨的蒸气，然后进入冷凝器。在发生器中形成的稀溶液通过换热器返回吸收器。为了保持发生器和吸收器之间的压力差，在两者的连接管道上安装了溶液节流阀。溶液循环实现了将低压氨蒸气转变为高压氨蒸气。

氨水吸收式制冷机是吸收式制冷的一种常见类型，通常用于制冷温度低于 0℃ 的制冷系统。吸收式制冷的另外一种常见类型是以水为制冷剂，溴化锂水溶液为吸收剂的溴化锂吸收式制冷机，用于生产冷水，可供集中式空气调节使用，或者提供生产工艺需要的冷却用水。

吸收式制冷机消耗热能，可用多种不同品位的热能驱动。通常用 0.1MPa（表压力）以上的蒸汽或燃气、燃油为驱动热源，也可以利用温度在 75℃ 以上的热水、废气等驱动，还可以利用太阳能、地热等能源。因此，吸收式制冷易于实现能源的综合利用。

3. 蒸汽喷射式制冷

蒸汽喷射式制冷是以高压水蒸气为工作动力的循环。蒸汽喷射式制冷系统的组成如图2-4 所示，与蒸气压缩式制冷、吸收式制冷相比，蒸汽喷射式制冷系统中也有蒸发器、冷凝器和节流元件，不同的是用喷射器替代了压缩机。喷射器由喷嘴、吸入室和扩压器三个部分组成，喷射器的吸入室与蒸发器相连，扩压器与冷凝器相连。

工作过程是：从锅炉（图中未示出）来的高温高压工作蒸汽进入喷射器的喷嘴，在其中迅速膨胀并以高速（可达 1000m/s 以上）流动，于是在喷嘴出口处造成很低的压力（例如，蒸发温度为 5℃ 时，相应的压力为 0.87kPa），使蒸发器中的水在低温下汽化。由于水汽化时需从未汽化的水中吸收潜热，因而使未汽化的水温度降低。这部分低温水便可用于空气调节或其他生产工艺过程。蒸发器中产生的冷剂水蒸气与工作蒸汽在喷嘴出口处混合，一起进入扩压器，在扩压器中流

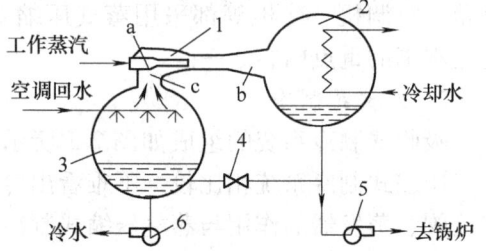

图 2-4 蒸汽喷射式制冷系统
1—喷射器（a—喷嘴 b—扩压器 c—吸入室）
2—冷凝器 3—蒸发器 4—节流阀 5、6—泵

动的蒸汽流速逐渐降低，压力逐渐升高，以较高压力进入冷凝器，被外部冷却水冷却变成液态水。从冷凝器流出的液态水分两路：一路经节流阀降压后送回蒸发器，继续蒸发制冷；另一路用泵提高压力后送回锅炉，重新加热产生工作蒸汽。

图 2-4 所示的是一个封闭循环系统。在实际使用的系统中，冷凝后的水往往不再送入锅炉和蒸发器，而是将它排入冷却水池，作为循环冷却水的补充水使用。蒸发器和锅炉则另设水源供给补充水。

蒸汽喷射式制冷机除采用水作为工作介质外，还可以用其他制冷剂作为工作介质，例如

用低沸点的氟利昂制冷剂，可以获得更低的制冷温度。另外，将喷射式制冷系统中的喷射器与压缩机组合使用，喷射器作为压缩机入口前的增压器，则可以用单级压缩制冷机制取更低的温度。

蒸汽喷射式制冷机与吸收式制冷机一样，以热能为补偿能量形式。其结构简单，加工方便，没有运动部件，使用寿命长，故具有一定的使用价值，例如用于制取空调所需的冷水。但这种制冷机需要的工作蒸汽压力高，蒸汽喷射时的流动阻力大，损失大，效率低。因此，在空调冷水机中采用溴化锂吸收式制冷机比蒸汽喷射式制冷机更有优势。

4. 吸附式制冷

吸附式制冷系统是以热能为动力的能量转换系统。其原理是，一定的固体吸附剂对某种制冷剂气体具有吸附作用；吸附能力随吸附温度的不同而不同；周期性地加热和冷却吸附剂，使之交替吸附和解吸；解吸时，释放出制冷剂气体，并使之凝为液体；吸附时，制冷剂液体蒸发，产生制冷作用。

所以，吸附式制冷的工作介质是吸附剂-制冷剂工质对。比较成熟的工质对有沸石-水、硅胶-水、活性炭-甲醇、金属氢化物-氢、氯化物盐类-氨等。

图2-5所示为一个太阳能驱动的沸石-水吸附制冷系统的原理。它包括吸附床、冷凝器和蒸发器，用管道连接成一个封闭的系统。吸附床是充装了吸附剂（沸石）的金属盒。制冷剂液体（水）储集在蒸发器中。白天，吸附床受到日照加热，沸石温度升高，产生解吸作用，从沸石中脱附出水蒸气，系统内的水蒸气压力上升，达到与环境温度对应的饱和压力时，水蒸气在冷凝器中凝结，同时放出潜热，凝水储存在蒸发器中。夜间，吸附床冷却下来，沸石温度逐渐降低，它吸附水蒸气的能力逐步提高，造成系统内气体压力降低，同时，蒸发器中的水不断蒸发出来，用以补充沸石对水蒸气的吸附。蒸发过程吸热，达到制冷的目的。

如果采用其他热源，只要保证能够交替地加热和冷却吸附床，使沸石周期性地解吸和吸附，同样能达到制冷的目的。

由上述内容可知，吸附式制冷属于相变制冷。与蒸气压缩式制冷机相类比，吸附床起到压缩机的作用。但上述吸附系统只能间歇制冷。吸附床处于吸附过程中产生冷效应，吸附结束后必须有一个解吸过程使吸附剂状态还原，这时将停止制冷。

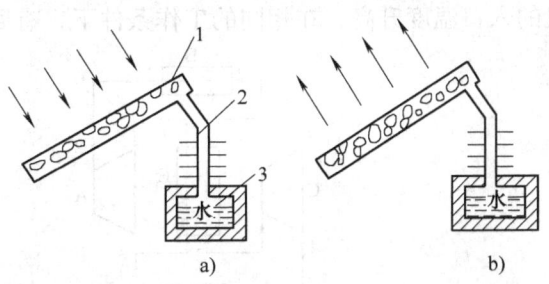

图2-5 太阳能驱动的沸石-水吸附制冷系统的原理
1—吸附床 2—冷凝器 3—蒸发器

为了连续制冷，可以采用两个或两个以上的吸附床，不仅能实现连续制冷，还可以利用一个吸附床的排热去加热另一个吸附床，从而使热能充分利用。

吸附式制冷系统不耗电，无任何运动部件，系统简单、无噪声、无污染，不需要维修，使用寿命长，安全可靠，对大气臭氧层无破坏作用，能充分利用余热和太阳能，是洁净制冷技术的发展方向之一。

（二）气体膨胀制冷

气体膨胀制冷利用高压气体的绝热膨胀以达到低温，并利用膨胀后的气体在低压下的复热过程来制冷。与蒸气压缩式制冷相比，气体膨胀制冷是一种没有相变的制冷方式。

气体膨胀制冷的工作过程包括等熵压缩、等压冷却、等熵膨胀及等压吸热四个基本过程。它与蒸气压缩式制冷过程基本上是相同的，但它所采用的工质主要是空气。根据不同的使用目的，循环工质也可采用氮气、氦气、二氧化碳、氧气等其他相似气体。

最早出现的空气制冷机采用的是无回热的定压循环系统，定压循环由两个等压过程和两个等熵过程组成。制冷流程和循环的温熵图如图 2-6 所示。从压缩机排出的高温高压（T_2、p_2）气体进入冷却器，在定压下被冷却到温度 T_3。然后进入膨胀机，等熵膨胀到压力 p_1，同时温度也相应降低到 T_4。低温低压气体进入冷箱，吸收被冷却对象的热量，在定压下制取冷量，温度回升到 T_1。冷箱中 p_1、T_1 状态的气体被压缩机吸入，等熵压缩到 T_2、p_2，完成了一个制冷循环。

气体制冷机是利用气体吸收显热来实现制冷的。因气体比热容较小，当冷量要求较大时，需要很大的气体流量，往复式压缩机和膨胀机很难胜任，宜采用透平压缩机和膨胀机。但透平压缩机的压力比低，为适应透平压缩机低压力比的特点，在图 2-6 所示的系统中增加了一只回热器。利用回热器使冷箱出来的低温低压气体与冷却器出来的常温高压气体进一步发生热交换，然后再分别进入压缩机和膨胀机。这就构成了有回

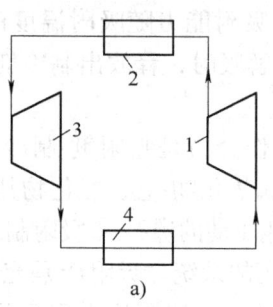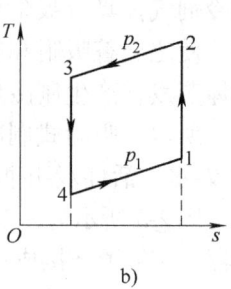

图 2-6　无回热定压循环气体制冷机
a）系统流程图　b）循环温熵图
1—压缩机　2—冷却器　3—膨胀机　4—冷箱

热的定压循环，它的系统流程图及循环的温熵图如图 2-7 所示。由于这种情况下，透平压缩机的入口温度升高，在相同的工作条件下，有回热的定压循环可以降低压力比。

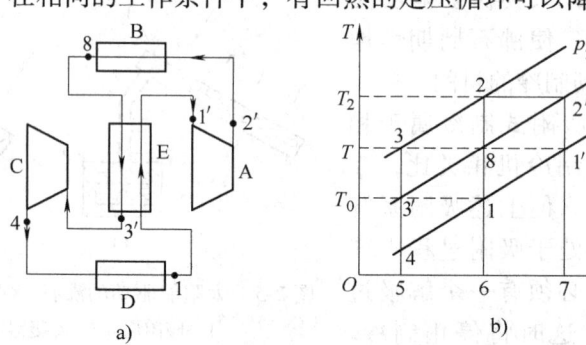

图 2-7　有回热定压循环气体制冷机
a）系统流程图　b）循环温熵图
A—透平压缩机　B—冷却器　C—透平膨胀机　D—冷箱　E—回热器

气体膨胀制冷循环采用的工质为空气、氦气、氮气等，对大气臭氧层没有破坏作用，对环境无污染。其主要缺点是单位容积制冷量小、制冷效率低。尽管采用回热循环后，气体制冷机的效率得到很大程度的提高，但热交换设备庞大，因此还没有得到广泛应用，目前主要用于飞机座舱的空调和获取 -70℃ 以下的温度。

（三）涡流管制冷

涡流管制冷是使压缩气体产生涡流运动并分离成冷、热两部分，其中冷气流用来制冷。

涡流管制冷装置如图 2-8 所示。它由喷嘴、涡流室、孔板、管子和控制阀组成。涡流室将管子分为冷端、热端两部分。孔板在涡流室与冷端管子之间，热端管子出口处安装有控制阀，喷嘴沿涡流室切向布置。

经过压缩并冷却到常温的气体（通常是空气，也可以是 CO_2、N_2 等其他气体）进入喷嘴，在喷嘴中膨胀并加速到声速，从切线方向射入涡流室，形成自由涡流。自由涡流的旋转角速度离中心越近就越大。由于角速度不同，在环形气流的层与层之间产生摩擦，中心层部分的气流角速度逐渐降低。外层气流的角速度逐渐升高，因此存在着由中心层向外层的动量流。内层气体失去能量，从孔板流出时具有较低的温度。外层气体吸收能量，动能增加，又因为与管壁摩擦，将部分动能变成热能，使得从控制阀流出的气体具有较高的温度。由此可见，涡流管可以同时获得冷、热两种效应。

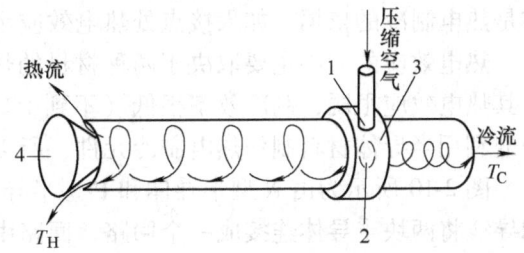

图 2-8　涡流管制冷装置
1—喷嘴　2—孔板　3—涡流室　4—控制阀

控制阀控制热端管子中气体的压力，从而控制冷、热两股气流的流量及温度。如果控制阀全关，气体全部从孔板口经冷端管子流出，则流动过程是简单的不可逆节流，节流前后焓值不变，温度也不变，不存在冷热分流的问题。如果控制阀全开，将有少量气体从外界经孔板口吸入，涡流管则相当于一只气体喷射器。只在控制阀部分开启时，才出现冷、热分流现象。

涡流管工作原理的定性解释比较清楚，但由于管内气流之间的传导和对流情况比较复杂，故对冷、热端温度值进行定量的理论计算尚有困难。实验表明，当高压气体为常温时，冷气流的温度可达 $-50 \sim -10$℃，热端温度可达 $100 \sim 130$℃。

涡流管制冷的优点是结构简单，易操作维修，起动快，使用灵活，无运动部件，工作稳定，工质对大气环境无污染，且能达到比较低的冷气流温度。其缺点是效率低、能耗大、气流噪声大，目前只用于小型低温装置。

为了提高涡流管的制冷效率，可在系统中增加回热器、干燥器、喷射器等设备。带回热器的涡流管冰箱系统如图 2-9 所示。

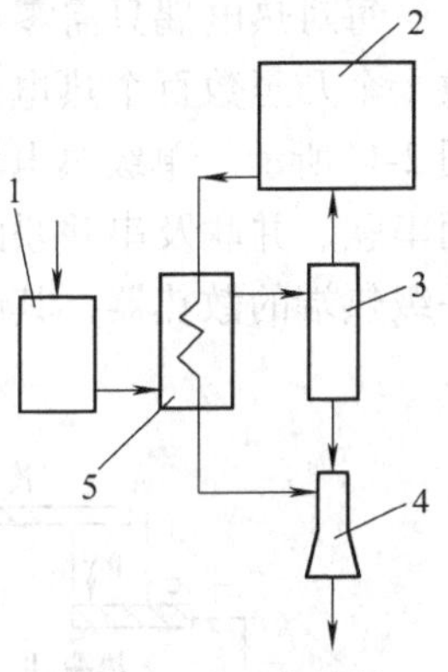

增加这些设备后不仅可降低进涡流管气体的温度，也可降低冷气流的压力，从而降低冷气流的温度，提高涡流管制冷的经济性。该系统的工作过程是：压缩空气经干燥器干燥后进入回热器，被由冷箱中排出的冷气流冷却后进入涡流管，获得更低温度的冷气流进入冷箱中。由涡流管内排出的热气流经喷射器内喷嘴膨胀，形成真空，吸出由冷箱出来的气体。经回热器升温后的气流，再经喷射器内的扩压器，压力升高后排入大气。该冷箱可获得 -70℃ 的低温。

图 2-9　带回热器的
涡流管冰箱系统
1—干燥器　2—冷（冰）箱
3—涡流管　4—喷射器
5—回热器

目前，涡流管制冷器常用在有高压气源或可以廉价获得高压气体的场合。例如，用于不长期持续使用的小型低温试验设备中，用于高温矿井中矿工的个人冷却（将涡流管制冷器装在矿工的工作服上），冷却刀具的刀头等。

(四) 热电制冷

热电制冷是利用热电效应（帕尔贴效应）的一种制冷方法。当有直流电通过两种不同材料组成的电回路时，两个接点处分别发生了吸热、放热效应。这个现象称为帕尔贴效应，它是热电制冷的依据。如果接点处热电效应足够强，就可以产生有效的制冷作用。

热电效应的大小主要取决于两种材料的热电势。纯金属材料的导电性好，导热性也好，但其热电效应很弱，制冷效率很低（不到1%）；而半导体材料具有明显的热电效应，目前普遍利用半导体材料制作热电制冷元件，所以也称为半导体制冷。

图2-10所示为由N型半导体和P型半导体构成的热电偶制冷元件。金属片Ⅰ、Ⅱ、Ⅲ和导线将两块半导体连接成一个回路，回路由低压直流电源供电。当接通直流电流时，P型半导体内载流子（空穴）和N型半导体内载流子（电子），在外电场作用下产生运动，空穴由正极流向负极，电子由负极流向正极。由于载流子（空穴和电子）在半导体内和金属片内具有不同的势能，金属片与半导体连接处势必发生能量的传递及转换。空穴在P型半导体内的势能高于在金属片内的势能，因此在外电场作用下，当空穴通过接点a时，就要从金属片Ⅰ中吸取一部分热量，以提高自身的势能，才能进入P型半导体内，接点a处就被冷却下来。当空穴通过接点c时，空穴释放出多余的一部分势能而进入金属片Ⅱ，接点c处就变热起来。同理，电子在N型半导体内的势能高于在金属片中的势能，在外电场作用下，当电子通过接点b时，就要从金属片Ⅰ中吸取热量，转换成自身的势能而进入N型半导体内，接点b冷却下来。当电子运动到接点d时，电子将自身多余的一部分势能以热量的形式释放给接点d而进入金属片Ⅲ，接点d处就热起来。这样，热电偶就形成了冷端和热端。冷端向被冷却空间或物体吸热，达到制冷的目的；热端向环境介质排热。当改变电源的正负极方向时，电子和空穴的流动方向发生改变，冷端和热端的位置也相应发生变化。

每对热电偶只需零点几伏电源电压，产生的冷量也很小，要获得较大的制冷量就需要将数十个乃至数百个热电偶串联，将其冷端排在一起，热端排在一起，组成单级热电堆，如图2-11所示。单级热电堆通常能得到大约50℃的温差，如果需要获得更低的冷端温度，可用串联、并联及串并联的方法，组成多级热电堆，如图2-12所示，其中前一级的冷端是后一级热端的散热器，其制冷量就是最末一级热电堆冷端的吸热量。

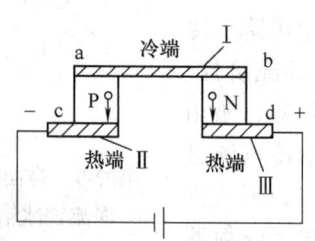

图2-10 热电制冷原理示意图
Ⅰ、Ⅱ、Ⅲ—金属片 P、N—P、N型半导体

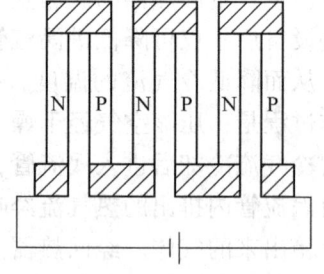

图2-11 单级热电堆

热电制冷采用半导体元件，不使用制冷剂，因此没有运动部件，也没有磨损、振动和噪声，工作可靠并且不受重力影响，改变电流方向即可从制冷工况转换到制热工况。但热电制冷效率较低，致使不能大规模地应用。热电制冷适用于要求消除振动和噪声的工作环境、高

模块二 主要制冷方法 19

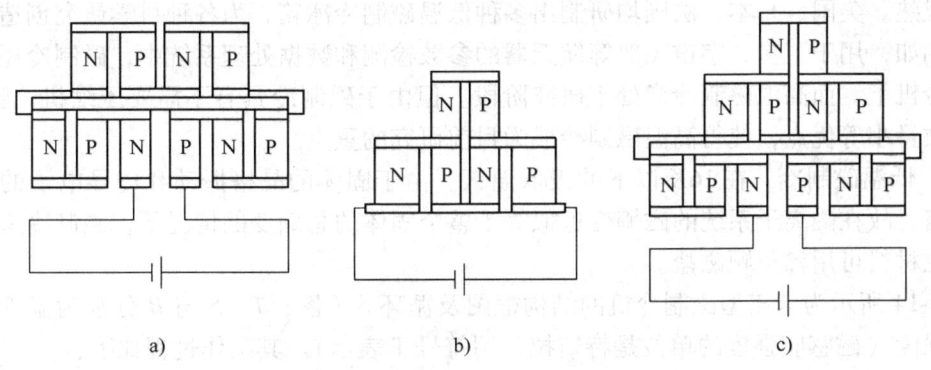

图 2-12 多级热电堆
a) 串联二级 b) 并联二级 c) 串并联三级

压和水下环境以及失重和移动的环境。例如，用在空间探测飞机上的科学仪器、电子仪器和医疗器械中的制冷装置上，核潜艇中驾驶舱的空调设备上等。

（五）磁制冷

1. 磁热效应

磁制冷是指利用磁性材料的磁热效应来完成磁制冷循环的制冷方式。磁性材料是由原子或具有磁矩的磁离子组成的结晶体，它具有一定的热运动或热振动。如图 2-13a 所示，在无外磁场时，磁性材料的离子或原子磁矩是杂乱无章的；如图 2-13b 所示，当给磁性材料加外磁场后，原子的磁矩沿外磁场取向整齐排列，使磁矩有序化，系统的磁有序度加强，从而减少材料的磁熵，因而会向外界放出热量；如图 2-13c 所示，当去掉外磁场时，磁矩的方向变得杂乱，材料内部的磁有序度减小，磁熵增大，因而磁性材料会从外界吸收热量，通过热交换使周围环境的温度降低，从而达到制冷的目的。磁性材料在磁场作用下绝热磁化时升温，绝热退磁时降温的现象称为磁热效应。

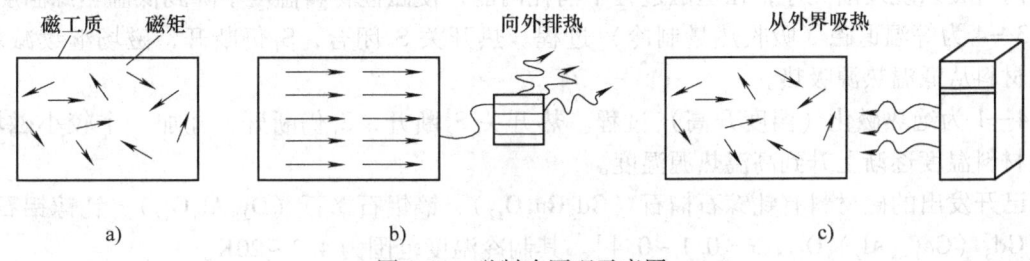

图 2-13 磁制冷原理示意图
a) 无外磁场时 $H=0$ b) 磁化时 $H>0$ c) 退磁时 $H=0$

2. 磁制冷循环

把磁性材料的绝热退磁引起的吸热过程和绝热磁化引起的放热过程用一个循环连接起来，从而可使磁性材料不断地从一端吸热，在另一端放热，以达到制冷的目的。常见的磁制冷循环有卡诺循环、斯特林循环、布雷顿循环和埃里克森循环。其中，在极低温（<1K）下，卡诺循环完全适用；在室温条件下，一般采用布雷顿循环和埃里克森循环。

3. 磁制冷方式

常见的磁制冷方式有低温磁制冷和高温磁制冷（室温制冷）两种。现在低温磁制冷技术比较成熟。美国、日本、法国均研制出多种低温磁制冷冰箱,为各种科学研究创造极低温条件。例如,用于卫星、宇宙飞船等航天器的参数检测和数据处理系统中,磁制冷还用在氦液化制冷机上。而高温磁制冷尚处于研究阶段。但由于磁制冷具有不需要压缩机,噪声小,小型、质量小等优点,使得高温磁制冷成为目前研究的重点。

(1) 低温磁制冷 在 16K 以下的极低温区,由于固体的晶格振动和传导电子的热运动可以忽略,故在磁离子系统的磁熵变近似等于整个固体的总熵变的情况下,磁制冷采用卡诺循环,磁材料可用稀土顺磁盐。

图 2-14 所示为卡诺型磁制冷机的结构框图及循环 S-T 图,T、S 与 B 分别为温度、熵与磁感应强度(磁感应强度的单位是特斯拉,用符号 T 表示)。其工作过程如下:

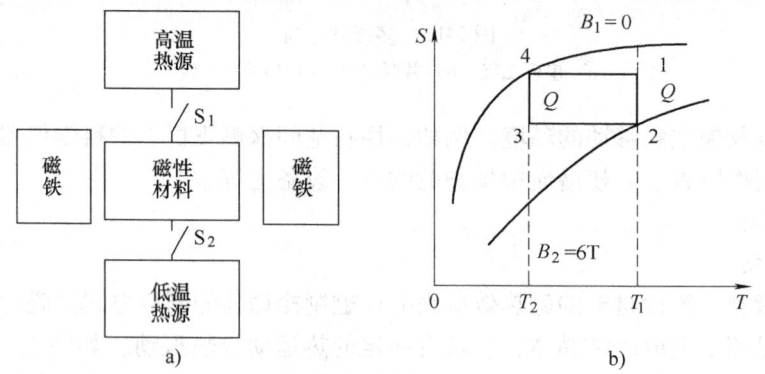

图 2-14 卡诺型磁制冷机的结构框图及循环 S-T 图
a) 结构框图 b) 循环 S-T 图

1—2 为等温磁化(排放热量)过程。热开关 S_1 闭合,S_2 断开,磁场施加于磁性材料上,使熵减小,通过高温热源与磁性材料的热端连接,热量从磁性材料传入高温热源。

2—3 为绝热退磁(温度降低)过程。热开关 S_1 断开,S_2 仍断开,逐渐移去磁场,磁性材料内自旋系统逐渐无序,在退磁过程中消耗内能,使磁性材料温度下降到低温热源温度。

3—4 为等温退磁(吸收热量制冷)过程。热开关 S_2 闭合,S_1 仍断开,磁场继续减弱,磁性材料从低温热源吸热。

4—1 为绝热磁化(温度升高)过程。热开关 S_2 断开,S_1 仍断开,施加一个较小磁场,磁性材料温度逐渐上升到高温热源温度。

已开发出的磁材料有钆镓石榴石($Gd_3Ga_5O_{12}$)、镝铝石榴石($Dy_3Al_5O_{12}$)、钆镓铝石榴石 [$Gd_3(Ga_{1-x}Al_x)_5O_{12}$, $x = 0.1 \sim 0.4$]。其制冷温度范围为 $4.2 \sim 20K$。

正在开发的磁材料有 $REAl_2$ 和 $RENi_2$(RE 代表 Gd、Dy、Ho、Er 等重稀土)。其制冷温度范围为 $15 \sim 77K$。

磁制冷装置首先需要有超导强磁体,用于产生强度达 $4 \sim 7T$ 的磁场。用旋转法实现循环:将钆镓石榴石(磁介质)做成小球状,充填入一个空心圆环中。使圆环绕中心轴旋转,转到冰箱外的半环受磁场作用,磁化放热。转到冰箱内的半环退磁,吸热制冷。日本一家公司研究的这类转动式磁制冷机需要的最大磁场强度为 $4.5T$,旋转速度为 $0.72r/min$,制冷温度达 $4.2 \sim 11.5K$,制冷量为 $0.12W$。

(2) 高温磁制冷 温度在 20K 以上,特别是近室温附近,磁性离子系统热运动大大加强,顺磁盐中磁有序态难以形成,它在受外磁场作用前后造成的磁系统熵变大大减小,磁热效应也大大减弱。所以，进入高温区制冷，低温磁制冷所采用的材料和循环都不适用。

图 2-15 所示为金属钆（Gd）在 200～300K 条件下的 $S\text{-}T$ 图。若按卡诺循环制冷（图中 $1'—2—3'—4'—1'$），则温降很小，故这时应采用埃里克森循环，如图中 1—2—3—4—1 所示。它由 4 个过程组成：1—2 为等温磁化（排放热量）过程，2—3 为等磁场过程（温度降低），3—4 为等温退磁（吸热制冷）过程，4—1 为等磁场过程（温度上升）。

布朗用 7T 的磁场和金属钆，按上述循环成功地从室温制取到 -30℃ 的低温。布朗的实验装置如图 2-16 所示。将金属钆板（磁材料）浸在蓄冷筒的蓄冷液体（水 + 乙二醇溶液）中，利用磁场变化配合蓄冷筒上下运动实现循环。图 2-16 所示为一个周期的变化过程。经过多次反复，筒体上部达到 323K，下部达到 243K。

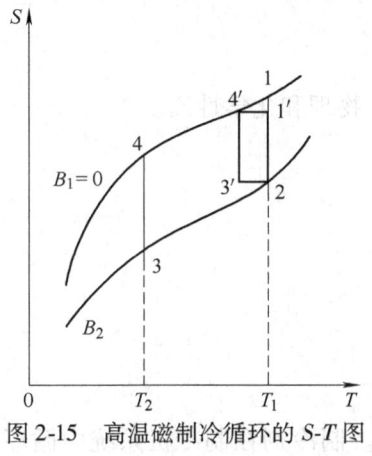

图 2-15　高温磁制冷循环的 $S\text{-}T$ 图

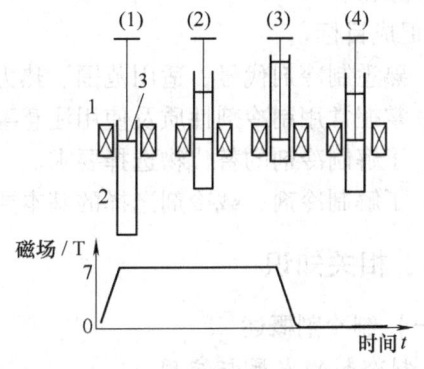

图 2-16　布朗的高温磁制冷实验
1—磁体　2—蓄冷筒　3—钆板

目前，力图使高温磁制冷实用化的研究包括以下 3 个主要方面：① 寻找合适的磁材料（工质）。它应具有离子磁矩大，居里点（磁有序-无序转变的温度）接近室温，以较小磁场（例如 1T）作用与除去作用时能够引起足够大的磁熵变（即磁热效应显著）等特点。现已研制出一系列稀土化合物作为磁制冷材料，如 RE-Al、RE-Ni、RE-Si 等系列的物质（其中 RE 代表稀土元素），还有复合型磁制冷物质（由居里点不同的几种材料组成）。② 外磁场。需采用高磁通密度的永磁体。③ 研究最合适的磁循环并解决实现循环所涉及的热交换问题。

思考题与练习题

1. 常用的制冷方法有哪些？
2. 相变制冷的类型有哪些？
3. 蒸气压缩式制冷系统主要由哪些部件组成？各有何作用？
4. 吸收式制冷的能量补偿是什么？
5. 吸收式制冷的基本组成有哪些设备？
6. 吸收式制冷中常见的工质对有哪些？各工质对中的制冷剂分别是什么？
7. 蒸汽喷射式制冷的能量补偿是什么？其主要组成设备有哪些？
8. 简述吸附式制冷的原理。
9. 气体膨胀制冷所用的工质有哪些？
10. 简述涡流管制冷的原理和主要组成。
11. 简述热电制冷的工作原理。

模块三 制冷剂与载冷剂

一、学习目标

● 终极目标

会依据制冷与空调系统特性、常用制冷剂性质及适用范围选用合适的制冷剂，会选用常用的载冷剂。

● 促成目标

1) 熟悉制冷剂代号、适用范围、热力学基本要求、物理和化学性质。
2) 掌握常用制冷剂性质及使用注意事项。
3) 了解制冷剂的替代物选择要求。
4) 了解制冷剂、载冷剂选择的基本要求。

二、相关知识

(一) 制冷剂概述

1. 制冷剂的发展与应用

制冷剂是制冷机中的工作介质，故又称为制冷工质。制冷剂在制冷机系统中循环流动，通过其自身热力状态的变化与外界发生能量交换，从而达到制冷的目的。

蒸气制冷机中的制冷剂从低温热源中吸取热量，在低温下汽化，继而在高温下凝结，向高温热源排放热量。所以，只有在工作温度范围内能够汽化和凝结的物质才有可能作为制冷剂使用。多数制冷剂在大气压力和环境温度下呈气态。

乙醚是最早使用的制冷剂。它易燃、易爆，标准蒸发温度为34.5℃。用乙醚制取低温时，蒸发压力低于大气压力，因此，一旦空气渗入系统，就有引起爆炸的危险。后来，查尔斯·泰勒（Charles Tellier）采用了二甲基乙醚作为制冷剂，其沸点为-23.6℃，蒸发压力也比乙醚高得多。1866年，威德豪森（Windhausen）提出使用CO_2作为制冷剂。1870年，卡特·林德（Cart Linde）对使用NH_3作为制冷剂作出了贡献，从此大型制冷机中广泛采用NH_3为制冷剂。1874年，拉乌尔·皮克特（Raul Pictel）采用SO_2作为制冷剂。SO_2和CO_2在历史上曾经是比较重要的制冷剂。SO_2的标准沸点为-10℃，毒性大，它作为重要的制冷剂曾有60年之久的历史，后逐渐被淘汰。CO_2的特点是在使用温度范围内压力特别高（例如，常温下冷凝压力高达8MPa），致使机器极为笨重，但CO_2无毒，使用安全，所以曾在船用冷藏装置中作为制冷剂，其历史也持续了50年之久，直到1955年才被氟利昂制冷剂所取代。近年来，由于CO_2对大气臭氧层无破坏作用，同时又具有良好的传热性能，因而重新引起人们的广泛研究并在一定场合得到了应用。

卤代烃也称氟利昂，是链状饱和碳氢化合物的氟、氯、溴衍生物的总称。在18世纪后期，人们就已经知道了这类化合物的化学组成，是汤姆斯·米杰里（Thomas Midgley）于1929~1930年间首先提出将其作为制冷剂使用。氟利昂制冷剂的种类很多，它们之间的热力性质有很大区别，但在物理、化学性质上又有许多共同的优点，所以得到迅速推广，成为制冷业发展的重要里程碑之一。

但 1974 年美国加利福尼亚大学的莫利纳（M. J. Molina）和罗兰（F. S. Rowland）教授首先撰文指出，卤代烃中的氯原子会破坏大气臭氧层。在卤代烃制冷剂中，R11、R12、R13、R113、R114 等都是全卤代烃，即在它们的分子中只含有氯、氟、碳原子，这类氟利昂称为氯氟烃，简称 CFCs。如果分子中除了氯、氟、碳原子外，还有氢原子（比如 R22），则称为氢氯氟烃，简称 HCFCs。如果分子中没有氯原子，而有氢原子、氟原子和碳原子，如 R134a，则称为氢氟烃，简称 HFCs。根据莫利纳和罗兰的理论，CFCs 对大气臭氧层的破坏性最大，这就是著名的 CFCs 问题。为此，瑞典皇家科学院将 1995 年的诺贝尔化学奖授予这两位教授，以表彰他们在大气化学特别是臭氧的形成和分解研究方面做出的杰出贡献。

为此，联合国环保组织于 1987 年在加拿大的蒙特利尔市召开会议，36 个国家和 10 个国际组织共同签署了《关于消耗臭氧层物质的蒙特利尔议定书》，国际上正式规定了逐步削减 CFCs 生产与消费的日程表。中国已于 1992 年正式宣布遵守修订后的《蒙特利尔议定书》，并于 1993 年批准了《中国消耗臭氧层物质逐步淘汰国家方案》。

2. 制冷剂分类与命名

（1）无机化合物制冷剂　无机化合物制冷剂是最早被采用的一类制冷剂，主要有水（H_2O）、氨（NH_3）、二氧化碳（CO_2）等。无机化合物类制冷剂的代号由字母 R 和 700 序号组成。700 序号中的后两个数字表示该化合物的相对分子质量的整数部分。当有两种或两种以上的制冷剂相对分子质量的整数部分相同时，可在其余的制冷剂编号后加 A、B、C 等字母以示区别。例如，H_2O、NH_3、CO_2 的相对分子质量的整数部分分别为 18、17、44，则对应符号表示为 R718、R717、R744。

（2）卤碳化合物（氟利昂）制冷剂　氟利昂是烷烃的卤族元素衍生物，即用氟、氯、溴元素部分或全部地取代烷烃中的氢而生成的化合物，故称为卤代烃或氟氯烷。

氟利昂的分子通式为 $C_m H_n F_p Cl_q Br_r$，其中 m、n、p、q、r 分别表示构成该种氟利昂制冷剂的 C、H、F、Cl、Br 元素的原子个数，其关系式为

$$2m + 2 = n + p + q + r$$

编号规则：用字母 R 和随后的数字 $m-1$、$n+1$、p、Br 组成。在编号中：

1）如果 $r = 0$，则 Br 可省略。

2）对于甲烷系列，R 后面用两个数字表示，例如氯二氟甲烷 $CHClF_2$，$m-1=0$，$n+1=2$，$p=2$，$r=0$，命名为 R22。

3）当乙烷系列有异构体时，每一种都具有相同的编号。但为了区别其分子之间的结构，最对称的一种只用编号，其他结构后加 a、b、c 等字母以示区别。例如，三氯三氟乙烷 CCl_2FCClF_2，命名为 R113；CCl_3CF_3 命名为 R113a。

4）当丙烷系列有异构体时，每一种异构体有相同的编号，编号后用两个小写字母来区分其不对称性。

常用氟利昂制冷剂的命名详见表 3-1（GB/T 7778—2008《制冷剂编号方法和安全性分类》）。

表 3-1 氟利昂制冷剂

制冷剂代号	化学名称	化学分子式	制冷剂代号	化学名称	化学分子式
R11	三氯氟甲烷	CCl_3F	R12	二氯二氟甲烷	CCl_2F_2
R13	氯三氟甲烷	$CClF_3$	R20	三氯甲烷	$CHCl_3$
R22	氯二氟甲烷	$CHClF_2$	R30	二氯甲烷	CH_2Cl_2
R40	氯甲烷	CH_3Cl	R111	五氯氟乙烷	CCl_3CCl_2F
R113	1,1,2-三氯-1,2,2三氟乙烷	CCl_2FCClF_2	R113a	1,1,1-三氯-2,2,2三氟乙烷	CCl_3CF_3
R123	2,2-二氯-1,1,1-三氟乙烷	$CHCl_2CF_3$	R134a	1,1,1,2-四氟乙烷	CH_2FCF_3
R150a	1,1-二氯乙烷	CH_3CHCl_2	R152a	1,1-二氟乙烷	CH_3CHF_2

(3) 饱和碳氢化合物制冷剂 饱和碳氢化合物制冷剂的命名也按氟利昂的命名方式进行，但丁烷写成 R600，其具体命名见表 3-2。

表 3-2 饱和碳氢化合物制冷剂

制冷剂代号	化学名称	化学分子式	制冷剂代号	化学名称	化学分子式
R50	甲烷	CH_4	R600a	异丁烷	$CH(CH_3)_3$
R170	乙烷	CH_3CH_3	R600	丁烷	$CH_3CH_2CH_2CH_3$
R290	丙烷	$CH_3CH_2CH_3$			

(4) 不饱和碳氢化合物及其卤族元素衍生物类制冷剂 烯烃属于不饱和碳氢化合物，分子通式为 C_mH_{2m}。

编号规则：在 R 后先写数字 1，再写按氟利昂编号规则的数字，其具体命名见表 3-3。

表 3-3 不饱和碳氢化合物及其卤族元素衍生物类制冷剂

制冷剂代号	化学名称	化学分子式	制冷剂代号	化学名称	化学分子式
R1112a	1,1-二氯-2,2二氟乙烯	$CCl_2=CF_2$	R1114	四氟乙烯	$CF_2=CF_2$
R1113	1-氯-1,2,2三氟乙烯	$CClF=CF_2$	R1120	三氯乙烯	$CHCl=CCl_2$
R1130	1,2-二氯乙烯	$CHCl=CHCl$	R1132a	1,1-二氟乙烯	$CH_2=CF_2$
R1140	氯乙烯	$CH_2=CHCl$	R1141	氟乙烯	$CH_2=CHF$

(5) 共沸混合物制冷剂 共沸混合物制冷剂是指由两种或两种以上互溶的单组分制冷剂在常温下按一定的质量比或容积比相互混合而成的制冷剂。共沸混合物制冷剂有一个共同沸点，在该点处，蒸气成分与溶液成分相同，在一定压力下，液体蒸发成气体时沸腾温度不发生变化。

在一定压力下，共沸混合物制冷剂标准沸腾温度比组成它的各种单组分制冷剂的标准沸腾温度都低，因此，在相同的工作温度条件下，采用共沸混合物制冷剂的制冷压缩机具有压力比小，压缩终温低，单位容积制冷量大等优点。

已经商品化的共沸混合物制冷剂的命名是在 R 后在 500 序号中按开发的顺序规定其识

别编号。其具体命名见表3-4。

表 3-4 共沸混合物制冷剂

制冷剂代号	组　分	混合质量比	制冷剂代号	组　分	混合质量比
R500	R12/R152a	73.8/26.2	R501	R22/R12	75/25
R502	R22/R115	48.8/51.2	R503	R23/R13	40.1/59.9
R504	R32/R115	48.2/51.8	R505	R12/R31	78.0/22.0

（6）非共沸混合物制冷剂　非共沸混合物制冷剂是指由两种或两种以上相互不形成共沸溶液的单组分制冷剂混合而成的制冷剂。在溶液被加热时，在一定的蒸发压力下易挥发的组分蒸气比例大，难挥发的组分蒸气比例小，形成气、液相的组分不相同。已经商品化的非共沸混合物制冷剂是在 R 后在 400 序号中顺序规定识别编写。

以上的分类方法是按制冷剂的化学种类来划分的。如果根据标准蒸发温度的高低和常温下冷凝压力的大小，又可将制冷剂分为高温低压、中温中压、低温高压制冷剂，见表3-5。

表 3-5 制冷剂的分类

类　别	制　冷　剂	常温下冷凝压力/10^5Pa	标准蒸发温度/℃	使用范围
高温低压制冷剂	R11、R21、R113、R114	1.96~7.94	>0	适用于空调系统用离心式压缩机
中温中压制冷剂	R717、R12、R22、R134a、R502	<19.6	-70~0	适用于空调或冷库制冷系统活塞式压缩机
低温高压制冷剂	R13、R14、R23、R503	19.6~68.6	≤-70	适用于-70℃以下的制冷系统或复叠式制冷装置的低温部分

（二）制冷剂的选择及使用注意事项

1. 制冷剂的选择

制冷剂的性质将直接影响制冷机的种类、构造、尺寸和运行特性，同时也会影响制冷循环的形式、设备结构及经济技术性能，因此，合理选择制冷剂很重要。通常对制冷剂的性能要求从热力学方面、物理化学方面、安全性方面、全球环境影响方面和经济性方面等加以考虑。

（1）热力学方面的要求

1）沸点要低，可获得较低的蒸发温度。同时，沸点低的制冷剂具有较高的蒸气压力。

2）临界温度要高，凝固温度要低，以保证制冷剂在较广的温度范围内安全工作。临界温度高的制冷剂在常温条件下能够液化，即可用普通冷却介质使制冷剂冷凝，同时能使制冷剂在远离临界点下节流而减少损失，提高循环的性能。凝固温度低，可使制冷剂在达到较低蒸发温度时不发生凝结现象。

3）制冷剂具有适宜的工作压力。要求制冷剂的蒸发压力接近或略高于大气压力，避免制冷系统低压部位出现真空而增大空气渗入系统的机会。要求冷凝压力不能过高。冷凝压力低可降低制冷设备、管道的强度和施工要求，减少制冷系统的建设投资和制冷剂向外泄漏的可能性。要求冷凝压力与蒸发压力的压力比（p_k/p_0）和压力差（p_k-p_0）小。这样，不仅可降低制冷机的排气温度，减少压缩耗功，同时也可提高制冷机的输气性能，减少制冷系统的压缩级数，改善制冷机运行机构的受力，从而使制冷设备结构紧凑、简化，运行平稳、安全。

4) 制冷剂的汽化热大。制冷系统在得到相同的产冷量 Q_0 时，可减少制冷剂的循环量。同时，也可减少制冷机、设备的投资，降低运行能耗，提高制冷效率。

5) 对于大型制冷系统，要求制冷剂的单位容积制冷量 q_v 尽可能大。在产冷量一定时，可减少制冷剂的循环量，缩小制冷机的尺寸和管道的直径。但对于小型制冷系统，要求单位容积制冷量 q_v 小，可适当增大制冷剂的通道截面，减少流动阻力。

6) 制冷剂的等熵指数 κ 小，可使压缩耗功减少，排气温度降低，改善运行性能和简化系统设计。

7) 对于离心式制冷压缩机应采用相对分子质量适中的制冷剂。因为相对分子质量大，可增大每一级的升压比，在系统的压力比（p_k/p_0）一定时，可减少压缩级数。另外，大多数物质在沸点下汽化时，其摩尔熵增相似，因此标准沸点相近的制冷剂，相对分子质量大时，汽化热小。

8) 热导率高，可提高换热设备的表面传热系数，减少换热设备的换热面积。

(2) 物理化学方面的要求

1) 制冷剂的粘度要小，以减少制冷剂在系统中的流动阻力，缩小制冷系统管道直径，降低金属消耗量。粘度小也可增加制冷剂的传热性能。

2) 制冷剂的纯度要高，所选用的制冷剂应无不溶性杂质、无污物、无不凝性气体、无水。要求制冷剂具有一定的吸水性，当制冷剂中渗进极少的水分时，虽会导致蒸发温度升高，但不致在低温下产生冰塞而影响制冷系统的正常工作。

3) 制冷剂的热化学稳定性要好，在高温下不易分解。制冷剂与油、水相混合时，对金属材料不应有明显的腐蚀作用。对制冷机密封材料的膨润作用也要尽可能小。

4) 制冷剂的溶油性表现为完全溶解、微溶解和完全不溶解。当制冷剂与润滑油完全溶解时，能为机件润滑创造良好条件，在冷凝器等换热器的换热面上不易形成油膜，传热效果较好。但会使制冷剂的蒸发温度提高，低温下的润滑油粘度降低，还会使制冷剂沸腾时泡沫增多，蒸发器中的液面不稳定以及在运行时使制冷机的耗油增大，系统回油不易。当制冷剂与润滑油完全不溶时，对制冷系统的蒸发温度影响较小，但在换热器换热表面易形成油膜而影响换热。微溶解于油的制冷剂的优缺点介于两者之间。

5) 理解制冷剂与润滑油的互溶性，有利于掌握制冷系统的运行特性。一般可认为 R717、R13、R14 等是不溶于油的制冷剂，R22、R114 等是微溶于油的制冷剂，R11、R12、R21、R113 等是完全溶于油的制冷剂。同时，制冷剂与润滑油的互溶性，除了与制冷剂的种类有关外，还与温度、压力、润滑油的成分有关。

6) 在半封闭和全封闭式制冷机中，压缩机的电动机线圈与制冷剂、润滑油直接接触，不仅要求制冷剂具有良好的电绝缘性，同时也要求制冷剂对线圈绝缘材料的作用应尽可能小。制冷剂的电绝缘性可用电击穿强度、介电常数、电导率三项指标表示。其中，电击穿强度的大小对全封闭和半封闭式制冷机的影响最大。同时还应注意的是，即使是介电常数高的制冷剂，若含有微量杂质和灰尘，也会使其绝缘电阻明显下降，使半封闭、全封闭式制冷机的绝缘性降低。

(3) 安全性方面的要求

1) 要求制冷剂在工作温度范围内不燃烧、不爆炸。必须使用某些易燃、易爆制冷剂时,一定要有防火、防爆的安全措施。

2) 要求所选择的制冷剂无毒或低毒,相对安全性好。

3) 由于某些制冷剂带有一定的毒性和危害性,要求所选择的制冷剂应具有易检漏的特点,以确保运行安全。

4) 如果泄漏的制冷剂与食品接触,要求制冷剂不会导致食品变色、变味,不会污染及损伤食品组织。空调用制冷剂应对人体的健康无损害,无刺激性气味。

(4) 全球环境影响方面的要求

1) 存在于大气层中的时间要短。

2) 臭氧层潜在破坏效应指数 ODP(Ozone Depression Potential)要小。

3) 全球温室潜在效应指数 GWP(Global Warming Potential)要小。

4) 无光雾反应,对大气、水源及土壤等影响要小。

(5) 经济方面的要求

1) 要求制冷剂的生产工艺简单,以降低制冷剂的生产成本。

2) 价廉、易得。

当然,完全满足上述要求的制冷剂是不存在的。各种制冷剂总是在某些方面有其长处,在另一些方面又有不足。使用要求、机器容量和使用条件的不同,对制冷剂性质要求的侧重面就不同,应把握主要要求选择相应的制冷剂。一旦选定制冷剂后,由于它本身性质上的特点,又反过来要求制冷系统在流程、结构设计及运行操作等方面与之相适应。这些都必须在充分掌握制冷剂性质的基础上恰当地加以处理。

最早较全面地进行 CFCs 替代物研究的是美国国家标准与技术研究院(简称 NIST)的麦克林顿(McLinden)等人。他们从制冷剂的基本要求出发,对 860 种纯物质用计算机进行全面的筛选,结果发现较有前途的替代物仍然是氟利昂家族中的 HFCs,从而提出用 R134a 替代 R12,用 R123 替代 R11。由于 HCFCs 最终也要被禁止使用,因此,R123 只能作为过渡性的替代物。

由于 R134a 对温室效应仍有较大影响,欧洲特别是德国、丹麦等国的一些科学家提出用自然物质作为替代物,例如 NH_3、CO_2、碳氢化合物等。这些物质环境特性优良,被称为自然制冷剂。

总而言之,到目前为止还没有找到一种完全可用于替代的理想制冷剂,各种研究仍在努力地进行中。

2. 制冷剂的使用注意事项

制冷剂属于化学制品,在一般温度下呈气体状态。有些制冷剂还有可燃性、毒性、爆炸性,所以在保管、使用、运输中必须注意安全,防止造成人身和财产损失的事故。制冷剂在保管和使用时应注意以下几点:

1) 盛放制冷剂的钢瓶必须经过检验,确保能承受规定的压力。

2) 各种制冷剂的钢瓶外应标有明显的品名、数量、质量卡片,以防错用。

3) 制冷剂钢瓶应放在阴凉处,应避免高热和太阳直晒。在搬动和使用时应轻拿轻放,禁止敲击,以防爆炸。

4) 保存制冷剂，钢瓶阀门处绝对不应有慢性泄漏现象，否则会使制冷剂泄漏和污染环境。

5) 分装或充灌制冷剂时，室内空气必须畅通，禁止在室内泄漏有毒的气体。如果发生严重泄漏，应立即设法通风，防止中毒。

6) 分装和充灌制冷剂时，要戴手套、眼镜，以防制冷剂喷出造成人身冻伤。

7) 制冷剂使用后，应立即关闭控制阀，重新装上钢瓶帽盖或铁罩。

8) 在检修系统时，如果需要从系统中将制冷剂抽出，在压入钢瓶时，钢瓶应得到充分的冷却，并严格控制注入钢瓶的制冷剂质量，绝不能装满，一般按钢瓶容积装60%左右为宜，使其在常温下有一定的膨胀余地，避免发生意外事故。

（三）常用制冷剂的性质

（1）R717　R717为氨，化学式为NH_3，属于无机化合物类制冷剂，是目前应用较广的中温制冷剂之一。氨有较好的热力学性质和热物理性质。

氨在标准状态下是无色气体，标准大气压下的沸点为$-33.4℃$，临界压力为11.28MPa，临界温度为132.4℃，凝固温度为$-77.7℃$，在常温和普通低温范围内压力适中，单位容积制冷量大，粘性小，流动阻力小，传热性能好，价格低廉，对大气臭氧层无破坏作用，因而广泛用于蒸发温度为$-65℃$以上的大中型活塞式、螺杆式制冷压缩机。

氨的主要缺点是对人体有较大的毒性。氨蒸气无色，具有强烈的刺激性臭味。它可以刺激人的眼睛及呼吸器官。当氨液飞溅到人的皮肤上时，会引起肿胀甚至冻伤，应以大量的清水冲洗并及时治疗。当氨蒸气在空气中的含量（体积分数，后同）达到0.5%以上时，人在其中停留30min即会中毒。

氨易燃烧和爆炸，当空气中氨的含量达到16%~25%时可引起爆炸；含量达到11%~14%时即可点燃，燃烧时呈黄色火焰。因此，车间内的工作区内氨蒸气的量不得超过0.02mg/L。车间内必须设置通风换气装置。若制冷系统中含有较多空气，也会引起制冷装置爆炸。因此，氨制冷系统中应设有空气分离器，及时排出系统中的空气及其他不凝性气体。

氨对钢铁不起腐蚀作用，但当含有水分时对锌、铜和铜合金（除磷青铜外）有腐蚀作用。因此，在氨制冷系统中不使用铜和铜合金材料，只有连杆衬套、密封环等零部件才允许使用高锡磷青铜。

（2）R12　R12的分子式为CCl_2F_2，化学名称为二氯二氟甲烷，它的沸点为$-29.8℃$，凝固点为$-155℃$，压力适中，广泛应用于冷藏、空调及低温设备，可制取$-70℃$以上的低温。

R12无色，气味很弱，有芳香气味，当它在空气中的含量达20%时，人才会闻到。R12毒性小，不燃烧，不爆炸，但当温度达到400℃以上时，与明火接触会分解出具有剧毒的光气。R12的单位容积制冷量小，密度大，流动阻力大，热导率小，因此，应用于制冷装置时要增加换热设备的换热面积。

水在R12中的溶解度很小，且随温度的降低而减小，在低温状态下水易析出而形成冰堵。因此，R12系统内必须严格控制含水量。

R12对一般金属没有腐蚀作用，但能腐蚀镁及含镁量（质量分数）超过2%的铝镁合金。R12对天然橡胶及塑料有膨润作用，故密封材料应用耐腐蚀的丁腈橡胶或氯醇橡胶。在封闭式压缩机中，电动机线圈导线要用耐氟绝缘漆，电动机采用B级或E级绝缘。

R12 的渗透性极强，易通过机器设备接合面的不严密处、铸件中的小孔及螺纹接合处泄漏，所以，要求铸件质量高，要求机器的密封性良好。

近年来，发现 R12 对大气臭氧层有严重破坏作用，并产生温室效应，危及人类的生存环境，属于首先被替代的制冷剂。其臭氧层潜在破坏效应指数（ODP）值为 1.0，全球温室潜在效应指数（GWP）值为 3.0，这限制了 R12 的长期使用。根据目前的研究，替代 R12 的最可能物质是 R134a 和 R152a，还有一些混合物，如 R134a/R152a、R22/R152a、R22/R142b、R22/R124 和 R22/R152a/R124。

(3) R22　R22 的分子式为 $CHClF_2$，化学名称为氯二氟甲烷，也是较常用的中温制冷剂，其沸点为 -40.8℃，凝固点为 -160℃。在相同的蒸发压力和冷凝压力下，R22 的饱和蒸气压力比 R12 约大 65%。其单位容积制冷量稍低于氨，但比 R12 大得多。压缩终温介于氨和 R12 之间，能制取的最低蒸发温度为 -80℃。它广泛应用于冷藏、空调及低温设备中。

R22 无色、无味，不燃烧、不爆炸，毒性比 R12 略大，但仍属于安全的制冷剂。对 R22 含水量仍限制在 0.0025% 以内。为防止制冷系统冰堵，需装设干燥器。

R22 的化学性质不如 R12 稳定，对有机物的膨润作用更强。密封材料可采用氯乙醇橡胶。封闭式制冷压缩机中的电动机线圈可采用 QF 改性缩醛漆包线（E 级），或 QZY 聚酯亚胺漆包线。

R22 对金属的作用与 R12 相同，比 R12 有更强的渗透性和泄漏性。

R22 对大气臭氧层有微弱的破坏作用，属于过渡性替代制冷剂。其臭氧层潜在破坏效应指数（ODP）值为 0.05，全球温室潜在效应指数（GWP）值约为 0.35。混合物制冷剂 R23/R152a 有可能替代 R22，它是典型的非共沸混合物，两个组分均为无氯卤代烃（HFC）类物质。

(4) R134a　R134a 的分子式为 CH_2FCF_3，化学名称为 1,1,1,2-四氟乙烷。它属于中温制冷剂，沸点为 -26.2℃，凝固点为 -101℃，热力学性质与 R12 接近，不燃烧、不爆炸，但遇明火或高温时会分解出有毒和刺激性物质。现被广泛应用于汽车空调、电冰箱及部分离心式制冷压缩机中。R134a 被认为是最有可能代替 R12 的新制冷剂，其臭氧层潜在破坏效应指数（ODP）值为 0，全球温室潜在效应指数（GWP）值为 0.24~0.29。

R134a 与金属有良好的相溶性，与铜、铁和铅等金属材料不发生作用。R134a 中不含氯原子，与现有的矿物性润滑油的相溶性差。研究表明，R134a 能与聚烯烃乙二醇和聚酯类等润滑油相溶。R134a 的渗漏性强，对密封材料要求高，丁腈橡胶和氟化橡胶由于吸收 R134a 后发生膨胀裂变，一般可采用聚丁腈橡胶、三聚乙丙橡胶或氯丁橡胶等。还应增加封闭式制冷压缩机电动机线圈的绝缘等级。

R134a 合成工艺复杂，目前生产成本较高。

(5) R600a　R600a 的分子式为 $CH(CH_3)_3$，化学名称为 2-甲基丙烷（异丁烷），是常用的碳氢化合物制冷剂。其沸点为 -11.73℃，凝固点为 -160℃，曾在 1920~1930 年作为小型制冷装置的制冷剂，后由于可燃性等原因，被氟利昂制冷剂取代了。在人们发现 CFCs 制冷剂会破坏大气臭氧层后，作为自然制冷剂的 R600a 又重新得到重视。尽管 R134a 在许多方面表现出作为 R12 替代制冷剂的优越性，但它仍具有较高的 GWP 值，因此，许多人提倡在制冷温度较低的场合（如电冰箱）用 R600a 作为 R12 的永久替代物。

R600a 的临界压力比 R12 低，临界温度及临界比体积均比 R12 高，其标准沸点高于 R12 的标准沸点约 18℃，饱和蒸气压比 R12 低。在一般情况下，R600a 的压比要高于 R12 且单位容积制冷量要小于 R12。为了使制冷系统能达到与 R12 相近的制冷能力，应选用排气量较大的制冷压缩机。但它的排气温度比 R12 低，后者对压缩机工作更有利。两者的粘性相差不大。

R600a 的毒性非常低，但在空气中可燃，因此安全类别为 A3，在使用 R600a 的场合要注意防火防爆。当制冷温度较低（低于 -11.7℃）时，制冷系统的低压侧处于负压状态，外界空气有可能要泄漏进去。因此，使用 R600a 作为制冷剂的系统，其电器绝缘要求较一般系统要高，以免产生电火花引起爆炸。

R600a 与矿物油能很好地互溶，不需价格昂贵的合成润滑油。

除可燃外，R600a 与其他物质的化学相溶性很好，而与水的溶解性很差，这对制冷系统很有利。但为了防止"冰堵"现象，制冷剂允许含水量较低，对除水要求相对较高。此外，R600a 的检漏不能用传统的检漏仪检漏，而应该用专门适合于 R600a 的检漏仪检漏。

（6）R290　R290 即丙烷，其分子式为 $CH_3CH_2CH_3$，属于碳氢制冷剂，具有优良的热力学性能，价格低廉，而且 R290 与普通润滑油和机械结构材料具有兼容性，ODP=0，GWP 很小，不需要合成，不改变自然界碳氢化合物的含量，对温室效应没有直接影响，实属当今最环保的制冷剂。从环保的角度来讲，全世界几乎所有国家对于 R290 制冷剂在新制冷设备上的初装，以及售后维修过程中的使用均没有限制。

R290 的单位容积制冷量较大，很适合于小型回转式压缩机。R290 的主要物理性质与 R22 极其相近，可采用 R22 系统，不需要对原机和生产线进行改造，直接灌装 R290 即可，属于直接替代物。由于 R290 易燃，通常只用于充液量较少的低温制冷设备中，或者作为低温混配冷媒的一种组分。

R290 作制冷剂的不利之处就是它具有可燃性，制冷系统的压缩机、冷凝器、蒸发器、管路等部件可能会造成工质的泄漏，而温控器、压缩机继电器、照明灯、融霜按钮等电子元器件都可能是点燃源。所以电冰箱中 R290 最大充灌量应控制在 150g 左右。为了保证安全运行，应将制冷系统和控制元件分别设置在不同的空间内；在压缩机内设置保护器和阻燃继电器；加强系统局部通风，避免浓度聚集，经常用气体传感器检测容易泄漏的地方。R290 制冷系统应是封闭的，并且在充灌制冷剂之前应进行严格的检漏。

（7）R502　R502 是常用的共沸混合物制冷剂之一，是由 R22/R115 按质量比 48.8/51.2 混合而成的共沸混合物制冷剂，其平均相对分子质量为 112，沸点为 -45.4℃，是性能良好的中温制冷剂，可代替 R22 用于获得低温。当在相同的吸气温度和压比下，使用 R502 时压缩机的排气温度比使用 R22 时低 10~25℃。

R502 的溶水性比 R12 大 1.5 倍，在 82℃ 以上与矿物油有较好的溶解性；低于 82℃ 时，对矿物油的溶解性差，油将与 R502 分层。

由于 R502 构成组分中含有大量的 R115，因此，它的 ODP 值较高，在发达国家已经被禁止使用。

（8）R507　R507 是由 R125/R143a 按质量比 50/50 混合而成的共沸混合物制冷剂，其平均相对分子质量为 98.9，沸点为 -46.7℃，与 R502 的沸点非常接近。它是一种新的制冷剂，是作为 R502 的替代物提出来的，其 ODP 值为零。相同工况下，它的制冷系数比 R502 略低，单位容积制冷量比 R502 略高，压缩机排气温度比 R502 略低，冷凝压力比 R502 略高，压比略高于 R502。它不溶于矿物油，但能溶于聚酯类润滑油。凡是使用 R502 的场合，都可以用 R507 来替代。

(9) R407C R407C 是一种三元非共沸混合物制冷剂，它是作为 R22 的替代物而提出的。在压力为标准大气压时，其泡点（在一定压力下，混合液体开始沸腾，即开始有气泡产生时的温度称为泡点）为 -43.8℃，露点为 -36.7℃，与 R22 的沸点较接近。与其他 HFC 制冷剂一样，R407C 不能与矿物油互溶，但能溶解于聚酯类合成润滑油。研究表明，在空调工况时，R407C 的单位容积制冷量以及制冷系数比 R22 略低（约5%）。因此，将 R22 的空调系统换成 R407C 的空调系统时，只要将润滑油和制冷剂改换就可以了，而不需要更换制冷压缩机，这是 R407C 作为 R22 替代物的最大优点。但在低温工况下，虽然其制冷系数比 R22 低得不多，但它的单位容积制冷量比 R22 要低20%。

(10) R410A R410A 是一种两元混合物制冷剂，它也是作为 R22 的替代物提出来的。虽然在一定的温度下它的饱和蒸气压比 R22 和 R407C 的均要高一些，但它的其他性能优于 R407C。它具有与共沸混合物制冷剂类似的优点，它的单位容积制冷量在低温工况时比 R22 要高约60%，制冷系数比 R22 高约5%。在空调工况时，其容积制冷量和制冷系数均与 R22 差不多。与 R407C 相比，尤其是在低温工况下，使用 R410A 的制冷系统具有更小的体积（单位容积制冷量大），更高的能量利用率。但在 R22 的制冷系统里，R410A 不能直接用来替换 R22，在使用 R410A 时要用专门的制冷压缩机，而不能用 R22 的制冷压缩机。

部分制冷剂的一般使用范围见表3-6。

表3-6 部分制冷剂的一般使用范围

制冷剂	使用范围		
	温度/℃	制冷机形式	特点和用途
R717	-60~10	活塞式、回转式、离心式	压力适中，用于制冰、冷藏、化学工业及其他工业，由于有毒，人多的地方最好不用
R11、R123	-5~10	离心式	沸点较高（23.7℃），无毒、不燃烧，用于大型空调及其他工业
R12、R134a、R152a	-60~10	活塞式、回转式、离心式	压力适中，压缩终温低，化学性能稳定，无毒。用于冷藏、空调、化学工业及其他工业，从家用冰箱到大型离心式制冷机都可用它作为制冷工质
R13、R14	-90~-60 -120~-60	活塞式、离心式	沸点低，临界温度低，低温下蒸气比体积小，无毒，不燃烧，用于低温化学工业和低温研究。可用作复叠式制冷机的低温部分
R21	-20~10	活塞式、离心式、回转式	即使在70℃，冷凝压力也不高。用于空调、化学工业小型制冷机，特别适用于高温车间、起重机控制室的风冷式降温设备
R22	-80~0	活塞式、离心式、回转式	压力和制冷能力与 R717 相当，排气温度比 R12 高。广泛用于冷藏、空调、化学工业及其他工业
R113	0~10	离心式	相对分子质量大，运输和储存方便（可装在铁桶中）。主要用于小型空调离心式制冷机中
R114、R142b	-20~10	离心式、回转式、活塞式	沸点为3.6℃，比 R21 低，介于 R12 和 R11 之间，主要用于小型制冷机，当用作高温车间或起重机控制室的风冷式降温设备时，其电气性能比 R21 优越
R500	-60~10	活塞式、离心式	是氟利昂的共沸混合物，无毒、不燃烧，制冷能力比 R12 高。用于空调、冷藏

(续)

制 冷 剂	使 用 范 围		特点和用途
	温度/℃	制冷机形式	
R502	-8 ~ 0	活塞式、离心式	是氟利昂的共沸混合物,热力学特性比 R12 好,压力和制冷能力与 R22 相当,电气性能和 R12 一样优良,排气温度比 R22 低,无毒,不燃烧,是一种良好的制冷剂,特别适用于密封式制冷机
R50	< -60	活塞式、离心式	可燃烧,有爆炸危险,用于低温化学和低温研究,可用作复叠式制冷机的低温部分
R503	-90 ~ -70	活塞式	用于低温制冷和低温研究,可用作复叠式制冷机低温部分的工质
R290、R1270	-60 ~ -40	活塞式、离心式	可燃烧,有爆炸危险,用于低温化学和低温研究

(四) 载冷剂

载冷剂是指在间接制冷系统中用以传送冷量的中间介质,这种中间介质在制冷工程中也称为第二制冷剂。载冷剂在蒸发器中被制冷剂冷却后,送到冷却设备中,吸收被冷却物体或环境的热量,再返回蒸发器被制冷剂重新冷却,如此不断地循环,以达到连续制冷的目的,如图 3-1 所示。载冷剂传递冷量是依靠显热作用,而不像制冷剂那样依靠蒸发热来实现制冷。

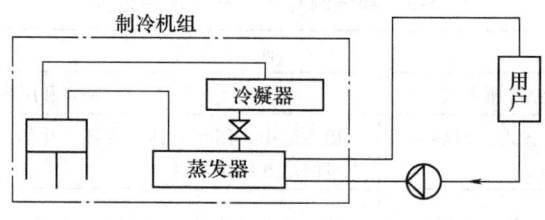

图 3-1 间接式制冷系统

1. 对载冷剂的性质要求

1) 载冷剂是依靠显热来运载热量的,所以要求载冷剂在工作温度下处于液体状态,不发生相变。要求载冷剂的凝固温度至少比制冷剂的蒸发温度低 4 ~ 8℃,沸点比制冷系统所能达到的最高温度高。

2) 比热容要大,在传递一定热量时,可使载冷剂的循环量小,使输送载冷剂的泵耗功减少,管道的耗材量减少,从而提高循环的经济性。

3) 热导率要大,可增加传热效果,减少换热设备的传热面积。

4) 粘度要小,以减少流动阻力和输送泵功率。

5) 化学性能要求稳定,载冷剂在工作温度内不分解。不与空气中的氧化合,不改变其物理化学性能。不燃烧,不爆炸,挥发性要小,载冷剂与制冷剂接触时化学性质稳定,不发生化学反应。

6) 要求对人体和食品、环境无毒、无害,不会引起其他物质的变色、变味、变质。

7) 要求不腐蚀设备和管道,如果载冷剂稍具有腐蚀性,应添加缓蚀剂阻止腐蚀。

8) 要求价格低廉,易于获得。

2. 常用载冷剂

（1）水　水的凝固点为0℃，标准沸点为100℃，水是常用于空调制冷装置及0℃以上的、生产工艺冷却的一种载冷剂。

水的相对密度小，粘度小，流动阻力小，所采用的设备尺寸较小。水的比热容大，传热效果好，循环水量少。水的化学稳定性好，不燃烧，不爆炸，纯净的水对设备和管道的腐蚀性小，系统安全性好。水无毒，对人、食品和环境都是无害的，所以在空调系统中，水不仅可作为载冷剂，也可直接喷入空气中进行调湿和空气洗涤。

水的缺点是凝固点高，限制了它的应用范围，并且在作为接近0℃的载冷剂时，应注意壳管式蒸发器等换热设备的防冻措施。

（2）无机盐水溶液　盐水是指将盐（$CaCl_2$、$NaCl$）溶于水中形成的溶液，所以又称为盐溶液。盐溶液有较低的凝固温度，适用于在中低温制冷装置中载冷。

盐水的性质与溶液中的盐量多少有关。图3-2所示为氯化钠盐水的凝固点（冰点）与浓度的关系。图中左边的曲线表示随盐水的浓度增加，盐水的凝固温度（冰点）就降低，一直降低到冰盐共晶点为止。此点的全部盐水冻结成一块冰盐结晶体。冰盐共晶点是最低的冰点。如果盐水的浓度不变，而温度降低，低于该浓度所对应的冰点时，则有冰从盐水中析出，所以共晶点左面的曲线就是析冰线。可见，当盐水浓度一定时，其凝固点的温度也是一定的，在一定范围内，浓度增加，冰点降低。当浓度超过共晶点时，就会有结晶盐从盐溶液中析出而冰点升高，所以冰盐共晶点右面的曲线又称为析盐线。不同的盐溶液的共晶点是不同的。例如，氯化钠盐水中氯化钠的质量分数为23.1%时，其共晶点温度为-21.2℃；氯化钙盐水中氯化钙的质量分数为29.9%时，其共晶点温度为-55℃。图3-3所示为氯化钙溶液浓度与冰点的关系。

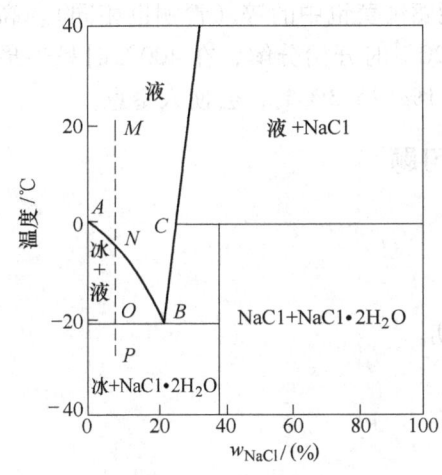

图3-2　氯化钠盐水的凝固点与浓度的关系

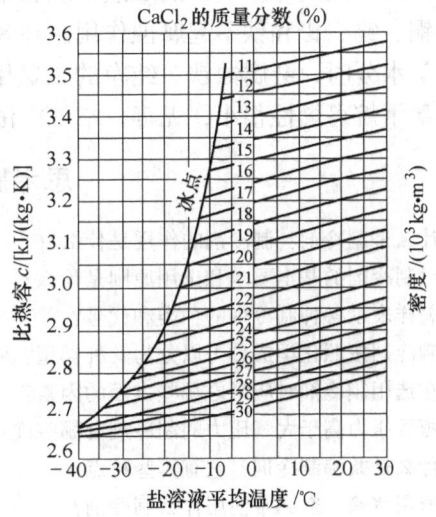

图3-3　氯化钙溶液浓度与冰点的关系

上述盐水浓度与其凝固点的关系说明，凝固点取决于盐水的浓度，当载冷剂传送冷量时，其凝固点必须低于工作温度。因此，必须合理地选择盐水的浓度。若浓度选得太小，凝固点就高，如果蒸发温度稍低于规定值，就有可能使盐水冻结。若浓度选得较大，凝固点就低,这样虽然可以使工作温度有余,但由于盐水浓度增大而使盐水循环的功耗增加。因此,盐水浓度过大或过小都是不利的。一般情况是使盐水凝固点比系统中制冷剂的蒸发温度低6~8℃。

盐水溶液的相对密度和比热容都比较大,因此,传递一定的冷量所需的容积循环量小。但盐水溶液有腐蚀性,尤其是略呈酸性并与空气相接触的稀盐溶液,其腐蚀性很强。因此应采用较浓的盐水并要避免它因通风而被氧化。载冷剂返回盐水池的入口应设在液面以下。为了减轻或防止盐水的腐蚀性,可在盐水溶液中添加适量的缓蚀剂。加入缓蚀剂后,必须使盐水溶液呈弱碱性。

(3) 有机载冷剂 用作载冷剂的有机溶液有乙二醇、丙三醇、甲醇、乙醇、二氯甲烷、三氯乙烯等。有机溶液的凝固点普遍比水和盐水溶液的凝固点低,所以被广泛地用于低温制冷装置中。

1) 乙二醇水溶液。纯乙二醇(CH_2OHCH_2OH)具有无色、无味、无电解性、不燃烧、化学性质稳定的特性。乙二醇水溶液略有毒性,但不损害食品,并略具腐蚀性,使用时需加缓蚀剂。乙二醇水溶液的凝固点随浓度增大而降低。

2) 丙三醇水溶液。丙三醇($CH_2OHCHOHCH_2OH$)是无色、无味、无电解性、无毒、对金属不腐蚀,并且极稳定的化合物,可与食品直接接触而不引起腐蚀,并有抑制微生物生长的作用,所以常被用于啤酒、制乳工业以及某些接触式食品冷冻装置中。

3) 乙醇水溶液。乙醇(C_2H_5OH)是具有芳香味的无色易燃液体。无水乙醇的凝固点为-117℃,可用作-100℃以上的低温载冷剂。乙醇可以任意比例溶于水,易挥发,易燃。通常使用纯乙醇或乙醇水溶液作载冷剂。

4) 二氯甲烷。二氯甲烷(CH_2Cl_2)的标准沸点为40.7℃,凝固点为-96.7℃,无色并带有少许丙酮臭味。纯净的二氯甲烷和带水的(水在CH_2Cl_2中的溶解度很小)二氯甲烷对铝、铜、锡、铅和铁不起腐蚀作用。在80℃时能腐蚀黄铜中的锌(青铜也相同)。高温下带有大量水分时,会腐蚀铁。纯净的二氯甲烷在120℃时开始分解,在400℃时呈现最大分解。二氯甲烷可燃性很小,无毒,空气中浓度达5.1%~5.3%时,会使人窒息。

思考题与练习题

1. 什么是制冷剂?制冷剂的作用是什么?
2. 对制冷剂的基本要求和选用原则是什么?
3. 怎样表示各种制冷剂的种类和代号?
4. 制冷剂按照化学成分可以分为几种类型?并举例说明。
5. 在选用制冷剂时应考虑哪些方面的因素?
6. 蒸发压力高于大气压力的制冷剂有哪些优点?
7. 什么是共沸制冷剂?它有哪些特点?
8. 家用冰箱、空调常使用什么制冷剂?
9. 载冷剂在制冷系统中起什么作用?
10. 常用的载冷剂有哪些?

第二篇　能　力　篇

模块四 单级制冷循环系统的原理与应用

一、学习目标

● 终极目标

会依据需求选择合适的单级制冷循环并进行热力学分析。

● 促成目标

1) 熟悉单级制冷循环的工作原理与热力性能分析。
2) 掌握单级蒸气压缩式制冷理论循环与实际循环。
3) 了解单级制冷装置的分类、工作流程及特点。
4) 了解单级蒸气压缩式制冷循环的影响因素与工况。

二、相关知识

蒸气压缩式制冷是目前应用最广泛的制冷方法之一，通常可用来制取 -40℃ 以上的低温。蒸气压缩式制冷机结构紧凑，操作管理方便，根据使用场合的不同，可以制成大、中、小型制冷机，在普通制冷温度范围内具有较高的循环效率。

（一）单级蒸气压缩式制冷理论循环

单级蒸气压缩式制冷理论循环是指以制冷循环的四大部件为主体，按理论制冷循环的假设条件所进行的热力循环。

1. 单级蒸气压缩式制冷理论循环的组成及工作过程

单级蒸气压缩式制冷理论循环由制冷压缩机、冷凝器、节流机构和蒸发器（通常称为制冷四大部件）组成，如图4-1所示。

单级蒸气压缩式制冷循环的工作过程如下：压缩机不断地抽吸蒸发器中产生的干饱和蒸气，并将其压缩到冷凝压力。然后，制冷剂被送往冷凝器，在冷凝压力下等压冷却、冷凝成饱和液体，制冷剂冷却和冷凝时放出的热量传给冷却介质（通常是水或空气）。故与冷凝压力相对应的冷凝温度一定要高于冷却介质的温度。冷凝后的制冷剂液体进入节流器。当制冷剂通过膨胀阀时，压力从冷凝压力降到蒸发压力，部分液体汽化，剩余液体的温度降至蒸发温度，变成蒸发温度下的气液两相状态的制冷剂。最后，离开膨胀阀的制冷剂进入蒸发器，在蒸发器中，蒸发温度低于被冷却物体（环境介质）的温度，制冷剂在蒸发压力下沸腾，吸收环境介质的热量，实现制冷。蒸发器出口的制冷剂饱和气体又被吸入压缩机，开始新一轮的循环。如此周而复始，不断循环。

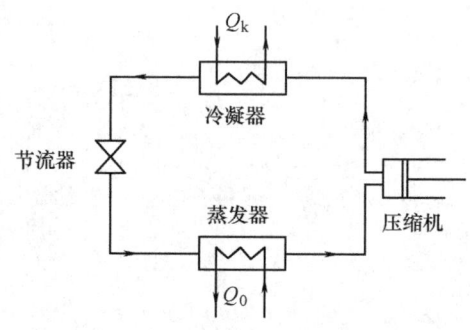

图 4-1 单级蒸气压缩式制冷系统图

2. 单级蒸气压缩式制冷理论循环的假设条件及热力状态图

单级蒸气压缩式制冷理论循环是简化了的实际制冷循环,它忽略了制冷机在实际运转中的一些复杂因素,将循环加以抽象,以便于分析几个基本参数对循环的影响。

单级蒸气压缩式制冷理论循环是建立在以下一些假设的基础上的:

1) 压缩过程为等熵过程,即在压缩过程中不存在任何不可逆损失。

2) 制冷剂的冷凝温度 T_k 等于冷却介质的温度 T_H,蒸发温度 T_0 等于被冷却介质的温度 T_L,且冷凝温度和蒸发温度都是定值。即在冷凝器和蒸发器中,不考虑制冷剂与高、低温热源之间的传热温差。

3) 离开蒸发器、进入压缩机的制冷剂蒸气为蒸发压力 p_0 下的干饱和蒸气,离开冷凝器、进入节流器的液体为冷凝压力 p_k 下的饱和液体。即制冷剂在换热设备中无流动阻力,无压降。

4) 制冷剂在管道内流动时,没有流动阻力损失,忽略动能变化,除了蒸发器和冷凝器内的管子外,制冷剂与管外介质之间没有热交换。

5) 制冷剂在流过节流机构时,与外界环境没有热交换,可视为等焓过程。

根据以上假设,单级蒸气压缩式制冷理论循环在温熵图和压焓图上的表示如图 4-2 所示。

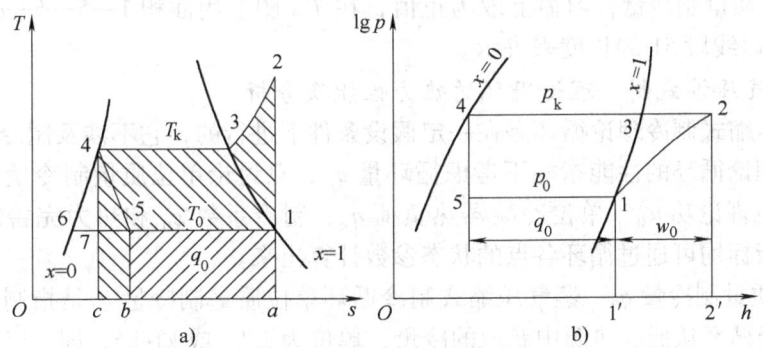

图 4-2 单级蒸气压缩式理论循环在 T-s 图和 $\lg p$-h 图上的表示

1—2 表示制冷剂在压缩机中的等熵压缩过程。点 1 表示压缩机吸入的是干饱和蒸气。

2—3—4 表示制冷剂在冷凝器中的冷却和冷凝过程。其中,2—3 是制冷剂在冷凝压力下等压冷却过程,向环境介质放出显热,温度下降;3—4 是制冷剂等压冷凝过程,释放出汽化热,制冷剂与环境介质无温差。也就是说,在冷凝器中,制冷剂压力始终保持不变,且等于冷凝温度 T_k 下的饱和蒸气压力 p_k。

4—5 表示节流过程。制冷剂在节流过程中压力和温度都降低,但焓值保持不变,且节流进入气液两相区。

5—1 表示制冷剂在蒸发器中的蒸发过程,制冷剂在温度 T_0、饱和压力 p_0 保持不变的情况下蒸发,被冷却物体或载冷剂的热量被制冷剂带走,从而实现制冷的过程。

按照热力学第一定律,对于在控制容积中进行的状态变化存在如下关系:

$$dq = dh - dw_0 \tag{4-1}$$

这里,把自外界传入的功作为负值。对式 (4-1) 积分可以得到整个过程的表达式:

$$q = \Delta h - w_0 \tag{4-2}$$

按照式（4-1）和式（4-2），单级压缩蒸气制冷机循环的各个过程有如下关系：

1）压缩过程。有 $dq=0$，$dh=dw_0$，则

$$w_0 = h_2 - h_1 \tag{4-3}$$

w_0 称为单位理论功，在 T-s 图上用面积 1—2—3—4—c—b—5—1 表示，而在 $\lg p$-h 图上以横坐标轴上线段 $1'2'$ 的长度来表示。

2）冷凝过程。有 $dw_0=0$，$dq=dh$，则

$$q_k = h_2 - h_4 \tag{4-4}$$

q_k 称为单位冷凝器热负荷，在 T-s 图上用面积 a—2—3—4—c—a 表示，而在 $\lg p$-h 图上是以线段 24 的长度来表示的。

3）节流过程。节流过程是一个不可逆过程，不能用微分方式表示，但对整个节流过程前、后可用积分方式表示，即 $w_0=0$，$q=0$，所以 $\Delta h=0$，则

$$h_4 = h_5 \tag{4-5}$$

式（4-5）表示节流过程前、后焓值相等，4、5 两点在等焓线上。

4）蒸发过程。有 $dw_0=0$，$dq=dh$，则

$$q_0 = h_1 - h_5 \tag{4-6}$$

q_0 称为单位质量制冷量，习惯上取为正值，在 T-s 图上用面积 1—5—b—a—1 表示，而在 $\lg p$-h 图上则以线段 51 的长度来表示。

3. 单级蒸气压缩式制冷理论循环的热力性能及分析

单级蒸气压缩式制冷理论循环是在一定假设条件下进行的，它不涉及制冷系统的大小和复杂性，因此理论循环的性能指标不考虑循环量 q_m，只讨论单位质量制冷量 q_0、单位容积制冷量 q_v、单位理论功 w_0、单位冷凝器热负荷 q_k、制冷系数 ε_0 和热力完善度 β 等性能指标。这些性能指标均可通过循环各点的状态参数计算出来。

（1）单位质量制冷量 q_0 蒸气压缩式制冷循环单位质量制冷量 q_0 是指制冷压缩机每输送 1kg 制冷剂经循环从低温热源中获取的冷量，单位为 J/kg 或 kJ/kg，即

$$q_0 = h_1 - h_5$$

（2）单位容积制冷量 q_v 单位容积制冷量 q_v 是指制冷压缩机每输送 1m³ 制冷剂蒸气经循环从低温热源中获取的冷量，单位为 J/m³ 或 kJ/m³，即

$$q_v = q_0/v_1 = (h_1 - h_5)/v_1 \tag{4-7}$$

式中 v_1——制冷剂在压缩机吸气状态下的比体积（m³/kg）。

由式（4-7）可知，循环的单位容积制冷量随压缩机吸气状态下制冷剂比体积的变化而变化。吸气比体积 v_1 随蒸发温度（或蒸发压力）的降低而增大。因此，对确定的制冷剂来说，若冷凝温度已经确定，则单位容积制冷量 q_v 将随蒸发温度的降低而变小。

（3）单位理论功 w_0 理论循环中制冷压缩机输送 1kg 制冷剂所消耗的功称为单位理论功，单位为 J/kg 或 kJ/kg，即

$$w_0 = h_2 - h_1$$

由于制冷剂在节流过程中不对外做功，因此，压缩机所消耗的理论功即是循环的理论功。单位理论功随制冷剂的种类和制冷机循环的工作温度的变化而变化，与制冷压缩机的形式无关。

（4）单位冷凝器热负荷 q_k 单位质量制冷剂蒸气在冷凝器中进行等压冷却、冷凝时向

高温热源放出的热量，称为单位冷凝器热负荷，单位为 J/kg 或 kJ/kg，即

$$q_k = (h_2 - h_3) + (h_3 - h_4) = h_2 - h_4 \tag{4-8}$$

在单级蒸气压缩式制冷理论循环中，单位质量制冷量 q_0、单位理论功 w_0、单位冷凝器热负荷 q_k 存在着下列关系：

$$q_k = q_0 + w_0 \tag{4-9}$$

这与用热力学第一定律分析制冷循环时得出的结论是完全一致的。

（5）制冷系数 ε_0 对于单级蒸气压缩式制冷理论循环，制冷系数是单位质量制冷量 q_0 和单位理论功 w_0 的比值，即理论制冷循环的效果和代价之比：

$$\varepsilon_0 = q_0/w_0 = (h_1 - h_5)/(h_2 - h_1) \tag{4-10}$$

制冷系数 ε_0 不仅与循环的工作温度有关，还与制冷剂的种类有关，是分析理论制冷循环的一个重要性能指标。

（6）热力完善度 β 单级蒸气压缩式制冷理论循环的热力完善度按定义可表示为

$$\beta = \varepsilon_0/\varepsilon_c \tag{4-11}$$

在单级蒸气压缩式制冷理论循环中，制冷剂的冷凝温度 T_k 等于冷却介质的温度 T_H，蒸发温度 T_0 等于被冷却介质的温度 T_L，因此，工作在蒸发温度 T_0 和冷凝温度 T_k 之间的逆卡诺循环的制冷系数 ε_c 为

$$\varepsilon_c = T_L/(T_H - T_L) = T_0/(T_k - T_0) \tag{4-12}$$

制冷系数和热力完善度都是用来评价循环经济性的指标，但是它们的意义不同。制冷系数是随循环的工作温度而变化的，因此只能用来评定相同热源温度下循环的经济性。而对于在不同温度下工作的制冷循环，需要通过热力完善度的数值大小（接近 1 的程度）来判断循环的经济性。热力完善度越大，说明该循环接近可逆循环的程度越大。

【例 4-1】 单级蒸气压缩式制冷理论循环的蒸发温度 $t_0 = -10℃$，冷凝温度 $t_k = 35℃$，工质为 R22，循环的制冷量 $Q_0 = 55kW$。试对该循环进行热力学计算。

解：该循环的压焓图如图 4-3 所示。

根据 R22 的热力性质表，查出有关状态参数值：

$h_1 = 401.180 kJ/kg$ $v_1 = 0.0654\ m^3/kg$

$h_3 = h_4 = 242.930 kJ/kg$ $p_0 = p_1 = 0.355 MPa$

$p_k = 1.3496 MPa$

由图可知 $h_2 = 435.20 kJ/kg$，$t_2 = 57℃$。

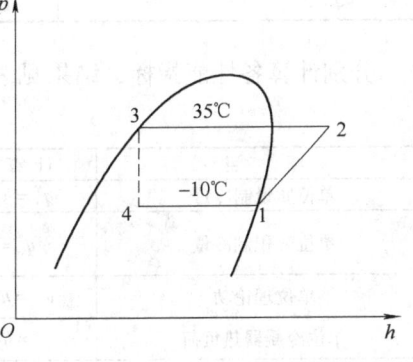

图 4-3 压焓图

(1) 单位质量制冷量

$$q_0 = h_1 - h_4 = 158.25 kJ/kg$$

(2) 单位容积制冷量

$$q_v = q_0/v_1 = 2419.7 kJ/m^3$$

(3) 制冷剂质量流量

$$q_m = Q_0/q_0 = 0.3475 kg/s$$

(4) 单位理论功

$$w_0 = h_2 - h_1 = 34.02 kJ/kg$$

(5) 压缩机消耗的理论功率

$$P_0 = q_m w_0 = 11.82 kW$$

(6) 压缩机吸入的容积

$$V = q_m v_1 = 0.0227 \text{m}^3/\text{s}$$

(7) 制冷系数

$$\varepsilon_0 = q_0/w_0 = 4.65$$

(8) 单位冷凝器热负荷

$$q_k = h_2 - h_3 = 192.27 \text{kJ/kg}$$

(9) 冷凝器热负荷

$$Q_k = q_m q_k = 66.81 \text{kW}$$

(10) 热力完善度

$$\varepsilon_c = T_0/(T_k - T_0) = 5.84$$

$$\beta = \varepsilon_0/\varepsilon_c = 0.796$$

【例 4-2】 一台单级蒸气压缩式制冷机工作在高温热源温度为 40℃、低温热源温度为 -20℃下，试求分别用 R134a、R22 和 R717 工作时理论循环的性能指标。

解：根据工作温度查对应 R134a、R22 和 R717 各点的状态参数，列于表 4-1。

表 4-1 R134a、R22 和 R717 对应的参数

状态点	参数	单位	R134a	R22	R717
1	p_1	kPa	132.7	244.9	190.1
	t_1	℃	-20	-20	-20
	v_1	m³/kg	0.1472	0.09213	0.6232
	h_1	kJ/kg	384.70	396.46	1437.12
2	t_2	℃	48.4	67.6	135.2
	p_2	kPa	1016.4	1533.6	1555.5
	h_2	kJ/kg	427.31	443.06	1757.03
4	t_4	℃	40	40	40
	p_4	kPa	1016.4	1533.6	1555.5
	h_4	kJ/kg	256.2	249.44	393.99
5	h_5	kJ/kg	256.2	249.44	393.99

分别计算各性能指标，结果见表 4-2。

表 4-2 计算结果

项目	计算公式	单位	R134a	R22	R717
单位质量制冷量	$q_0 = h_1 - h_5$	kJ/kg	128.5	147.0	1043.1
单位容积制冷量	$q_v = \dfrac{q_0}{v_1}$	kJ/m³	872.9	1595.6	1673.8
单位理论功	$w_0 = h_2 - h_1$	kJ/kg	42.61	46.6	319.91
单位冷凝器热负荷	$q_k = h_2 - h_4$	kJ/kg	171.11	193.62	1363.04
制冷系数	$\varepsilon_0 = \dfrac{q_0}{w_0}$	—	3.016	3.155	3.261
逆卡诺循环的制冷系数	$\varepsilon_c = \dfrac{T_0}{T_4 - T_0}$	—	4.219	4.219	4.219
热力完善度	$\beta = \dfrac{\varepsilon_0}{\varepsilon_c}$	—	0.715	0.748	0.773

分析计算结果可以看出：在相同工作条件下，R22、R717 的单位容积制冷量很相近，而 R134a 的单位容积制冷量则小得多（约小 45%）；三种制冷剂的制冷系数及热力完善度相差不大。

（二）单级蒸气压缩式制冷实际循环

1. 单级蒸气压缩式制冷实际循环的特性

单级蒸气压缩式制冷理论循环是在理想化假设的前提下建立的模型，在实际循环中有许多假设是无法实现的。

实际循环和理论循环的差异主要表现在：

1) 制冷压缩机的压缩过程不是等熵过程，且有摩擦损失。

2) 在热交换过程中，存在气体过热、液体过冷现象。通常制冷压缩机的吸气是过热蒸气，节流器前的液体是过冷液体。

3) 在热交换过程中，存在传热温差，被冷却对象温度高于制冷剂的蒸发温度，环境介质温度低于制冷剂冷凝温度，即 $T_L > T_0$、$T_H < T_k$。

4) 节流过程不完全是绝热过程，即不是等焓节流过程。

5) 制冷剂在设备及管道内流动时，存在流动阻力损失，且与外界有热量交换。

6) 制冷系统中存在不凝性气体。

下面具体介绍上述几方面因素对制冷循环的影响。

（1）制冷压缩机的实际压缩过程　单级蒸气压缩式制冷循环中通常采用的压缩机有往复活塞式、滚动转子式、刮片式、涡旋式、螺杆式和离心式等。以往复活塞式压缩机为例，它是依靠气缸、气阀和在气缸中作往复运动的活塞所构成的可变工作容积，来完成制冷剂蒸气的吸入、压缩和排出功能的。

制冷压缩机按理论循环工作始终是不可能实现的，许多不可避免的损失将使制冷压缩机的实际性能偏离理论的情况，因此压缩机的实际压缩过程是增熵过程，具体表现在：

1) 在实际吸气过程中，制冷剂蒸气通过吸气管道、吸气阀件时有摩阻压降，使得进入压缩气缸中的制冷剂蒸气压力低于系统的蒸发压力。低温蒸气进入压缩气缸时将吸收气缸壁热量而比体积增大，使实际吸气量减少。

2) 实际压缩过程不是等熵过程，也不是绝对的绝热过程。在压缩的初始阶段，制冷剂蒸气的温度低于气缸壁的温度，制冷剂蒸气会吸收气缸壁的热量。在压缩的终了阶段，制冷剂蒸气的温度高于气缸壁的温度，制冷剂蒸气会向气缸壁放出热量。只有在压缩的中间阶段才是绝热的。所以，压缩过程是一个多变指数不断变化的不可逆多变过程，其表现出来的总效应使得压缩后的熵增加。

3) 在实际排气过程中，对于活塞式制冷机而言，只有当实际排气压力高于冷凝压力时，才能开启排气阀件，制冷剂通过排气阀件时有节流压降。对于螺杆式制冷机，由于排气压力与背压间的差异，会造成系统能耗的附加损失。

4) 制冷剂会通过制冷机内部部件的间隙由高压部位向低压部位泄漏，且制冷压缩机余隙的存在会造成实际输气量的减少。另外，制冷机运动部件工作时也存在机械摩擦，这些不可逆因素的存在都会使实际循环的制冷量减少，无效耗功增大。

（2）液体过冷、蒸气过热以及回热对实际制冷循环性能的影响

1) 液体过冷对制冷循环性能的影响。制冷剂液体的温度低于同一压力下饱和液体的温

度称为过冷。两者温度之差称为过冷度，用 Δt_{gl} 表示。

在理论制冷循环中，冷凝完毕的制冷剂液体恰好是饱和液状态，忽略制冷剂流动时的热交换，制冷剂到达节流阀前仍为饱和液状态，如图 4-4 所示的点 3。在实际制冷循环中，由于下列原因会使节流阀前液体过冷：

① 冷凝器中冷凝面积的选择往往大于设计所需的冷凝面积。

② 冷凝器选择条件是根据最热天气、最高的环境介质温度，而在使用中的绝大多数时间内，冷凝器是在低于上述条件的情况下工作的，从而使冷凝面积过剩，为制冷剂过冷创造了条件。

③ 在设计过程中，人为地设计了过冷度，如单级蒸气压缩式制冷循环中设 3~5℃的过冷度。

④ 在制冷系统中设置了过冷器。

⑤ 制冷系统中设置了回热器（详见"回热循环"）。

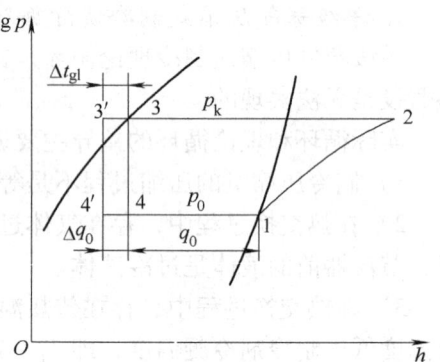

图 4-4 理论循环与过冷循环的 $\lg p$-h 图

在图 4-4 中，同时给出了理论制冷循环 1—2—3—4—1 和具有节流阀前液体过冷的过冷循环 1—2—3′—4′—1。

从制冷系数变化的角度可进行如下对比：

1—2—3—4—1 理论循环　　　　　　1—2—3′—4′—1 过冷循环

$q_0 = h_1 - h_4$ 　　　　　　　　　　$q_0' = h_1 - h_4' = q_0 + \Delta q_0$

$w_0 = h_2 - h_1$ 　　　　　　　　　　$w_0' = h_2 - h_1$

$\varepsilon_0 = \dfrac{q_0}{w_0}$ 　　　　　　　　　　$\varepsilon_0' = \dfrac{q_0'}{w_0'} = \varepsilon_0 + \Delta \varepsilon_0$

以上分析显示，液体过冷循环使制冷循环的制冷系数 ε_0 增大，使制冷循环的单位质量制冷量 q_0 增加，从而使制冷循环的制冷剂质量流量 q_m 减少，使制冷循环的单位容积制冷量 q_v 增加，制冷循环的压缩机实际输气量 V_s 减少，即制冷循环所需要的制冷压缩机的尺寸可以减小。因此，液体过冷对单级蒸气压缩式制冷循环有益。同时从图 4-4 可以看出，过冷循环的节流点与理论循环的节流点相比，更接近饱和液体，即过冷循环节流后制冷剂的干度减小，闪发性气体减少，这对制冷循环也是有益的。

获得一定的过冷度，在技术上是切实可行的，如增大冷凝面积、加装过冷器、回热器以及相关的深井、泵、管道和管件等附属设施。但同时要明确需要为此付出一定的经济代价，既增加了一次性设备投资，同时也增大了运行管理费用。因此，是否采用过冷、采用哪种过冷方式、设计多大的过冷度，均需从技术、经济两方面综合考虑。

通常情况下，在小型制冷循环尤其是氟利昂制冷循环中，非常需要过冷，因为小型制冷系统通常未设置气液分离辅助设备，节流后的湿蒸气直接进入蒸发器。从图 4-4 中可以看出，有过冷时，节流后制冷剂状态点 4′ 比点 4 的闪发性气体减少，从而减少了闪发性气体在蒸发器内占有的面积。另外，当制冷系统有多个蒸发器并联使用时，可减小供液不均的可能性。

2）蒸气过热对制冷循环性能的影响。制冷剂蒸气的温度高于同一压力下饱和蒸气的温度称为过热。两者温度之差称为过热度,用 Δt_{gr} 表示。

过热分为有效过热和有害过热两种。过热吸收的热量来自被冷却对象,产生了有用的制冷效果,这种过热称为有效过热。反之,过热吸收的热量来自被冷却对象之外,没有产生有用的制冷效果,则称为有害过热。

在理论制冷循环中,可以认为制冷剂在蒸发器中蒸发完毕时恰好是饱和蒸气状态,忽略制冷剂蒸气流动时与外界的热交换,因此,制冷压缩机吸入的制冷剂蒸气为饱和蒸气,如图 4-4 所示的 1 点。但在实际制冷循环中,制冷压缩机吸入的制冷剂蒸气往往是过热的蒸气。

在实际循环中,由于下列原因会使制冷压缩机的吸气过热:

① 蒸发器蒸发面积的选择大于设计所需的蒸发面积,属有效过热。

② 为了保护制冷压缩机不走"湿冲程"(制冷压缩机吸入了制冷剂液体称为"湿冲程"),设计时人为地增加了过热过程。

③ 蒸发器与制冷压缩机之间的连接管道吸取外界环境的热量而过热,属有害过热。

④ 蒸发器与制冷压缩机之间的连接管道吸取被冷却对象的热量而过热,属有效过热。

⑤ 制冷系统中设置了回热器,属有害过热,但有过冷过程伴随。

⑥ 半封闭、全封闭制冷压缩机中,制冷压缩机吸气需要冷却电动机而过热,属有害过热。

在图 4-5 中,同时给出了理论制冷循环 1—2—3—4—1 和具有蒸气过热的过热循环 1′—2′—3—4—1′。

从制冷系数变化的角度可进行如下对比:

理论循环 1—2—3—4—1   过热循环 1′—2′—3—4—1′

$q_0 = h_1 - h_4$ 有效过热 $q_0' = h_1' - h_4 = q_0 + \Delta q_0$

有害过热 $q_0'' = h_1 - h_4 = q_0$

$w_0 = h_2 - h_1$ 有效过热 $w_0' = h_2' - h_1' = w_0 + \Delta w_0$

有害过热 $w_0'' = h_2' - h_1' = w_0 + \Delta w_0$

$\varepsilon_0 = \dfrac{q_0}{w_0}$ 有效过热 $\varepsilon_0' = \dfrac{q_0'}{w_0'} = \dfrac{q_0 + \Delta q_0}{w_0 + \Delta w_0}$

有害过热 $\varepsilon_0'' = \dfrac{q_0''}{w_0''} = \dfrac{q_0}{w_0 + \Delta w_0} = \varepsilon_0 - \Delta \varepsilon_0$

以上分析显示,有害过热使制冷循环的制冷系数减小对制冷循环不利。因此,节流阀后、制冷压缩机前的低温管道和设备如果暴露在被冷却空间之外,均需包裹绝热材料,尽量避免产生有害过热。

有效过热对制冷循环的影响不能轻易确定,研究结果表明,有效过热对循环是否有益与制冷剂的种类有关:对于制冷剂 R134a、R290、R502 等,蒸气过热有益,使循环的制冷系数增大,且制冷系数的增大值与过热度成正比;对于制冷剂 R22、R717 等,蒸气过热有害,使循

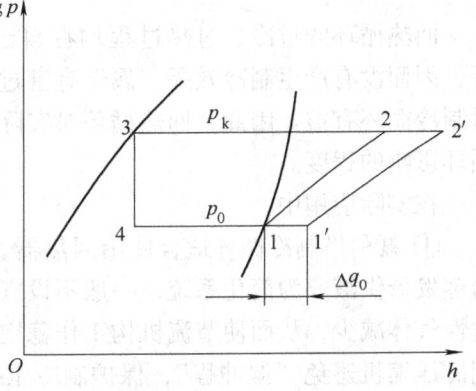

图 4-5 理论循环与过热循环的 $\lg p$-h 图

环的制冷系数减小,且制冷系数的减小值与过热度成正比,制冷剂 R717 表现更为突出。

但是在使用 R22、R717 等制冷剂的循环中,仍然采用一定的过热度,一方面是过热循环普遍可以改善制冷循环的性质参数,另一方面是为了保护制冷压缩机,避免"湿冲程"。

3) 回热对制冷循环性能的影响。如前所述,从蒸发器出来的低温蒸气,在回气管道中不可避免地会吸收周围空气的热量,从而增大系统的无效制冷量。而出冷凝器的制冷剂饱和液体在再冷却时,需增大设备和投资,并且过冷度也受到条件的限制。在系统中增加一个回热器(气液换热器),可使节流前的制冷剂液体与制冷压缩机吸入前的低温制冷剂蒸气进行热交换,达到节流前制冷剂液体过冷、制冷压缩机蒸气过热的目的,这种方法称为回热。回热循环如图 4-6 所示。

由图 4-6 可知,回热循环实际上是在普通的制冷循环系统中增加了一个回热器。回热器又称气液换热器,是一个热交换设备。在回热器内进行的气液热交换过程中,由于制冷剂液体的比热容始终大于制冷剂过热蒸气的比热容,因此蒸气温度的升高值始终大于液体温度的降低值,也就是说,经过回热器的热交换,制冷剂蒸气的过热度大于制冷剂液体的过冷度。

如图 4-7 所示,回热循环 $1'—2'—3'—4'—1'$ 与理论循环 $1—2—3—4—1$ 相比,多了蒸气过热段 $1—1'$ 和液体过冷段 $3—3'$。若不计回热器与外界环境之间的热交换,则回热器内液体过冷放出的热量应等于蒸气过热吸收的热量。

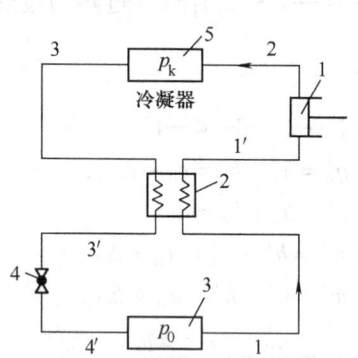

图 4-6 单级蒸气压缩式制冷回热循环系统图
1—压缩机 2—热交换器(回热器)
3—蒸发器 4—膨胀阀 5—冷凝器

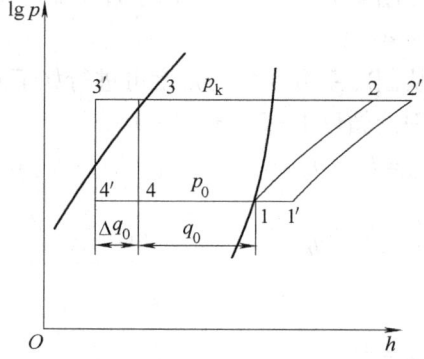

图 4-7 理论循环与回热循环的 $\lg p$-h 图

回热循环的过冷、过热过程均在自己系统内部完成。过热过程因不是在被冷却空间进行,因而没有产生制冷效果,属于有害过热,对循环不利。但它同时置换了一定的过冷度,对制冷循环有益。因此,回热循环对实际制冷循环是否有益,取决于过热和过冷过程对制冷循环影响的程度。

在实际应用中:

① 氟利昂制冷循环适合使用回热器。因为氟利昂制冷系统一般采用直接膨胀供液方式给蒸发器供液。为简化系统,一般不设气液分离装置。回热循环的过冷可使节流降压后的闪发性气体减少,从而使节流机构工作稳定,蒸发器供液均匀。同时,回热循环的过热又可使制冷压缩机避免"湿冲程",保护制冷压缩机。

直接膨胀供液是指靠压力差给蒸发器供液,即利用节流阀前、后的高低压差 $(p_k - p_0)$

给制冷剂液体提供动力,向蒸发器供液。家用冰箱、空调器的供液属于直接膨胀供液方式。

② 在低温制冷装置中也使用回热器。这样做是为了避免吸气温度过低致使制冷压缩机气缸外壁结霜,润滑条件恶化,同时可减少节流后的闪发性气体。

③ 对于制冷剂 R113、R114 和 RC318 等,由于其热力性质图的特殊性,制冷压缩机吸入饱和蒸气进行压缩时,其压缩过程线将进入两相区,为了保护制冷压缩机,宜采用过热或回热循环。

④ 在小型氟利昂制冷冷库中,也可以采用将制冷压缩机的吸气管与节流阀前的供液管捆绑在一起的简易做法,同样可起到回热器的作用。

(3) 传热温差对制冷循环的影响　在理论制冷循环中,假设在冷凝器、蒸发器中进行热交换时,被冷却对象、环境介质与制冷剂之间没有传热温差,即被冷却对象温度 T_L 等于制冷剂的蒸发温度 T_0,环境介质温度 T_H 等于制冷剂的冷凝温度 T_k(通常 T_L、T_H 称为热源温度,T_0、T_k 称为制冷循环的工作温度)。

在实际制冷循环中,没有温差的传热是不可能实现的,制冷剂与热源之间必须存在一个传热温差,即被冷却对象温度 T_L 必须大于制冷剂的蒸发温度 T_0,被冷却对象的热量 Q_0 才能通过蒸发器传递给制冷剂。同理,环境介质温度 T_H 必须小于制冷剂的冷凝温度 T_k,环境介质才能带走冷凝器内制冷剂蒸气放出的热量 Q_k。

传热温差的存在影响了制冷循环的效率,降低了制冷循环的制冷系数,使系统消耗相同的功率却制取不了相同的制冷量。

【例 4-3】　某一单级蒸气压缩式制冷循环用于高温冷库,冷库总热量 $Q_0=50\text{kW}$,用 R22 做制冷剂,要求库内温度为 0℃。当地的冷却介质温度为 30℃,制冷剂与热源的传热温差分别取 5℃ 和 10℃,试计算该制冷循环的制冷系数。为方便起见,不考虑制冷循环的过热、过冷。

解：制冷循环的工作温度为:

传热温差 $\Delta t=5$℃ 时,蒸发温度 $t_0=(0-5)$℃ $=-5$℃,冷凝温度 $t_k=(30+5)$℃ $=35$℃。

传热温差 $\Delta t=10$℃ 时,蒸发温度 $t_0=(0-10)$℃ $=-10$℃,冷凝温度 $t_k=(30+10)$℃ $=40$℃。

根据制冷循环工作温度,在制冷剂 R22 的 $\lg p\text{-}h$ 图上分别绘出两个制冷循环:$\Delta t=5$℃ 时,制冷循环为 1—2—3—4—1;$\Delta t=10$℃ 时,制冷循环为 1'—2'—3'—4'—1',如图 4-8 所示。

由制冷剂 R22 的热力性质表和 $\lg p\text{-}h$ 图,可分别查出对应两个制冷循环的各状态点的参数如下:

当 $\Delta t=5$℃ 时,在制冷循环 1—2—3—4—1 中,$h_1=403.496\text{kJ/kg}$,$v_1=0.05534\text{m}^3/\text{kg}$,$h_2=432.5\text{kJ/kg}$,$h_3=h_4=243.114\text{kJ/kg}$,$t_2=53$℃。

当 $\Delta t=10$℃ 时,在制冷循环 1'—2'—3'—4'—1' 中,$h'_1=401.555\text{kJ/kg}$,$v'_1=0.06534\text{m}^3/\text{kg}$,$h'_2=439.5\text{kJ/kg}$,$h'_3=h'_4=249.686\text{kJ/kg}$,$t'_2=62$℃。

计算结果见表 4-3。

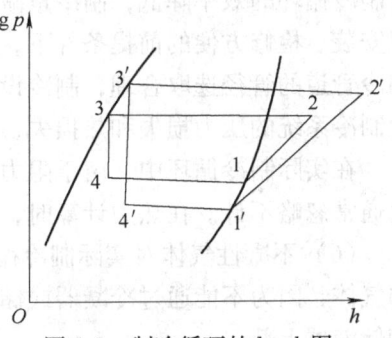

图 4-8　制冷循环的 $\lg p\text{-}h$ 图

表 4-3　计算结果

序号	热力性质参数	单位	计算公式		计算结果		变化百分比（%）
			$\Delta t = 5℃$	$\Delta t = 10℃$	$\Delta t = 5℃$	$\Delta t = 10℃$	
1	单位质量制冷量 q_0	kJ/kg	$h_1 - h_4$	$h_1' - h_4'$	160.382	151.869	-5.3
2	单位容积制冷量 q_v	kJ/m³	$\dfrac{h_1 - h_4}{v_1}$	$\dfrac{h_1' - h_4'}{v_1'}$	2898.12	2324.288	-19.8
3	单位理论功 w_0	kJ/kg	$h_2 - h_1$	$h_2' - h_1'$	29.004	37.945	30.8
4	制冷系数 ε_0		$\dfrac{h_1 - h_4}{h_2 - h_1}$	$\dfrac{h_1' - h_4'}{h_2' - h_1'}$	5.53	4.00	-27.7
5	质量流量 q_m	kg/s	$\dfrac{Q_0}{h_1 - h_4}$	$\dfrac{Q_0}{h_1' - h_4'}$	0.312	0.329	5.4
6	压缩机实际输气量 V_s	m³/s	$\dfrac{Q_0 v_1}{h_1 - h_4}$	$\dfrac{Q_0 v_1'}{h_1' - h_4'}$	0.0173	0.0215	24.3
7	理论功率 P_0	kW	$\dfrac{h_2 - h_1}{h_1 - h_4} Q_0$	$\dfrac{h_2' - h_1'}{h_1' - h_4'} Q_0$	9.04	12.493	38.2

从表 4-3 的计算结果可看出，制冷循环中制冷剂与热源之间的传热温差越大，制冷循环的效率越低；反之，制冷循环中制冷剂与热源之间的传热温差越小，制冷循环的效率越高。没有传热温差存在时，制冷循环的效率应该是最高的，这就是前面所介绍的理论制冷循环。然而，在实际制冷循环中，制冷剂与热源之间的传热温差应取一个适当的值。因为传热温差太大，制冷循环的效率就会降低。而传热温差太小，制冷循环的效率虽会相应提高，但传递热量所需要的传热面积（蒸发器面积、冷凝器面积）将大大增加，导致制冷设备庞大且一次性投资增大。

（4）节流过程不绝热对制冷循环的影响　在实际制冷循环的节流过程中，节流机构或多或少与外界有热量的交换，因此实际制冷循环的节流过程不是完全绝热的，也不是一个等焓过程。但由于节流过程非常短暂，与外界热交换有限，对制冷循环影响较小，故可以忽略不计。

在实际应用中，为减少节流过程与外界的热交换，常把节流机构设置在制冷房间内。如果节流机构设置在制冷房间以外，在节流机构处（包括低温部分）需要包裹绝热材料。

（5）压力损失及热交换对制冷循环的影响　制冷剂在制冷设备和制冷管道中连续不断地流动，或多或少地会与外部环境进行热交换，同时会产生沿程阻力损失和局部阻力损失，使制冷循环的效率降低，制冷量减少，对制冷循环不利。因此，要求制冷系统在满足工艺流程安装、检修方便的前提条件下，管道走向尽可能简短，管件（阀门、弯头等）尽可能少，制冷管道的管径选取合理，制冷设备阻力小，低温管道、低温设备包裹绝热材料，以尽量减少制冷系统的压力损失和热损失，提高制冷循环的效率。

在实际制冷循环中，由于阻力损失不便于统计，且会使制冷循环的热力计算复杂化，因此通常忽略不计。在热力计算时，仍认为蒸发压力、冷凝压力为定值。

（6）不凝性气体对实际制冷循环的影响　不凝性气体是在冷凝压力下不能冷凝为液体的气体，因为不能通过冷凝器或储液器内液体部分的液封往下传递，因此一般积存于冷凝器和储液器上部。

制冷系统中不凝性气体来源于系统检修时带入的空气，部分润滑油、制冷剂发生的分解，制冷压缩机负压时低压部分渗透进来的空气。

不凝性气体的存在使冷凝器内冷凝面积减少，冷凝压力升高，导致制冷压缩机排气压力、温度升高，单位理论功增加，制冷系数下降，制冷量减少；在热力计算中由于无法统计且数量小，通常忽略不计。

在实际应用中可采取以下措施来减少不凝性气体的影响：

1) 在安装小型家用空调时，靠室外机内原有的制冷剂压力排出连接管路中的不凝性气体。

2) 在大中型冷库制冷系统中加装空气分离器，定期由空气分离器排出不凝性气体。

3) 在一些中央空调系统中，由于使用的制冷机是在高真空度下工作的，如溴化锂吸收式制冷机、使用 R11 的离心式制冷机等，可在系统中加装抽气装置，及时抽出制冷机中的不凝性气体，维持制冷系统的高真空度。

2. 单级蒸气压缩式制冷实际循环的热力状态图

单级蒸气压缩式制冷实际循环的热力状态如图 4-9 所示。其中，循环 1—2—3—4—5—1 是用于比较的单级蒸气压缩式制冷理论循环，循环 1—1′—1s—2s—2′—3′—4—4′—5′—1 是单级蒸气压缩式制冷实际循环。

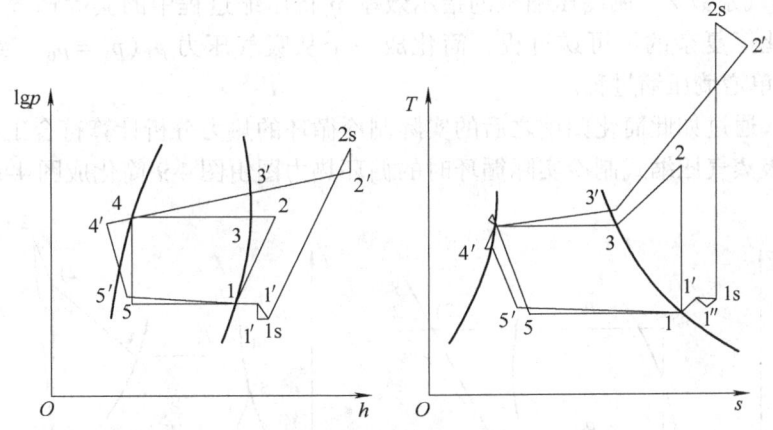

图 4-9　实际循环在 lg$p$-h 图和 T-s 图上的表示

单级蒸气压缩式制冷实际循环的各个热力过程如下：

1—1′是制冷剂蒸气的过热过程，1′点是制冷压缩机的吸气状态点。

1′—1s 是制冷压缩机的吸气过程，是制冷剂蒸气流过吸气阀件时的节流过程 1′—1″和吸气过程中蒸气与气缸壁进行热交换过程 1″—1s 的合成。在 1′—1″过程中，1″压力是吸气开始时气缸内的压力。因为制冷剂流过吸气阀件时有流阻压降，故 1″的压力必低于吸气阀前点 1′压力，这一压差较小，故吸气时的节流过程可近似地看做等焓过程。在 1″—1s 吸气过程中，气缸内压力可近似看做不变，即 $p_{1''} = p_{1s}$，但制冷剂蒸气吸收了气缸壁的热量，温度升高，比体积增大。

1s—2s 是制冷剂蒸气的实际增熵压缩过程。压缩终压 p_2 高于冷凝压力 p_k。

2s—2′是经压缩后的高温高压制冷剂蒸气通过排气阀件进入排气管道时的节流压降过程，可近似地看做等焓过程。

$2'$—$3'$—4 是排气后的制冷剂蒸气在排气管道和冷凝器内由过热蒸气冷却、冷凝到饱和液体的过程。在此过程中，制冷剂向热源放出冷却冷凝热 Q_k，并克服管路和冷凝器中的流动阻力，压力由 p'_2 降至 p_4。

4—$4'$ 是制冷剂由饱和液体再冷却到过冷液体的过程。该过程可以在再冷却器、回热器等设备内进行。点 $4'$ 是节流器前制冷剂的状态。

$4'$—5 是实际节流过程，经节流器制冷剂压力由 p'_4 降至 p'_5，并且焓值略有增加。

$5'$—1 是经节流后的制冷剂湿饱和蒸气在蒸发器内吸热汽化的过程，制取冷量 Q_0，此时制冷剂吸热温度高于被冷却系统的温度，即 $T_0 < T_L$，并在蒸发器内有流阻压降（$p'_5 > p_1$）。

图 4-9 只是对实际制冷循环的近似表述。在制冷原理讨论范围内，往往采用如下的简化方法来修正复杂的实际制冷循环：

1）不考虑管道和换热设备中的压力降，以及管道的传热和管道内制冷剂的状态变化，将这些问题归属于制冷工艺设计中去解决。

2）忽略节流时制冷剂与环境的换热，仍近似地认为是等焓过程。

3）考虑制冷剂与热源、冷源间的有温差传热。

4）考虑制冷循环中的蒸气过热和液体过冷现象的影响。

5）通过输气系数 λ、制冷压缩机的指示效率 η_i 将压缩过程中的实际输气量的减少、压缩的非等熵变化等复杂的不可逆过程，简化成一个从吸气压力 p_1（$p_1 = p_0$）到排气压力 p_2（$p_2 = p_k$）的简单增熵压缩过程。

事实证明，通过如此简化归纳之后的实际制冷循环的热力分析计算符合工程实际。经上述简化后，单级蒸气压缩式制冷实际循环时的循环热力图由图 4-9 简化成图 4-10。

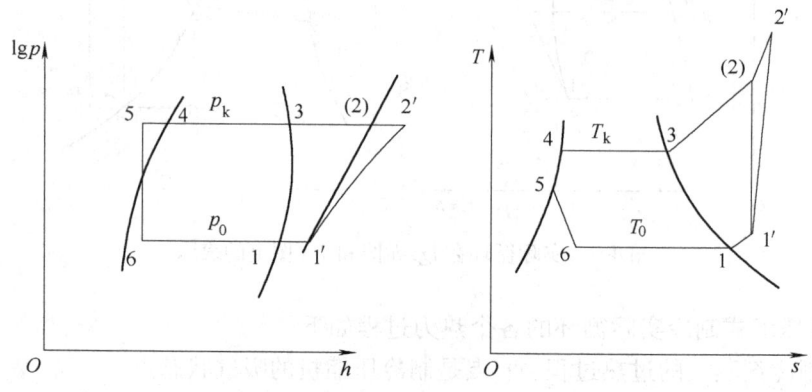

图 4-10 简化分析的单级制冷实际循环的热力状态图

在图 4-10 中：

1—$1'$ 为蒸气过热过程，$1'$ 是制冷压缩机吸气状态点。

$1'$—$2'$ 为实际增熵压缩过程。

$2'$ 是实际压缩过程排气状态点，也是进入冷凝器的蒸气状态点。

$1'$—(2) 为理论压缩过程。

$2'$—3—4 为制冷剂在冷凝压力 p_k 下的等压冷却冷凝过程。

4—5 为制冷剂在冷凝压力 p_k 下的再冷却过程。

5—6 为制冷剂的等焓节流过程。

6—1 为制冷剂在蒸发压力 p_0 下的等压汽化吸热过程。

若无特殊说明，在以后的讨论中就以图 4-10 作为分析单级蒸气压缩式制冷实际循环的依据。

3. 单级蒸气压缩式制冷实际循环的热力性能及分析

单级蒸气压缩式制冷实际循环的性能指标主要有以下几个。

(1) 理论输气量、实际输气量、输气系数

1) 理论输气量 V_h。理论输气量是指单位时间内制冷压缩机按理论过程工作时的输气量。

例如，单作用活塞式制冷压缩机的理论输气量是指活塞在单位时间内所扫过的气缸容积，即

$$V_h = \frac{\pi}{4} \times 60 D^2 SnZ \tag{4-13}$$

式中　V_h——理论输气量（m^3/h）；

　　　D——气缸直径（m）；

　　　S——活塞行程（m）；

　　　n——压缩机转速（r/min）；

　　　Z——气缸数。

理论输气量 V_h 表示一台制冷压缩机的理论工作容量，V_h 值与制冷压缩机的结构有关。

2) 实际输气量 V_s。实际输气量是指实际压缩过程运行时，在单位时间内将制冷剂蒸气从吸气管道输送到排气管道的容积。在工程中，实际输气量一般只能由实测得到。因为压缩实际运行时存在着余隙容积和各种不可逆损失，所以实际输气量必定低于理论输气量。

3) 输气系数 λ。压缩机的输气系数指实际输气量 V_s 和理论输气量 V_h 之比，即

$$\lambda = V_s / V_h \tag{4-14}$$

输气系数是表示压缩机气缸工作容积利用率的参数，也称为容积效率。它综合了影响制冷压缩机实际输气量的各种因素，即余隙容积的影响、压力损失的影响、制冷剂与气缸壁间的传热的影响、内部泄漏的影响等。在工程上，近似地把输气系数表示为由四部分组成，即

$$\lambda = \lambda_v \lambda_p \lambda_t \lambda_l \tag{4-15}$$

式中，λ_v、λ_p、λ_t、λ_l 分别为容积系数、压力系数、温度系数、泄漏系数（即气密性系数）。这些系数又分别与工况、压力比、制冷剂性质及压缩机种类有关。

(2) 循环量　循环量 q_m 是指制冷压缩机在单位时间内所输送的制冷剂的质量流量 q_m（单位为 kg/s）的计算公式为

$$q_m = V_s / (3600 \cdot v_1') = V_h \lambda / (3600 \cdot v_1') \tag{4-16}$$

(3) 制冷量

1) 单位质量制冷量

$$q_0 = h_1 - h_6 \tag{4-17}$$

2) 单位容积制冷量

$$q_v = q_0 / v_1' \tag{4-18}$$

3) 制冷量 Q_0。Q_0 是指制冷循环在单位时间内制冷剂从被冷却系统中吸收的热量，即

$$Q_0 = q_m q_0 = V_s q_v / 3600 = V_h \lambda q_v / 3600 \tag{4-19}$$

式 (4-19) 中 Q_0 的单位为 kW。

制冷系统总制冷量等于系统内有效制冷量与无效制冷量的总和。无效制冷量是指蒸发器冷量损失、载冷剂冷量损失和泵与风机运转时产生的热量等。蒸发器的无效制冷量应根据实际情况确定。制冷系统净制冷量是指从被冷却系统中吸收的热量,即制冷系统的有效制冷量。在制冷原理范围内讨论的制冷量 Q_0 是指制冷系统的有效制冷量。

(4) 制冷压缩机的功率和效率

1) 单位理论压缩功与理论功率。单位理论压缩功是指制冷压缩机按等熵压缩过程 $1'—2$ 工作时每压缩 1kg 制冷剂蒸气所消耗的功,即

$$w_0 = h_2 - h_{1'} \tag{4-20}$$

压缩机理论功率是指在单位时间内按等熵压缩工作时,制冷压缩机所消耗的功率,即

$$P_0 = q_m w_0 = q_m (h_2 - h_{1'}) \tag{4-21}$$

2) 单位指示功、指示功率与指示效率。

① 单位指示功是指制冷压缩机每压缩 1kg 制冷剂蒸气实际所消耗的功,即

$$w_i = h_{2'} - h_{1'} \tag{4-22}$$

② 压缩机指示功率是指在单位时间内压缩制冷剂蒸气制冷压缩机实际所消耗的功率,即

$$P_i = q_m w_i = q_m (h_{2'} - h_{1'}) \tag{4-23}$$

③ 指示效率是指单位理论功 w_0 和单位指示功 w_i 之比,或者也等于理论功率和指示功率的比值,即

$$\eta_i = w_0 / w_i = P_0 / P_i \tag{4-24}$$

指示效率是衡量压缩机实际工作过程能量转换的完善程度的性能指标。它与压缩机的结构、性能、工况条件和制冷剂性质等因素有关。在实际计算中,指示效率可通过查阅相应图表和经验公式得到。

3) 摩擦功率。摩擦功率是指实际制冷压缩机在运行中存在的机械摩擦所损耗的功率,用 P_m 表示。

4) 压缩机轴功率。压缩机轴功率是指原动机传到制冷压缩机轴上的功率,即

$$P_s = P_i + P_m \tag{4-25}$$

5) 机械效率和绝热效率。机械效率 η_m 是指压缩机指示功率和轴功率的比值,而绝热效率 η_e 是指压缩机理论功率和轴功率的比值,即

$$\eta_m = P_i / P_s \tag{4-26}$$

$$\eta_e = P_0 / P_s = \eta_i \eta_m \tag{4-27}$$

绝热效率也称为压缩机的总效率。通常,$\eta_e = 0.65 \sim 0.72$。

6) 电动机功率与输入功率。制冷压缩机配用的电动机功率 P_{mot} 需考虑传动效率和一定的裕量,即

$$P_{mot} = (1.10 \sim 1.15) P_s / \eta_d \tag{4-28}$$

式中 η_d ——传动效率,直接传动的 $\eta_d = 1$,V 带传动的 $\eta_d = 0.9 \sim 0.95$。

输入电动机的功率 P_{in} 应为

$$P_{in} = P_{mot} / \eta_{mot} \tag{4-29}$$

式中 η_{mot}——电动机效率,全封闭制冷压缩机的电动机效率为 0.65~0.85。

(5) 冷凝器热负荷、过冷器热负荷

1) 单位冷凝器热负荷。单位冷凝器热负荷是指单位质量制冷剂通过冷凝器释放出的热量,即

$$q_{\mathrm{k}} = h_{2'} - h_4 \tag{4-30}$$

2) 冷凝器热负荷。冷凝器热负荷是指制冷剂通过冷凝器释放出的热量总和,即

$$Q_{\mathrm{k}} = q_{\mathrm{m}}q_{\mathrm{k}} = q_{\mathrm{m}}(h_{2'} - h_4) \tag{4-31}$$

3) 单位过冷器热负荷。单位过冷器热负荷是指单位质量制冷剂通过过冷器向外界传出的热量,即

$$q_{\mathrm{gl}} = h_4 - h_5 \tag{4-32}$$

4) 过冷器热负荷。过冷器热负荷是指制冷剂通过过冷器向外界传出的热量的总和,即

$$Q_{\mathrm{gl}} = q_{\mathrm{m}}q_{\mathrm{gl}} = q_{\mathrm{m}}(h_4 - h_5) \tag{4-33}$$

若过冷过程在回热器内进行,则此时的热负荷就是回热器热负荷 Q_{R}。

(6) 制冷系数(性能系数)、热力完善度和能效比

1) 制冷系数(性能系数)。单级蒸气压缩式制冷实际循环的制冷系数(性能系数) ε 是有效制冷量与轴功率的比值,即

$$\varepsilon_{\mathrm{s}} = \mathrm{COP} = \frac{Q_0}{P_{\mathrm{s}}} = \frac{q_0}{w_{\mathrm{s}}} = \frac{q_0}{w_0/\eta_{\mathrm{e}}} = \varepsilon_0 \eta_{\mathrm{e}} \tag{4-34}$$

2) 热力完善度

$$\beta = \frac{\varepsilon}{\varepsilon_{\mathrm{c}}} \tag{4-35}$$

3) 能效比。制冷循环的能效比 E.E.R 是有效制冷量与总输入功率的比值,在国际单位制中量纲为 1,通常用于衡量半封闭、全封闭制冷压缩机和空调机的性能,即

$$\mathrm{E.E.R} = \frac{Q_0}{P_{\mathrm{in}}} \tag{4-36}$$

(三) 单级蒸气压缩式制冷实际循环的热力计算

1. 实际制冷循环的热力计算任务

1) 根据工况要求计算出实际制冷循环性能,即制冷压缩机的制冷量和轴功率,冷凝器、过冷器、蒸发器、回热器等换热设备的热负荷等,为选择或设计制冷压缩机、制冷设备及制冷系统提供原始数据。

2) 根据制冷工艺需要对选定的制冷机、制冷设备等进行校核计算,以使其达到安全、高效运行的目的。

2. 实际制冷循环热力计算的基本原则

1) 根据生产需要的制冷系统冷负荷进行热力计算,一般不考虑制冷系统的备用负荷。

2) 设备负荷与制冷机负荷应相匹配,即根据制冷机负荷进行设备负荷计算。

3) 选定的制冷循环工作条件不得超过制造厂所规定的允许工作条件,以保证制冷系统安全、高效运行,否则,整个计算都是无意义的。

3. 单级实际制冷循环热力计算的一般步骤

(1) 确定制冷剂和制冷循环形式 根据用途选择制冷剂,根据制冷剂的性质和制冷工

艺要求确定制冷循环形式。例如，R22 系统宜采用回热循环形式，R717 系统宜采用无回热循环形式等。

（2）确定循环的工作温度　单级实际制冷循环的工作温度包括蒸发温度 t_0、冷凝温度 t_k、过冷温度 t_{gl}、过热温度 t_{gr}。制冷循环的工作温度应根据制冷工艺要求、当地气象水文条件、所选用的制冷剂种类、制冷机和制冷设备的形式等因素确定。

1）蒸发温度 t_0。蒸发温度 t_0 的确定取决于被冷却系统的低温要求、制冷剂与被冷却系统间的传热温差、蒸发器的冷却方式及载冷剂的种类等因素。

① 冷却液体载冷剂。直立管式和螺旋管式蒸发器的蒸发温度的计算公式为

$$t_0 = t_2 - \Delta t \tag{4-37}$$

式中　t_2——载冷剂出口温度（℃）；

Δt——载冷剂出口温度与蒸发温度之差，$\Delta t = 3 \sim 6$℃。

卧式壳管式蒸发器的蒸发温度的计算公式为

$$t_0 = \frac{1}{2}(t_1 + t_2) - \Delta t_m \tag{4-38}$$

式中　t_1、t_2——载冷剂进、出口温度，氨：$t_1 = t_2 + (3 \sim 5)$℃，氟利昂：$t_2 = t_1 + (4 \sim 6)$℃。

Δt_m——平均传热温差，对于氨，$\Delta t_m = 4 \sim 6$℃，对于氟利昂，$\Delta t_m = 6 \sim 8$℃。

② 冷却空气的冷却排管或冷风机的蒸发温度为

$$t_0 = t_{air} - \Delta t = t_n - \Delta t \tag{4-39}$$

式中　t_{air}——空气温度（℃），设计时由室内计算温度 t_n 确定；

Δt——传热温差，一般取 $\Delta t = t_n - t_0 = 8 \sim 10$℃。

③ 空气调节用直接蒸发式表面冷却器的蒸发温度为

$$t_0 = t_{air,2} - \Delta t \tag{4-40}$$

式中　$t_{air,2}$——表面冷却器出口空气干球温度（℃）；

Δt——出口空气与蒸发温度之差，取 $\Delta t = 8 \sim 10$℃。

2）过热温度 t_{gr}。过热温度 t_{gr} 取决于回热的形式、蒸发温度和制冷剂种类等。过热温度 t_{gr} 可根据名义工况所规定的过热温度范围来确定，也可按经验确定。

① 氨制冷压缩机允许吸气温度可参考表 4-4。

表 4-4　氨制冷压缩机允许吸气温度　　　　　　　　（单位：℃）

t_0	0	-5	-10	-15	-20	-25	-28	-30	-33	-40
$t_{s,h}$	1	-4	-7	-10	-13	-16	-18	-19	-21	-25
$\Delta t_{s,h}$	1	1	3	5	7	9	10	11	12	15

② 氟制冷压缩机循环的 $t_{gr} \leq +15$℃，但不能太低。

3）冷凝温度 t_k。冷凝温度 t_k 取决于冷却条件和冷凝器形式，同时也受到制冷机极限工作条件的限制，另外，在设计计算时宜留有 $1 \sim 2$℃ 的裕度。

① 采用水作为冷却介质的立式壳管式、卧式壳管式、淋激式、套管式、组合式冷凝器的冷凝温度为

$$t_k = \frac{t_1 + t_2}{2} + \Delta t_m \tag{4-41}$$

式中 t_1、t_2——冷却水进口、出口温度（℃），对于立式壳管式、淋激式，$t_2 = t_1 + (2 \sim 3)$℃，对于卧式壳管式、套管式、组合式，$t_2 = t_1 + (3 \sim 5)$℃；

Δt_m——冷凝器中平均传热温差，取 $\Delta t_m = 4 \sim 7$℃。

② 风冷式冷凝器。当迎风面风速为 $2 \sim 3$m/s，传热系数 $K = 24 \sim 29$W/(m²·K) 时，冷凝温度 t_k 为

$$t_k = t_{air,1} + \Delta t \tag{4-42}$$

式中 $t_{air,1}$——进口空气干球温度（℃）；

Δt——冷凝温度与进口空气干球温度之差，$\Delta t = 10 \sim 15$℃。

③ 蒸发式冷凝器的冷凝温度为

$$t_k = t'_{air,1} + \Delta t \tag{4-43}$$

式中 $t'_{ari,1}$——进口空气湿球温度（℃）；

Δt——冷凝温度与进口空气湿球温度之差，$\Delta t = 8 \sim 15$℃。

4）过冷温度 t_{gl}。过冷温度 t_{gl} 取决于制冷剂特性和冷却方式。氟制冷系统采用回热器时，取液体过冷温度 $t_{gl} = 3 \sim 5$℃。

（3）确定状态参数值　根据选定的制冷剂、循环形式和相应的工作参数，作制冷循环热力状态图，确定状态点，求出各状态点的有关热力参数。

（4）热力性能计算　根据要求计算制冷循环的制冷量 Q_0、轴功率 P_s、制冷系数 ε 以及冷凝器热负荷 Q_k、回热器热负荷 Q_R、过冷器热负荷 Q_{gl} 等。

下面结合例题来介绍单级蒸气压缩式制冷实际循环的热力性能计算方法。

【例 4-4】　某冷藏库采用单级氨制冷系统，冷间空气温度要求达到 -10℃，立式冷凝器出水温度为 25℃，液体无过冷，库房耗冷量为 200kW（72×10^4kJ/h），试进行制冷循环的热力分析计算。

解：（1）确定工作参数

1）蒸发温度与蒸发压力：$t_0 = t_{air} - 10℃ = -10℃ - 10℃ = -20℃$，$p_0 = 0.19011$MPa。

2）冷凝温度与冷凝压力：$t_k = t_2 + 5℃ = 25℃ + 5℃ = 30℃$，$p_k = 1.16693$MPa。

压力比：$\dfrac{p_k}{p_0} = \dfrac{1.16693}{0.19011} = 6.14$，可采用单级压缩制冷循环。

3）吸气温度：由 $t_0 = -20℃$，取 $t_{gr} = -13℃$。

4）过冷温度：取 $\Delta t_{gl} = 0℃$。

（2）由工作温度画出 lg$p$-h、T-s 图（见图 4-11），并求状态参数值（表 4-5）。

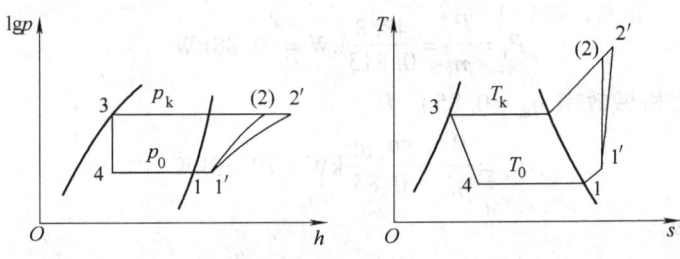

图 4-11　lg$p$-h 图、T-s 图

表 4-5　状态参数值

状态点	参 数	单 位	数 值	备 注
1	t_1	℃	−20	$t_1 = t_0$
	p_1	MPa	0.19011	$p_1 = p_0$
	h_1	kJ/kg	1737	
1′	t_1'	℃	−13	
	p_1'	MPa	0.19011	$t_{1'} = t_s\,b$
	v_1'	m³/kg	0.64	$p_{1'} = p_0$
	h_1'	kJ/kg	1758	
2	t_2	℃	122	
	p_2	MPa	1.16693	$p_2 = p_k$
	h_2	kJ/kg	2026	$s_2 = s_{1'}$
3	t_3	℃	30	$t_3 = t_k$
	p_3	MPa	1.16693	$p_3 = p_k$
	h_3	kJ/kg	639	
4	t_4	℃	−20	$t_4 = t_0$
	p_4	MPa	0.19011	$p_4 = p_0$
	h_4	kJ/kg	639	$h_4 = h_3$

（3）热力性能计算

1）单位质量制冷量、单位容积制冷量为

$$q_0 = h_1 - h_4 = (1737 - 639)\,\text{kJ/kg} = 1098\,\text{kJ/kg}$$

$$q_v = \frac{q_0}{v_{1'}} = \frac{1098}{0.64}\,\text{kJ/m}^3 = 1715.6\,\text{kJ/m}^3$$

2）制冷量由题意得　$Q_0 = 200\,\text{kW}$。

3）制冷剂循环量为

$$q_m = \frac{Q_0}{q_0} = \frac{200}{1098}\,\text{kg/s} = 0.182\,\text{kg/s}$$

4）理论功率为

$$P_0 = q_m w_0 = q_m(h_2 - h_{1'}) = 0.182 \times (2026 - 1758)\,\text{kW} = 48.8\,\text{kW}$$

5）指示效率和指示功率为

$$\eta_i = \frac{T_0}{T_k} + bt_0 = \frac{273 - 20}{273 + 30} + 0.001 \times (-20) = 0.815$$

$$P_i = \frac{P_0}{\eta_i} = \frac{48.8}{0.815}\,\text{kW} = 59.88\,\text{kW}$$

6）轴功率（取机械效率 $\eta_m = 0.85$）为

$$P_s = \frac{P_i}{\eta_m} = \frac{59.88}{0.85}\,\text{kW} = 70.45\,\text{kW}$$

7）制冷系数为

$$\varepsilon = \frac{q_0}{w_s} = \frac{q_0}{w_0}\eta_i\eta_m = \frac{h_1 - h_4}{h_2 - h_{1'}}\eta_i\eta_m = \frac{1737 - 639}{2026 - 1758} \times 0.815 \times 0.85 = 2.84$$

8）制冷压缩机实际排气焓值为

$$h_{2'} = h_{1'} + \frac{h_2 - h_{1'}}{\eta_i} = \left(1758 + \frac{2026 - 1758}{0.815}\right) \text{kJ/kg} = 2087 \text{kJ/kg}$$

9) 冷凝器热负荷为

$$Q_k = q_m q_k = q_m (h_{2'} - h_3) = 0.182 \times (2087 - 639) \text{kW} = 263.54 \text{kW}$$

$$\frac{Q_k}{Q_0} = \frac{263.54}{200} = 1.318$$

【例 4-5】 一 R134a 单级蒸气压缩式制冷回热循环,已知冷凝温度为 35℃,蒸发温度为 -15℃,制冷压缩机吸气温度为 15℃,过冷温度为 30℃。制冷系统制冷量为 $2 \times 10^5 \text{kJ/h}$(55.56kW),并已知蒸发器内 R134a 有过热,不考虑蒸发器至制冷压缩机的回气管道及回热器的冷量损失,试进行热力循环分析计算。

解:(1)确定制冷循环工作参数

$$t_0 = -15℃ \qquad p_0 = 0.16405 \text{MPa}$$
$$t_k = 35℃ \qquad p_k = 0.88724 \text{MPa}$$

压力比 $p_k/p_0 = 0.88724/0.16405 = 5.41$,采用单级压缩制冷循环。

$$t_{gr} = 15℃ \qquad t_{gl} = 30℃$$

制冷剂在蒸发器的出口状态由回热器的热平衡式确定。

(2)作图求值(见图 4-12)

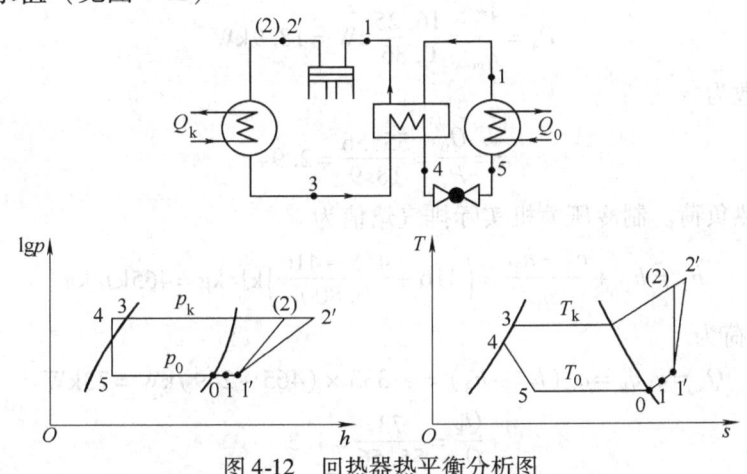

图 4-12 回热器热平衡分析图

$t_0 = -15℃$

$t_{1'} = 15℃ \qquad h_{1'} = 416 \text{kJ/kg} \qquad v_{1'} = 0.133 \text{m}^3/\text{kg}$

$t_2 = 73℃ \qquad h_2 = 455 \text{kJ/kg} \qquad s_2 = s_{1'}$

$t_3 = 35℃ \qquad h_3 = 249 \text{kJ/kg}$

$t_4 = 30℃ \qquad h_4 = 242 \text{kJ/kg}$

$t_5 = -15℃ \qquad h_5 = 242 \text{kJ/kg}$

(3)热力循环性能计算

1)确定制冷剂出蒸发器状态点 1 的参数值。图 4-12 所示是回热器热平衡分析图。假定制冷剂只在蒸发器、回热器内过热,忽略管道内过热和其他热损失,列出回热器热平衡式为

$$h_3 - h_4 = h_{1'} - h_1$$

即
$$h_1 = h_{1'} - (h_3 - h_4) = [416 - (249 - 242)] \text{kJ/kg} = 409 \text{kJ/kg}$$

在 R134a 的 lg$p$-h 图中查得状态点 1 的温度值 $t_1 \approx 5℃$。

2）单位质量制冷量、单位容积制冷量为
$$q_0 = h_1 - h_5 = (409 - 242)\text{kJ/kg} = 167\text{kJ/kg}$$
$$q_v = \frac{q_0}{v_{1'}} = \frac{167}{0.133}\text{kJ/m}^3 = 1256\text{kJ/m}^3$$

3）制冷剂循环量为
$$q_m = \frac{Q_0}{q_0} = \frac{55.56}{167}\text{kg/s} = 0.333\text{kg/s}$$

4）理论功率为
$$P_0 = q_m w_0 = q_m(h_2 - h_{1'}) = 0.333 \times (455 - 416)\text{kW} = 13\text{kW}$$

5）指示效率和指示功率为（氟利昂：$b = 0.0025$）
$$\eta_i = \frac{T_0}{T_k} + bt_0 = \frac{273 - 15}{273 + 35} + 0.0025 \times (-15) = 0.800$$
$$P_i = \frac{P_0}{\eta_i} = \frac{13}{0.800}\text{kW} = 16.25\text{kW}$$

6）轴功率为（取机械效率 $\eta_m = 0.86$）
$$P_s = \frac{P_i}{\eta_m} = \frac{16.25}{0.86}\text{kW} = 18.9\text{kW}$$

7）制冷系数为
$$\varepsilon = \frac{Q_0}{P_s} = \frac{55.56}{18.9} = 2.94$$

8）冷凝器热负荷。制冷压缩机实际排气焓值为
$$h_{2'} = h_{1'} + \frac{h_2 - h_{1'}}{\eta_i} = \left(416 + \frac{455 - 416}{0.800}\right)\text{kJ/kg} = 465\text{kJ/kg}$$

冷凝器热负荷为
$$Q_k = q_m q_k = q_m(h_{2'} - h_3) = 0.333 \times (465 - 249)\text{kW} = 73\text{kW}$$
$$\frac{Q_k}{Q_0} = \frac{73}{55.56} = 1.3$$

9）回热器热负荷为
$$Q_R = q_m q_R = q_m(h_3 - h_4) = 0.333 \times (249 - 242)\text{kW} = 2.33\text{kW}$$

（四）单级蒸气压缩式制冷循环的特性分析

1. 冷凝温度 T_k 和蒸发温度 T_0 的变化对制冷循环的影响

单级蒸气压缩式制冷实际循环的制冷量 Q_0（kW）和轴功率 P_s（kW）分别为
$$Q_0 = \frac{V_h \lambda q_v}{3600} \tag{4-44}$$

$$P_s = \frac{P_0}{\eta_e} = \frac{q_m w_0}{\eta_e} = \frac{V_h \lambda}{3600 v'_1} \frac{w_0}{\eta_e} = \frac{V_h \lambda}{3600 \eta_e} w_v \tag{4-45}$$

式中　w_v——单位容积理论功（kJ/m³），即制冷压缩机每压缩 1m³ 吸气状态下的蒸气所消耗的理论功。

一台现有的制冷压缩机，当转速 n 不变时，制冷压缩机的理论输气量 V_h 不变。但冷凝温度 T_k 和蒸发温度 T_0 的变化会使制冷压缩机的输气系数 λ、单位容积制冷量 q_v、制冷压缩机的绝热效率 η_e 以及单位容积理论功 w_v 等发生变化，从而导致制冷量 Q_0、轴功率 P_s 和制冷系数 ε 的变化。

当制冷循环的冷凝温度 T_k 升高和蒸发温度 T_0 下降时，制冷压缩机的输气系数 λ、指示效率 η_i、绝热效率 η_e 都下降。若忽略制冷压缩机的输气系数 λ 和绝热效率 η_e 随工作温度变化的特性，令式（4-44）、式（4-45）中的 $\lambda=1$、$\eta_e=1$，那么两式中的 Q_0 和 P_s 就是理论循环的制冷量和理论功率（并令 $\Delta T_{gl}=0$，$\Delta T_{gr}=0$）。

（1）冷凝温度 T_k 升高对循环的影响　冷凝温度 T_k 的变化主要由地区、季节及冷却方式不同等原因引起。假设制冷循环的蒸发温度 T_0 为定值，冷凝温度由 T_k 升高至 T_k' 时，循环由 1—2—3—4—1（工作温度 T_k、T_0）变化至 1—2'—3'—4'—1（工作温度 T_k'、T_0），如图 4-13 所示。

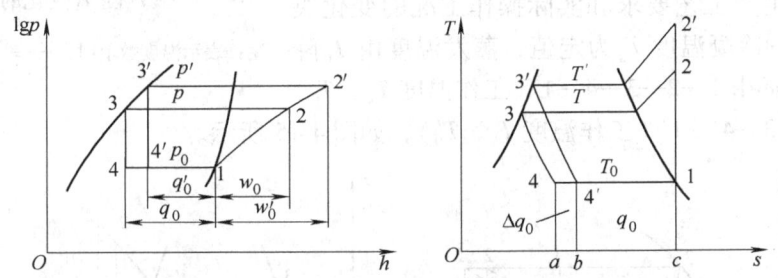

图 4-13　当蒸发温度 T_0 为定值，冷凝温度 T_k 升高时的热力循环状态图

由此可见，当冷凝温度 T_k 升高时，对循环的主要影响有：

1）冷凝压力 p_k 随冷凝温度 T_k 的升高而升高，循环的压力比 p_k/p_0 增大，制冷压缩机的排气温度 T_2 升高。

2）单位质量制冷量减少，吸气比体积 v_1 不变，单位容积制冷量减少，即

$$q_0' = h_1 - h_{4'} < q_0 = h_1 - h_4 \tag{4-46}$$

$$q_v' = \frac{q_0'}{v_1} = \frac{h_1 - h_{4'}}{v_1} < q_v = \frac{q_0}{v_1} = \frac{h_1 - h_4}{v_1} \tag{4-47}$$

3）单位理论功增大，单位容积理论功增大，即

$$w_0' = h_{2'} - h_1 > w_0 = h_2 - h_1 \tag{4-48}$$

$$w_v' = \frac{w_0'}{v_1} = \frac{h_{2'} - h_1}{v_1} > w_v = \frac{w_0}{v_1} = \frac{h_2 - h_1}{v_1} \tag{4-49}$$

4）若忽略输气系数 λ 的变化，则制冷剂循环量 $q_m = \dfrac{V_h \lambda}{3600 v_1}$ 不变，所以循环的制冷量 Q_0 降低，轴功率 P_s 增大（见图 4-14）。

事实上，随冷凝温度 T_k 的升高，输气系数 λ 和绝热效率 η_e 也都下降，从而导致制冷剂循环量 q_m 下降，制冷量 Q_0 下降。单位轴功 $w_s = \dfrac{w_0}{\eta_e}$ 增大，而轴功率 P_s 为

$$p_s = \frac{p_0}{\eta_e} = \frac{q_m w_0}{\eta_e} = q_m w_s \quad (4\text{-}50)$$

由于制冷剂循环量 q_m 的下降速率低于单位轴功 w_s 的增大速率,所以轴功率 P_s 仍然是增大的。

5) 制冷系数降低,即

$$\varepsilon_0' = \frac{q_0'}{w_0'} = \frac{h_1 - h_{4'}}{h_{2'} - h_1} < \varepsilon_0 = \frac{q_0}{w_0} = \frac{h_1 - h_4}{h_2 - h_1} \quad (4\text{-}51)$$

由此可得出结论:在制冷循环中,由于冷凝温度 T_k 的升高,会导致制冷循环的制冷量 Q_0 下降,耗功 P_s 增大,制冷系数 ε 下降,这对于制冷循环是不利的。在实际工程中,应尽可能地改善冷凝器的工作条件,尽可能降低冷凝温度,提高制冷循环工作性能。

(2) 蒸发温度 T_0 降低对循环的影响 蒸发温度 T_0 的高低主要由生产工艺要求和实际操作工况的变化决定。假设循环的冷凝温度 T_k 为定值,蒸发温度由 T_0 降低到 T_0' 时,循环由 1—2—3—4—1(工作温度 T_k、T_0)变化至 1'—2'—3—4'—1'(工作温度 T_k、T_0'),如图 4-15 所示。

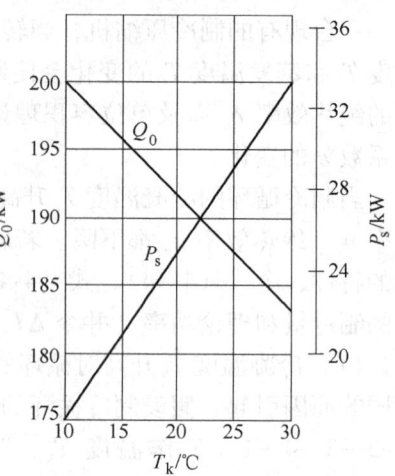

图 4-14 T_0 不变时,制冷量 Q_0 和轴功率 P_s 随 T_k 变化的关系

注:表示温度数值时,$\frac{t}{℃} = \frac{T}{K} - 273.15$。

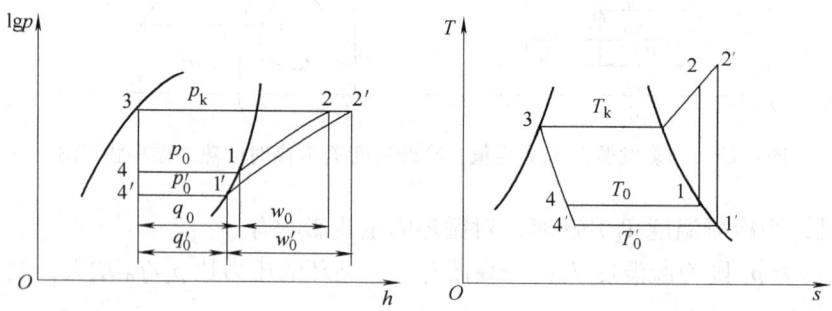

图 4-15 当冷凝温度 T_k 为定值,蒸发温度 T_0 降低时的热力循环状态图

同样,蒸发温度 T_0 降低对循环的主要影响有:

1) 蒸发压力 p_0 随蒸发温度降低而降低,压力比 p_k/p_0 增大,制冷压缩机的排气温度由 T_2 升高至 $T_{2'}$,也导致制冷压缩机的不可逆熵值增大。

2) 单位质量制冷量减少,而 $h_4 = h_{4'}$,$h_1 - h_{1'}$ 的差值很小,可近似看做 $q_0 = q_0'$。但由于吸气比体积的增大($v_{1'} > v_1$),单位容积制冷量明显减少,即

$$q_0' = h_{1'} - h_{4'} < q_0 = h_1 - h_4 \quad (4\text{-}52)$$

$$q_v' = \frac{q_0'}{v_{1'}} = \frac{h_{1'} - h_{4'}}{v_{1'}} < q_v = \frac{q_0}{v_1} = \frac{h_1 - h_4}{v_1} \quad (4\text{-}53)$$

3) 吸气比体积增大,制冷剂的循环量减少,$q_m' < q_m$,因而制冷量减少,$Q_0' < Q_0$。

4) 单位理论功增大,单位容积理论功增大,即

$$w_0' = h_{2'} - h_{1'} > w_0 = h_2 - h_1 \quad (4\text{-}54)$$

$$w_v' = \frac{w_0'}{v_{1'}} = \frac{h_{2'} - h_{1'}}{v_{1'}} > w_v = \frac{w_0}{v_1} = \frac{h_2 - h_1}{v_1} \quad (4\text{-}55)$$

但由于制冷剂循环量的减少，不能直接地看出制冷循环轴功率是增大还是减小。由制冷压缩机的理论功率计算式

$$P_0 = \frac{V_h}{3600} \frac{\kappa}{\kappa-1} p_0 \left[\left(\frac{p_k}{p_0} \right)^{\frac{\kappa-1}{\kappa}} - 1 \right] \tag{4-56}$$

得到：当 $p_0 = p_k$ 及 $p_0 = 0$ 时，理论功率 P_0 都等于零，因此当蒸发压力 p_0 由 p_k 变化到零时，理论功率 P_0 必然存在一个最大值。将式（4-56）对 p_0 求导并令其偏导数等于零，可以求出理论功率为最大值时的压力比为

$$\left[\frac{p_k}{p_0} \right]_{p_0 = p_{0\max}} = \kappa^{\frac{\kappa}{\kappa-1}} \tag{4-57}$$

对于不同的制冷剂，式（4-57）的数值大致相等，见表4-6。

表4-6 不同制冷剂的 $\kappa^{\frac{\kappa}{\kappa-1}}$ 值

制冷剂	R717	R40	R22	R12	R11	R290	R113
κ	1.30	1.20	1.16	1.14	1.13	1.13	1.09
$\kappa^{\frac{\kappa}{\kappa-1}}$	3.110	2.980	2.930	2.905	2.895	2.895	2.850

对于各种制冷剂，当其压力比 $\frac{p_k}{p_0} \approx 3$ 时，制冷机的功耗最大，即

$$\left[\frac{p_k}{p_0} \right]_{p_0 = p_{0\max}} = \kappa^{\frac{\kappa}{\kappa-1}} \approx 3 \tag{4-58}$$

图 4-16 所示为当冷凝温度 T_k 不变而蒸发温度 T_0 降低时制冷压缩机的特性。

5）蒸发温度 T_0 降低，制冷量 Q_0 下降时，无论制冷压缩机的功率是增大还是减小，制冷循环的制冷系数总是降低的，即

$$\varepsilon_0' = \frac{q_0'}{w_0'} = \frac{h_{1'} - h_{4'}}{h_{2'} - h_{1'}} < \varepsilon_0 = \frac{q_0}{w_0} = \frac{h_1 - h_4}{h_2 - h_1} \tag{4-59}$$

（3）蒸发温度 T_0 和冷凝温度 T_k 同时变化对循环的影响

1）在实际制冷循环中，蒸发温度 T_0 和冷凝温度 T_k 有可能同时变化，其变化的规律与理论制冷循环有所不同，但变化趋势是一致的。

2）提高冷凝温度 T_k 和降低蒸发温度 T_0 对循环都是不利的，都会使制冷系数 ε 降低。降低蒸发温度 T_0 对循环的影响要比升高冷凝温度 T_k 的影响大，所以在制冷系统的设计和运行管理中，一方面要降低冷凝温度 T_k，另一方面在符合工艺要求的前提下，不能任意降低蒸发温度 T_0。

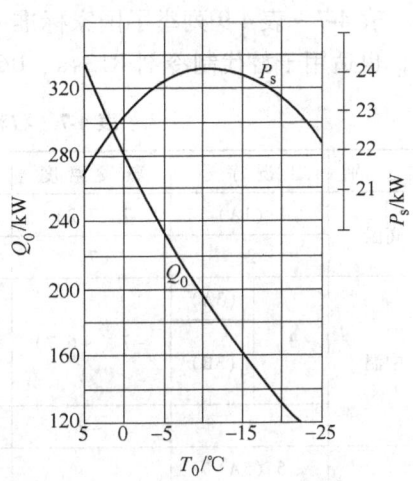

图4-16 当冷凝温度 T_k 不变，制冷量 Q_0 和轴功率 P_s 随 T_0 变化的关系

注：表示温度数值时，$\frac{t}{℃} = \frac{T}{K} - 273.15$。

2. 应用不同制冷剂对制冷循环的影响

同一台制冷压缩机的理论输气量 V_h 是不变的，当分别应用 x、y 两种制冷剂时，其制冷

量和轴功率可表示为

$$Q_{0x} = Q_{0y} \frac{(\lambda q_v)_x}{(\lambda q_v)_y} \tag{4-60}$$

$$P_{sx} = P_{sy} \frac{\eta_{ey}(\lambda w_v)_x}{\eta_{ex}(\lambda w_v)_y} \tag{4-61}$$

改用制冷剂后，除了制冷压缩机的特性发生变化外，还要考虑以下几个重要问题：

1）改用的制冷剂不能对制冷压缩机或设备材料有腐蚀，否则，不能任意换用制冷剂。

2）改用制冷剂时应改用相应的润滑油。

3）改用制冷剂后，制冷压缩机的结构也应作相应的调整。

4）改用制冷剂时，应校核匹配电动机的功率，要校核冷凝器、节流器、蒸发器负荷，改换为相应的种类、型号和规格等，要相应地改换制冷压缩机的密封结构和密封材料等。

5）改用制冷剂时应考虑压缩机和设备的强度，以及制冷压缩机运动部件的受力情况。

3. 单级制冷压缩机的工况

由于制冷机的制冷量随工质和工作条件而变化，所以在标明制冷机的制冷能力时，应说明制冷机的工作状况（简称工况），这是比较和评估制冷机性能的基础。工况是由采用的制冷种类和制冷机工作的温度条件（蒸发温度、吸气温度、冷凝温度、过冷温度）组成的。我国早期的工况标准有标准工况、空调工况以及最大功率工况、最大压差工况。新标准对各种形式的制冷压缩机规定了三种名义工况，即高温用工况、中温用工况和低温用工况。名义工况用来标明制冷机工作能力的温度条件，即铭牌制冷量和轴功率的工况。

表4-7～表4-9列举了国家标准中部分名义工况值，表中适用于R12、R22、R502的参数，也适用于替代制冷剂R134a、R600a、R407C等。

表4-7 容积式制冷压缩机及机组的名义工况 （单位：℃）

类别	工况序号		蒸发温度	冷凝温度	吸气温度	液体温度	机组形式	
高温	1 (1A)		7 (7.2)	55 (55.4)	18 (18.3)	50 (46.1)	所有形式	
	2		7	43	18	38		
中温	3	(3A)	−7 (−6.7)	49 (48.9)	(4.4)	44 (48.9)	所有形式	（全封闭）
		(3B)			18 (18.3)			（半封闭）
								（开启式）
	4		−7	43	18	38	所有形式	
低温Ⅰ	5 (5A)		−23 (−23.3)	55 (55.4)	32 (32.3)	32 (32.3)	全封闭	
	6 (6A)			49 (48.9)	5 (4.4)	44 (48.9)	所有形式	
	7		−23	43	5	38		
低温Ⅱ	8	(8A)	−40	35 (40.6)	(4.4)	30 (40.6)	所有形式	（全封闭）
		(8B)			−10 (18.3)			（半封闭）
								（开启式）

表 4-8　氨制冷压缩机及机组的名义工况　（单位：℃）

类别	工况序号		蒸发温度	冷凝温度	吸气温度	液体温度	环境温度
中温	1	(1A)	-7 (-6.7)	35	-1 (-1.1)	30 (35)	32 (32.3)
		(1B)	(-15)		-9 (-9.4)		
低温Ⅰ	2	2 (2A)	-23 (-23.3)		-15 (-17.8)		
低温Ⅱ	3	3 (3A)	-40		-20 (-34.4)	30	

表 4-9　容积式和离心式冷水机组的名义工况　（单位：℃）

类别	工作序号	使用侧		热源侧或放热侧				
		冷温水		水冷		风冷		蒸发冷凝
		进口	出口	进口	出口	干球	湿球	进风湿球
制冷	1 (1A)	12 (12.4)	7 (6.7)	32 (29.4)	37 (35)	35	24 (23.9)	24 (23.9)
制热	2	40	45	12	7	6	—	

名义工况并不一定是实际工作工况，实际工作工况由实际工程中的工作温度条件决定。

对于一台制冷压缩机来说，当使用的制冷剂一定时，不同工况下的制冷量和轴功率的计算公式为

$$Q_{0b} = Q_{0a} \frac{\lambda_b q_{vb}}{\lambda_a q_{va}} \tag{4-62}$$

$$P_{sb} = P_{sa} \frac{q_{mb}}{q_{ma}} \frac{w_{0b}}{w_{0a}} \frac{(\eta_i \eta_m)_a}{(\eta_i \eta_m)_b} \tag{4-63}$$

$$P_{sb} = P_{sa} \frac{(\lambda w_v)_b}{(\lambda w_v)_a} \frac{(\eta_i \eta_m)_a}{(\eta_i \eta_m)_b} \tag{4-64}$$

式中　Q_{0a}、Q_{0b}——工况 a、b 时的制冷量（kW）；

　　　q_{va}、q_{vb}——工况 a、b 时的单位容积制冷量（kJ/m³）；

　　　λ_a、λ_b——工况 a、b 时的输气系数；

　　　P_{sa}、P_{sb}——工况 a、b 时的制冷压缩机的轴功率（kW）；

　　　q_{ma}、q_{mb}——工况 a、b 时的制冷剂循环量（kg/s）；

　　　w_{0a}、w_{0b}——工况 a、b 时的单位理论功（kJ/kg）；

　　　η_{ia}、η_{ib}——工况 a、b 时的指示效率；

　　　η_{ma}、η_{mb}——工况 a、b 时的机械效率；

　　　w_{va}、w_{vb}——工况 a、b 时的单位容积理论功（kJ/m³）。

三、知识运用

单级制冷机是应用比较广泛的一类制冷机，它可以应用于食品冷藏、空调、制冰及工业生产过程等方面。下面主要介绍典型的食品冷藏、空调装置和制冰装置。

（一）食品冷藏装置

1. 家用电冰箱

（1）电冰箱的分类　电冰箱是最常见的小型制冷装置，家用电冰箱的代号为 B。专业上

按箱内温度将其分为冷藏箱（用字母 C 表示）、冷藏冷冻箱（用字母 CD 表示）、冷冻箱（用字母 D 表示）。例如 BC-150 表示 150L 的家用冷藏箱，而 BCD-185W 表示 185L 无霜家用冷藏冷冻箱（字母 W 表示无霜）。

通常所使用的双门与多门电冰箱为冷藏冷冻箱。冷藏冷冻箱中至少有一个间室为冷藏室，适用于储藏不需要冻结的食品；还至少有一个间室为冷冻室，适用于冷冻食品和储藏冷冻食品，温度一般为 -18℃ 或低于 -18℃。

（2）电冰箱的制冷系统　电冰箱大多采用压缩式制冷系统，主要部件为压缩机、冷凝器、毛细管、蒸发器。电冰箱压缩机大多采用全封闭式，这样有利于减少制冷剂的泄漏。节流元件采用毛细管，其结构简单，造价低，运行可靠。大多数电冰箱的冷凝器是一个放置在电冰箱背部的钢丝式或百叶窗式的盘管冷凝器，利用盘管内高温制冷剂与盘管外空气进行热交换，从而向电冰箱外释放热量。蒸发器也采用盘管式蒸发器，利用盘管内低温制冷剂与盘管外食物进行热交换，从而吸收电冰箱内食物的热量。

家用电冰箱制冷系统原理图如图 4-17 所示。制冷剂的流向为压缩机→冷凝器→干燥过滤器→毛细管→蒸发器→压缩机。

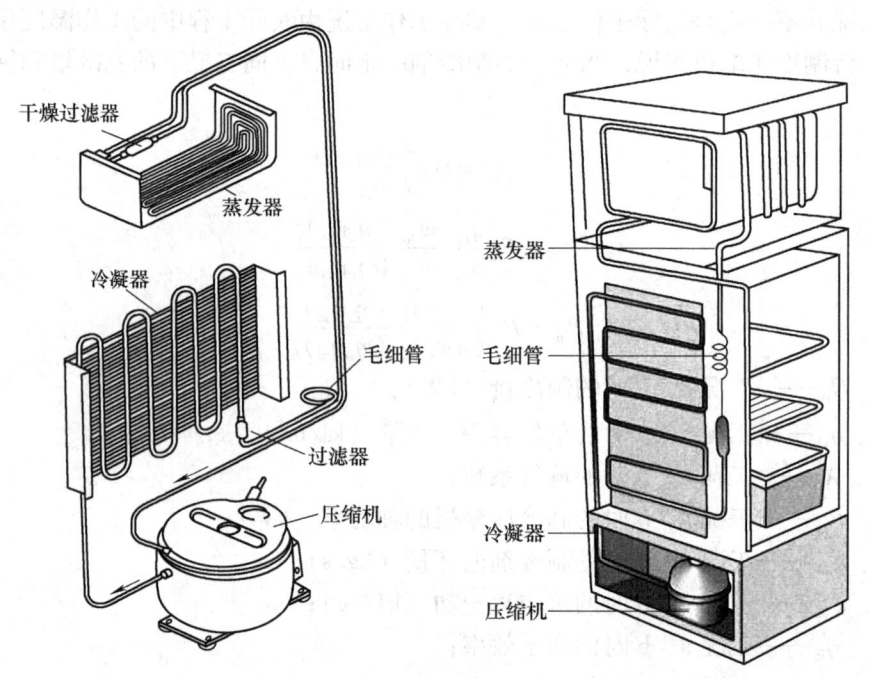

图 4-17　家用电冰箱制冷系统原理图

2. 陈列橱柜

由于速冻食品业的迅速发展，商业销售网点必须既保证食品的品质和卫生，又能展示食品的品种和款式，因此冷冻陈列橱柜应运而生。

冷冻陈列橱柜有两种基本形式，一类是立式，另一类是柜台式。它们又可分为遮闭式和敞开式两种。

图 4-18 所示是带有双层玻璃门的遮闭式冷冻陈列橱，它用于储藏食品、饮料和药物。根据储物温度要求，遮闭式陈列橱柜又可分为冷藏（箱内温度为 0 ~ 5℃）和冷冻（箱内温

度为-25~-10℃)两类。它们在结构上均采取强制风冷翅片盘管蒸发器进行冷却。

图4-19所示是无玻璃门的敞开式冷冻陈列橱。由于其正面呈敞开状态,外界空气容易侵入橱内,所以在结构上采用了由橱的上部向下吹拂形成的冷风幕加以阻挡。此种形式非常便于消费者自取货物,但机组耗能要比遮闭式橱柜耗能增加50%以上。

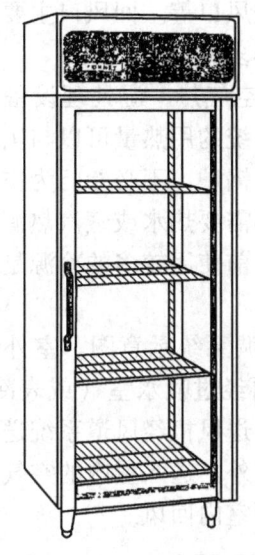

图4-18 遮闭式冷冻陈列橱

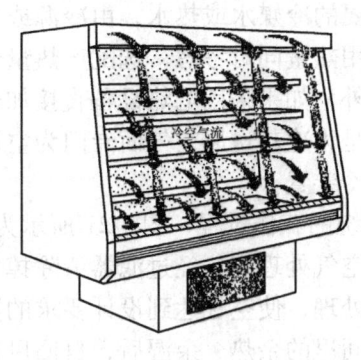

图4-19 敞开式冷冻陈列橱

图4-20所示为冷冻商品陈列柜。由于高度较低(一般不超过90cm),可以放置在店堂内任意地方,适于消费者自取商品。它也有两种形式,即遮闭式(上部有可滑动的玻璃门)与敞开式。敞开式的冷风幕沿水平方向流动,在非营业时间需外加盖罩,以节省能耗。

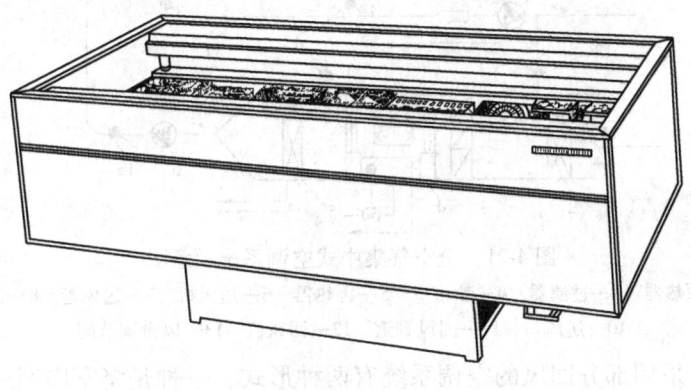

图4-20 冷冻陈列柜

(二) 空调装置

1. 集中式空调系统

(1) 系统的基本组成 集中式空调系统一般由以下几部分组成。

1) 空气处理部分。空气处理部分包括空气过滤器、喷水室(或表冷器)、空气加热器等各种空气热、湿处理设备。空气处理部分的作用是将室外新风及部分室内回风处理到设计要求的送风状态。

2）空气输送部分。空气输送部分包括送风机、回风机、送风管道、回风管道、风量调节装置以及消声、防火设备。

3）空气分配部分。空气分配部分包括各种形式的送风口和回风口，其作用是合理地组织室内气流，使室内空气分布均匀。送风口按其形式可分为侧向送风的格栅送风口、百叶送风口、喷射式送风口及设在顶棚上的散流器送风口、孔板送风口等。回风口主要有设于侧壁的金属网式回风口及设于地板上的散点式和格栅式回风口等多种形式。

4）冷、热源部分。供喷水室、表冷器及空气加热器等空气热、湿处理设备完成空气处理过程所需要的冷媒水或热水，由冷源或热源提供。空调系统的用热量可以与生产工艺设备和生活设施用热量同时考虑，选配产热量合适的蒸汽或热水锅炉，不必专门为空调系统配置锅炉房。此外，如果采用电热设备直接加热送风温度，则不需要热水或蒸汽热源。

冷源则是为冷却送风空气而专门为空调系统配置的。目前使用较多的冷源是蒸气压缩机和吸收式制冷装置。

（2）系统的工作过程　图4-21所示为全空气集中式空调系统示意图。室外新鲜空气经新风口进入空气处理室，经过滤器清除掉空气中的灰尘，再经过喷水室（或表冷器）、加热器等设备的处理，使空气达到设计要求的温度和湿度后，由送风机经风道系统送入各空调房间，吸收房间里的余热、余湿后，自回风口经回风道排出室外。送入室内的空气可以全部采用室外新鲜空气，也可以部分采用室外新鲜空气，部分采用室内回风。

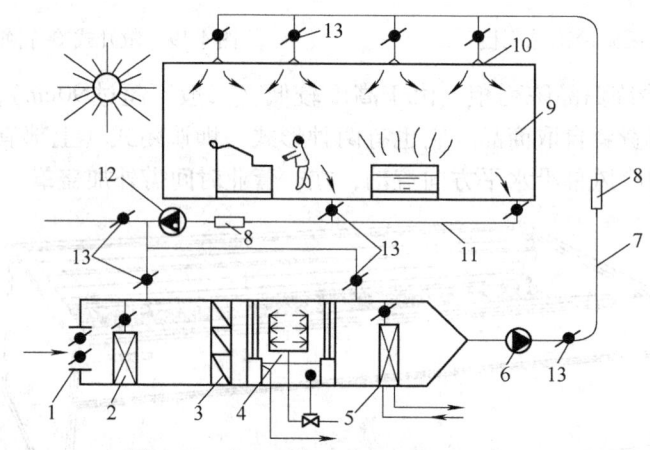

图4-21　全空气集中式空调系统示意图

1—新风调节阀　2—预热器　3—过滤器　4—喷水室　5—再热器　6—送风机　7—送风管　8—消声器　9—空调房间　10—送风口　11—回风管道　12—回风机　13—风量调节阀

工程上常见的采用部分回风的空调系统有两种形式：一种是将室内回风引至喷水室或表冷器之前，与新风进行混合，称为一次回风系统；另一种是令回风分别与经过喷水室或表冷器处理前、后的空气进行混合，称为二次回风系统，如图4-21所示。二次回风系统减少了回风处理量，因此比一次回风系统更经济，但其系统结构比较复杂，运行费用也比较高。

2. 半集中式空调系统

半集中式空调系统除了有集中的空气处理室外，还在空调房间内设有二次空气处理设备。这种对空气的集中处理和局部处理相结合的空调方式，克服了集中式空调系统空气处理量大，设备、风道截面积大等缺点，同时具有局部式空调系统便于独立调节的优点。半集中式空调系统目前应用较多的是风机盘管系统。

风机盘管空调系统主要由风机盘管机组、新风机组以及送风机、送风管道和送风口组成，如图4-22所示。

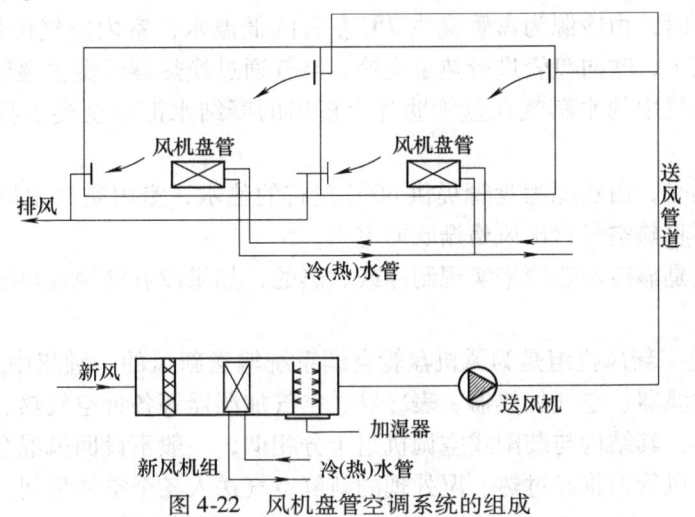

图4-22 风机盘管空调系统的组成

（1）风机盘管机组 风机盘管机组简称风机盘管，它是一种末端装置。普通风机盘管的结构如图4-23所示，主要由盘管（换热器）和风机组成，并由此得名。

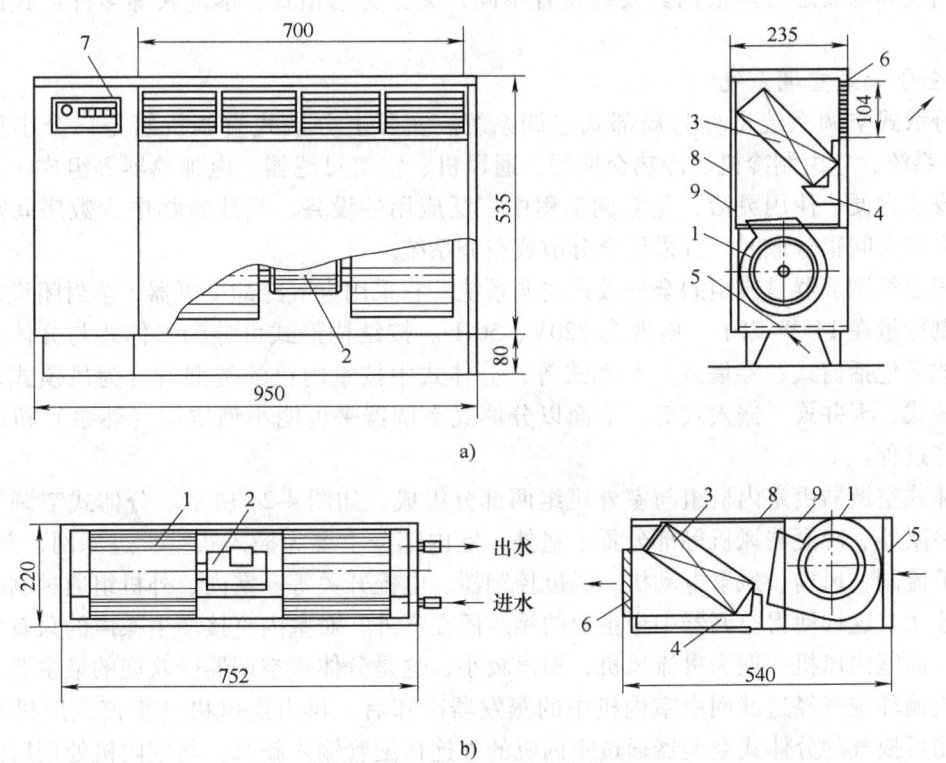

图4-23 风机盘管机组
a）立式明装 b）卧式暗装
1—风机 2—电动机 3—盘管 4—凝水盘 5—循环风进口及过滤器
6—出风格栅 7—控制器 8—吸声材料 9—箱体

从形式上看，风机盘管机组的种类比较多，一般分为立式和卧式两种，在安装上又有明装和暗装之分。风机盘管机组的工作原理是借助风机不断地循环室内空气，使之通过盘管而被冷却或加热，以保持房间所要求的温度和一定的相对湿度。

风机盘管制冷时，由冷源为盘管提供7℃左右的低温水，室内空气由低噪声风机吸入，通过滤尘网去掉灰尘，吹向盘管进行热量交换。空气通过换热器降温去湿后，冷空气从出风格栅吹向室内。空气中的水蒸气在盘管肋片上析出的凝结水汇集至凝水盘，并通过泄水管排出。

风机盘管制热时，由热源为盘管提供60℃左右的热水，室内空气由风机吸入，与盘管进行热量交换，再将热空气自出风格栅吹向室内。

风机盘管机组是靠冷、热源来实现制冷或制热的，如果没有冷源或热源，就不能进行空气调节。

（2）新风机组　新风机组是为风机盘管空调系统输送新风的一种集中式空气处理设备，机组内设有空气过滤器、空气加热器、表冷器、空气加湿器等各种空气热、湿处理设备以及送风机、消声器等，其结构与装配式空调机组十分相似，一般不设回风混合段，只处理室外新风，然后通过送风管道将经过热、湿处理的新鲜空气送入各个空调房间，以满足空调房间的卫生要求。

在空调系统中，新风机组根据其结构形式的不同分为立式和卧式两种。因其安装方式不同又有明装和暗装之分。根据其安装位置不同，又分为吊顶式、落地式等多种形式的新风机组。

3. 全分散式空调系统

全分散式空调系统也称为局部式空调系统。实际上分散式空调机组是一个小型空调（热泵）系统，它由制冷机、冷热交换器、通风机、空气过滤器、电加热器等组成，其结构紧凑，安装方便，使用灵活，是空调工程中广泛应用的设备。当建筑物中少数房间需要空调，或空调房间很分散时，宜采用全分散式空调系统。

房间空气调节器是典型的全分散式空调系统。它采用空气冷却冷凝器、全封闭型电动压缩机，制冷量在14kW以下，电源为220V、50Hz。按结构形式可分为整体式与分体式，其中整体式又包括窗式、穿墙式、移动式等，分体式中按室内机的类型可分为吊顶式、挂壁式、落地式、天井式、嵌入式等。下面以分体式空调器来说明小型空调（热泵）机组的结构与工作过程。

分体式空调器由室内机组与室外机组两部分组成，如图4-24所示。分体式空调器的压缩机、冷凝器、冷凝器风机等部分置于室外。室内部分主要为插入式空气过滤网、蒸发器、毛细管节流阀、风扇、风扇电动机、温度控制器、电控开关等。室内、外机组通过制冷剂流通管道连接。这样使得空调器中最主要的噪声源在室外，对室内直接产生噪声的只有室内机的风机，而室内风机一般为贯流风机，噪声较小，这是分体式空调器受欢迎的最主要原因。

室内循环空气经过滤网由室内机中的蒸发器冷却后，再由送风机（贯流式风机）送入室内，由可换气的分体式空调器通过室内机的外连接配管输入新风，与室内机处理后的空气混合后，再由室内机的风机送入室内。室外机的风机直接吸入室外空气冷却制冷剂后再送入大气。制冷剂则在压缩机、蒸发器、毛细管、冷凝器中循环，室外机与室内机之间用制冷剂的连接配管连接，由于连接两部分机组的制冷剂管道不能太长，必须在15m以内，垂直距

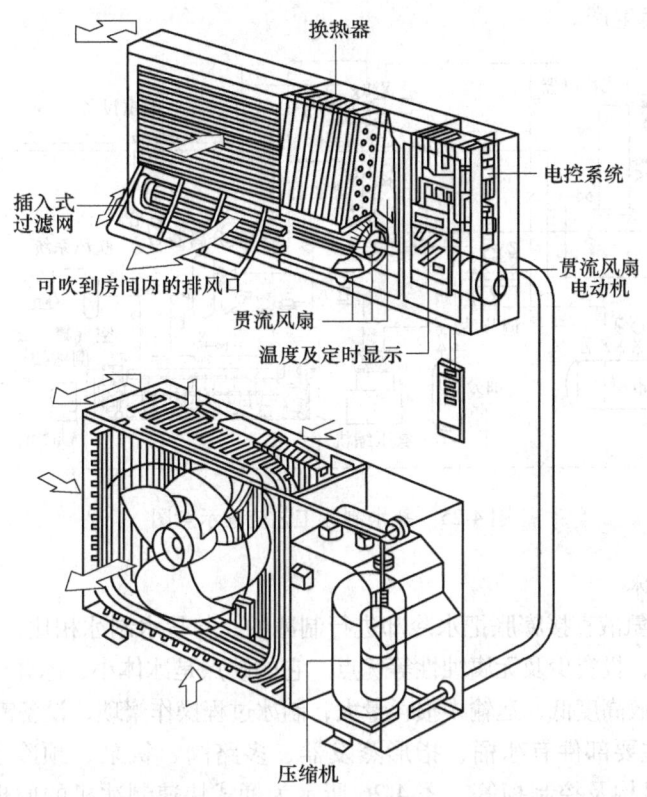

图 4-24 分体式空调器的结构

离在 10m 以内以保证压缩机中的润滑油返回压缩机,所以室外机应就近布置。

小型空调机形式变化也很多,在控制方式上已不完全使用开停双位控制方式,变频空调器也已批量生产。对于分体机,已不仅是一个室外机对一个室内机,现在已有一个室外机带多个室内机的空调器。

(三) 制冰装置

制冷技术应用日益广泛,人造冰作为制冷的一种产品普遍应用于冷藏运输中。人造冰可以制成各种形状,尤其用盐水制冰或快速制冰方法生产的块状冰应用最广。根据冰块形状的不同,制冰机可分为片冰机、板冰机、管冰机和壳冰机等。

1. 盐水制冰

在用冰量大的冰库中,用于大规模生产的还是盐水制冰,主要原因在于盐水制冰方式制出的冰较坚实,不易融化,易于码垛储存,便于滑运输送,而且制冷能力稳定可靠。

制冷工艺流程可采用重力供液方式,对于大规模生产的制冰系统,多采用氨泵供液系统。图 4-25 所示为盐水制冰工艺流程示意图。制冰池由水箱式蒸发器和制冰盐水池组合而成,两者用隔板分开,用盐水搅拌器使盐水在蒸发器与制冰盐水池间连续流动。

制冰时,将制冰池内的盐水经蒸发器冷却到 -14 ~ -10℃,然后向冰桶加水,为便于冰桶成组地吊起放下,可将几只冰桶固定在一个冰桶架上,用吊车将冰桶送入制冰池内,利用低温盐水将冰桶内的水冻结成冰。冰冻好后,再用吊车将冰桶送到融冰池,浸 2 ~ 3min,将冰桶置于倒冰架上,令其翻倒,冰块滑入储冰间,出冰后再将冰桶吊起,并向冰桶内加水,如此周而复始地连续生产。

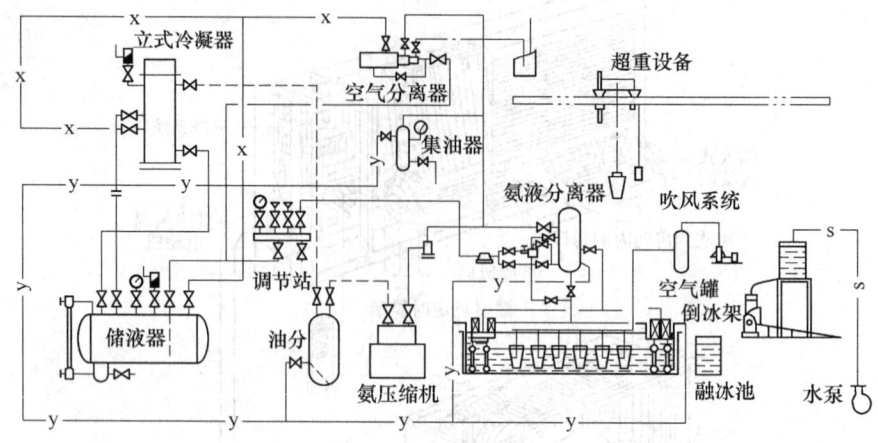

图 4-25　盐水制冰工艺流程示意图

2. 桶式快速制冰

快速制冰是依靠氨液直接膨胀把水冷却进行制冰的。与盐水制冰相比，它具有结冰速度快、占地少、金属耗量省、投资少及无腐蚀性等优点。它的缺点是冰体小，冰体中有管状孔洞，因而易融化、易破碎，堆放高度低，运输中损耗量大，制冰过程操作繁琐，设备需经常维修等。

快速制冰机的主要部件有冰桶、指形蒸发器、多路阀、氨泵、预冷水箱、氨液分离器、排液器、运冰传动机构及控制柜等。图 4-26 所示为桶式快速制冰机的原理图。

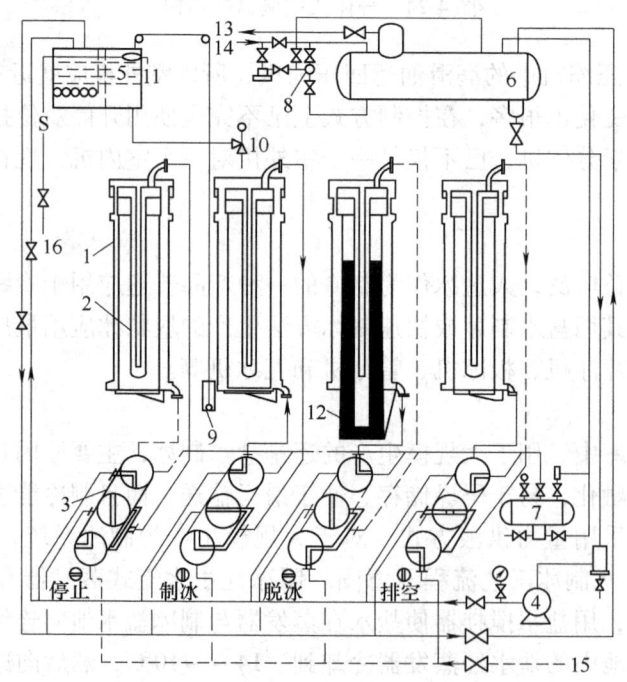

图 4-26　桶式快速制冰机的原理图

1—冰桶　2—指形蒸发器　3—多路阀　4—氨泵　5—预冷水箱　6—氨液分离器　7—排液器　8—浮球阀
9—水位计　10—给水阀　11—溢水管　12—冰块　13—吸气管　14—供液管　15—热氨管　16—上水管

其制冰工艺流程为：

（1）预冷水过程　在预冷水箱中进行，水经装在水箱中的蒸发器降温，水温降至6～10℃即可加入冰桶。

（2）冰桶加水过程　向冰桶加水之前，必须先使冰桶底的弹簧活动底盖密闭，再加少量的水使桶壁和底盖湿润，同时将多路阀转至"制冰"位置，使氨液进入桶壁夹层蒸发吸热，桶壁和底盖的湿润水冻结，起密封桶底的作用，然后将水缓慢地加入冰桶组。

（3）制冰过程　氨液连续地由氨泵经"制冰"位置的多路阀送入冰桶夹层，经夹层顶部进入指形蒸发器顶部上夹层，再进入指形蒸发器内套管，转入内、外套管之间的夹层，然后上升至指形蒸发器顶部下夹层，由回气管经多路阀进入氨液分离器。在此过程中，氨液逐渐吸热蒸发，冰桶内壁和指形蒸发器外壁同时结冰，并向周围发展，直至全部冻结成冰块。

（4）脱冰过程　当冰块结成以后，即可将多路阀转向"脱冰"位置，此时氨泵供液通路被切断，热氨通路接通，热氨经多路阀由冰桶组的回气管进入冰桶组，最后从冰桶组的进液管经多路阀，将氨液排至排液桶。在此过程中，指形蒸发器外壁和冰桶内壁的冰层融化，冰块借自重推开弹簧底盖落在托冰小车上。

（5）运冰过程　托冰小车载着一组从冰桶脱下的冰块，借运冰装置驱动，将冰块运至翻冰架，冰块经滑道运去储冰间。

3. 其他形式的制冰机

（1）管冰机　管冰是在高约4m的立式壳管式蒸发器中的冷却管内表面淋水，水沿冷却管内表面结成空心管状冰，在脱冰过程中用切冰刀切割成高约50mm的管状冰柱，称为管冰。由于管冰的外形为圆柱形，可用于冰藏鱼类，且不会损坏鱼体，是较理想的冷冻用冰。

管冰机是一种间歇式制冰装置。它主要由立式壳管式满液蒸发器、制冷系统、高温气体排液脱冰系统、给水循环系统及管冰切割机构等部件组成，如图4-27所示。

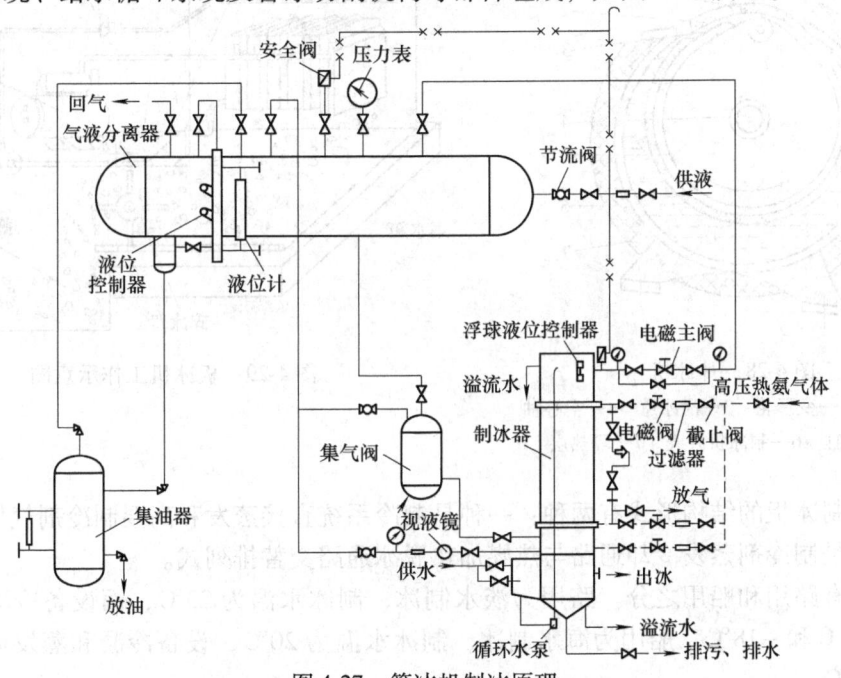

图4-27　管冰机制冰原理

管冰机具有结构紧凑，占地面积少，生产成本低，制冷效率高，节能效果好，安装周期短，操作方便等优点。当每一套管冰机由一个或多个不同规格的制冰器组成时，可以得到具有不同产冰能力的设备。管冰机的制冰水温不能超过40℃，制冷系统的冷凝温度在20～40℃之间，所生产的管冰温度不高于-1℃。

（2）片冰机 在圆筒形蒸发器的冷却表面上布水，结成1～3mm厚的冰层，经冰刀刮脱后形成不规则的小冰片，称为片冰。

片冰机是连续快速制取片冰的装置。片冰机的制冰蒸发器为一个可旋转的圆筒式换热器，水喷淋或浸润其表面，形成冰层后由冰刀把冰刮下。制冰蒸发器的蒸发温度一般为-23～-18℃，整体式片冰机组的工作环境温度为5～40℃。

片冰机用于陆上和船上，可用海水与淡水作为原料水。当用于渔业冰鲜冷却、食品加工工艺过程的直接和间接冷却、餐饮业和建筑业中混凝土工程、防暑降温等多种场合时，可根据使用工艺的要求，采用不同水质的原料水。

图4-28所示为一种采用变形轮结构代替刮冰刀的片冰机。这种结构制冰机的特点是生产过程连续，结构紧凑，占地面积小，一般为船用制冰机。

（3）板冰机 板冰是在制冰板表面淋水结成的厚约15mm的平板状冰层，经对平板加热而融脱，形成40mm×40mm的碎冰块。

板冰可用于鱼类及各种易腐食品的冷却、冰鲜，蔬菜夹冰冷藏运输以及冰盐混合冷藏运输、防暑降温、空调制冷等方面。

板冰机由长方形制冰板、制冷系统、淋水系统、脱冰系统和自动控制系统组成，如图4-29所示。

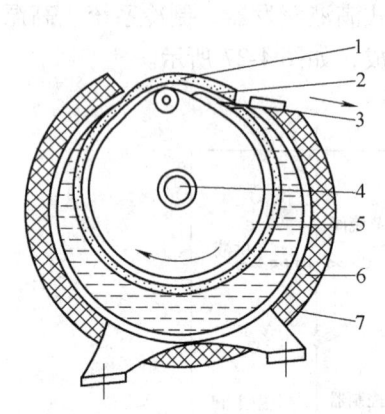

图4-28 片冰机
1—片冰 2—变形轮 3—滑冰道 4—空心轴
5—旋转缸 6—制冰机外壳 7—隔热层

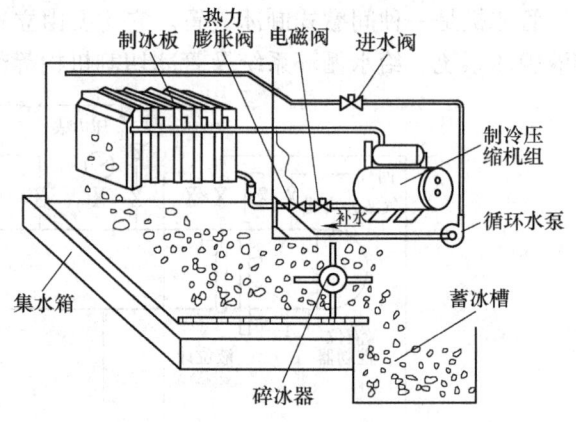

图4-29 板冰机工作示意图

板冰机制冰板的结构形式有两种：一种是制冷系统直接蒸发和高温制冷剂气体加热脱冰式，另一种是制冷剂蒸发冷却通路与热媒加热脱冰通路交替排列式。

板冰机有路用和船用之分。路用为淡水制冰，制冰水温为23℃，而设备冷凝和蒸发温度分别为35℃和-18℃。船用为海水制冰，制冰水温为20℃，设备冷凝和蒸发温度分别为30℃和-23℃。

思考题与练习题

1. 什么是单级蒸气压缩式制冷理论循环?
2. 一个制冷装置由哪些基本设备组成?
3. 单级蒸气压缩式制冷理论循环的计算主要包含哪些热力参数?
4. 若某循环为单级蒸气压缩式制冷的理论循环,蒸发温度 $t_0 = -5℃$,冷凝温度为 30℃,工质为 R20,循环的制冷量 $Q_0 = 30kW$,试对该循环进行热力计算。
5. 一台单级蒸气压缩式制冷机,工作在高温热源温度为 40℃,低温热源温度为 -20℃工况下,试求分别用 R134a 和 R22 作工质时,理论循环的性能指标。
6. 单级蒸气压缩式制冷理论循环和实际循环有何区别?
7. 影响单级蒸气压缩式制冷循环效率的因素有哪些?这些因素会产生怎样的影响?
8. 什么是回热循环?它对制冷循环有何影响?
9. 某单级蒸气压缩制冷循环,制冷剂为 R134a,蒸发器的出口温度为 -25℃,过热度 $\Delta t_{gr} = 5℃$,冷凝器的出口温度为 30℃,过冷度 $\Delta t_{gl} = 6℃$。试求循环制冷量、制冷系数和循环热效率。
10. 某单级蒸气压缩式制冷机,制冷量 $Q_0 = 100kW$,蒸发温度 $t_0 = -20℃$,冷凝温度为 35℃,制冷剂为 R717,试进行制冷机的热力计算(可取过冷度 $\Delta t_{gl} = 5℃$,压缩机的输气系数 $\lambda = 0.6$,指示效率 $\eta_i = 0.86$,机械效率 $\eta_m = 0.9$)。

模块五 双级制冷循环系统的原理与应用

一、学习目标

● 终极目标

会根据需求选择合适的双级制冷循环并进行热力分析。

● 促成目标

1) 熟悉双级制冷循环的分类、工作流程与选用原因。
2) 掌握双级制冷循环的工作原理、特点和热力性能分析。
3) 了解双级制冷循环的工作特性。
4) 掌握冷库氨泵供液制冷系统的工作原理和系统组成。

二、相关知识

（一）采用双级蒸气压缩式制冷循环的原因和条件

为获得低温而采用双级压缩制冷循环，主要是基于单级蒸气压缩式制冷循环的局限性来考虑的。

蒸气制冷机是利用制冷剂液体在低压下的蒸发过程进行制冷的。其蒸发温度取决于所能保持的蒸发压力。对于单级压缩制冷机来说，当制冷剂确定后，其所能达到的最低蒸发温度取决于冷凝温度及单级压缩机的最大压缩比。制冷机的冷凝温度取决于环境介质的温度，变化是不大的；而单级压缩机的最大压缩比是随压缩机的类型而变化的。当单级活塞式制冷压缩机采用较大的压缩比时，会产生以下问题：

1) 由于压缩比 p_k/p_0 过大，对于余隙容积一定的活塞式制冷压缩机来说，余隙容积的影响将会增大，即余隙容积的气体膨胀至吸气压力时所占的体积增大，而导致活塞式制冷压缩机的输气系数下降，实际输气量减少，制冷机的制冷量 Q_0 下降。压缩比 p_k/p_0 越大，这种影响也就越大。当 $p_k/p_0>20$ 时，普通活塞式制冷压缩机就几乎不能吸入制冷剂蒸气，即 $V_s=0$，从而失去了制冷循环的制冷效能。

2) 由于压缩比 p_k/p_0 过大，会使制冷压缩机的排气温度升高。制冷压缩机的排气温度过高必定影响制冷循环的正常运行。

3) 由于排气温度过高，会使制冷压缩机的润滑油变稀，粘度下降，从而导致制冷压缩机的润滑条件恶化，引起制冷机运行困难。当排气温度超过润滑油的闪点时，会使润滑油炭化，从而堵塞油路，产生故障。由于排气温度过高，易使润滑油在高温下强烈挥发随制冷剂循环一起进入换热设备，并在换热设备的制冷剂侧表面积聚而形成油膜，增大传热热阻，降低传热效果。由于排气温度过高，润滑油和制冷剂在长期的高温下易发生慢性分解而产生不凝性气体，这些不凝性气体进入冷凝器等设备后，会使制冷系统的冷凝压力升高。如果润滑油和制冷剂在高温下慢性分解产生易燃、易爆的氢等气体，则会增大制冷机运行的危险性。所以制冷压缩机的排气温度应受到严格的控制。

4）由于压缩比 p_k/p_0 过大，会使制冷压缩机压缩过程的不可逆性增大，即实际压缩过程偏离等熵程度增大，使制冷压缩机的制冷效率下降，实际功耗增大，制冷系数下降。

5）由于压缩比 p_k/p_0 过大，使循环中的节流损失增大，节流后制冷剂的干度增大，导致循环的制冷量下降，制冷性能下降。

所以在实际制冷过程中，单级制冷压缩机的压缩比是有限制的。单级蒸气压缩式制冷循环的压缩比一般不超过 8~10。在通常的环境条件下，在允许压缩比的范围内，常用的中温制冷剂一般只能获得 -40~-20℃ 的低温。如果为得到更低温度而进行超压缩比运行，则会使实际压缩过程更偏离等熵压缩过程，引起压缩机排温升高、效率降低、功耗增大，甚至造成系统内制冷剂和润滑油分解，导致运转条件恶化，危害压缩机的正常工作。一般认为，要获取 -60℃ 以上的低温时，常采用中温制冷剂的双级压缩制冷循环，可使压缩机压缩比减小，工作效率提高。

（二）双级蒸气压缩式制冷循环

双级蒸气压缩式制冷循环系统可由两台压缩机（低压压缩机和高压压缩机）、两台冷凝器（冷凝器和中间冷却器）、一台蒸发器和相应的辅助设备（如膨胀阀、油分离器、各种阀门）等组成。各个设备的名称及连接方式如图 5-1 所示。其中，低压压缩机用于进行第一级压缩，高压压缩机用于进行第二级压缩。

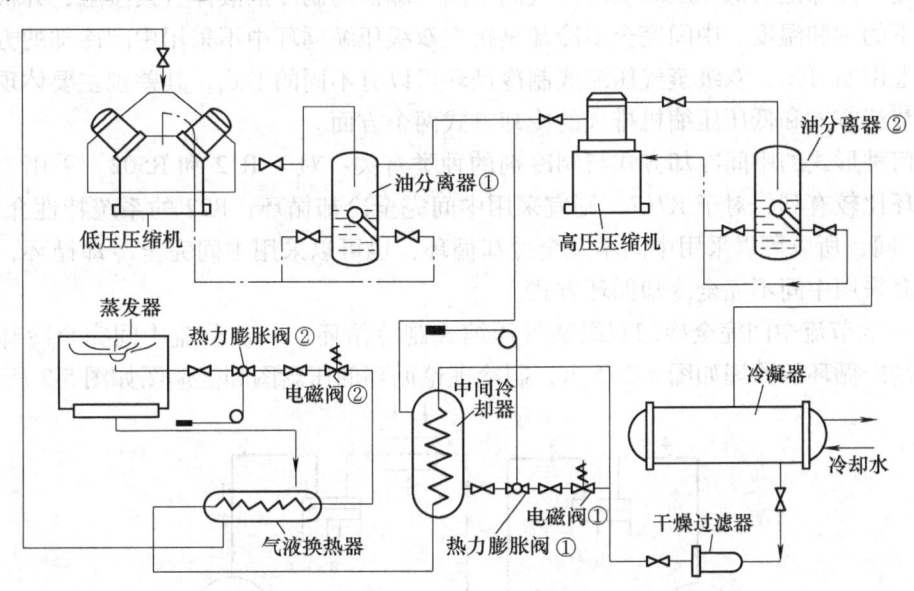

图 5-1 双级蒸气压缩式制冷循环的流程图

1. 双级蒸气压缩式制冷循环的工作原理

图 5-1 所示是典型的双级蒸气压缩式制冷循环的流程图。蒸发器产生的低压、低温氟利昂蒸气，经气液换热器进入低压压缩机进行第一级压缩（被压缩到中间压力）；然后经油分离器①分离（蒸气中夹带的润滑油被分离出来并自动返回低压压缩机的曲轴箱中），蒸气被排出油分离器后，与中间冷却器中的饱和蒸气混合，再进入高压压缩机进行第二级压缩，成为高压、高温蒸气；高压、高温蒸气从高压压缩机排出后，先经油分离器②分离（油被分离出来并自动返回高压压缩机的曲轴箱中），然后进入冷凝器液化为液体；由冷凝器排出的

高压制冷剂液体，先经干燥过滤器除去水分和机械杂质，然后分为两路：一路（小部分制冷剂）经热力膨胀阀①进入中间冷却器，另一路（大部分制冷剂）回中间冷却器、气液换热器，被进一步冷却后，经热力膨胀阀②进入蒸发器，在其中蒸发制冷，并对外提供冷量。这样就完成了双级蒸气压缩式制冷循环。

2. 双级蒸气压缩式制冷循环的基本形式

双级蒸气压缩式制冷循环按节流次数和中间冷却方式的不同，可分为：

1）一次节流中间完全冷却双级蒸气压缩式制冷循环。
2）一次节流中间不完全冷却双级蒸气压缩式制冷循环。
3）一次节流中间完全不冷却双级蒸气压缩式制冷循环。
4）二次节流中间完全冷却双级蒸气压缩式制冷循环。
5）二次节流中间不完全冷却双级蒸气压缩式制冷循环。

一次节流是指供给蒸发器的液体在中间冷却器中被冷却之后，经主节流阀，由冷凝压力一次节流到蒸发压力。二次节流是指供给蒸发器的液体先经节流到中间压力，然后再节流到蒸发压力。中间不完全冷却是指低压压缩机的排气，同中间冷却器中产生的蒸气在管道内混合，在这一混合过程中，低压压缩机排气的温度有所降低，但不能达到中间压力下的饱和温度。中间完全冷却是指低压压缩机的排气同中间冷却器的制冷剂液体直接接触，并被冷却到中间压力下的饱和温度。中间完全不冷却是指在双级压缩循环中不采用中间冷却的方法。

由以上说明可知，双级蒸气压缩式制冷循环可以有不同的形式，其差别主要体现在制冷剂液体的节流方式和低压压缩机排气的冷却方式两个方面。

采用何种形式的中间冷却方式与制冷剂的种类有关：对于 R12 和 R502，采用中间不完全冷却循环比较有利；对于 R717，则宜采用中间完全冷却循环；R22 的系统特性介于 R717 和 R502 之间，所以可以采用中间不完全冷却循环，也可以采用中间完全冷却循环，但在实际工程中多采用中间不完全冷却循环方式。

（1）一次节流中间完全冷却双级蒸气压缩式制冷循环　一次节流中间完全冷却双级蒸气压缩式制冷循环的原理如图 5-2 所示，制冷理论循环的压焓图和温熵图如图 5-3 所示。

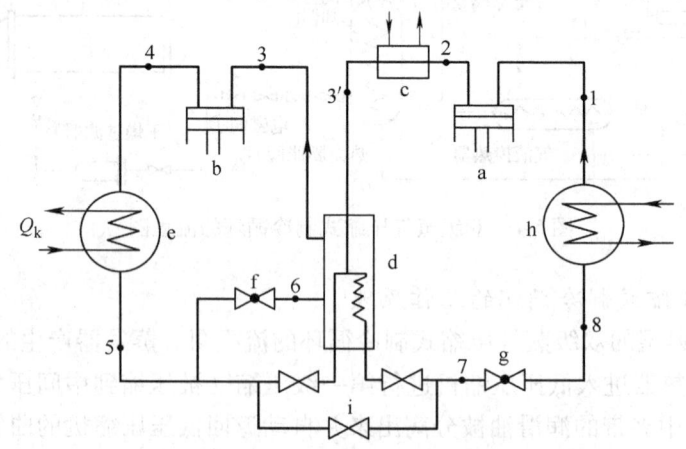

图 5-2　一次节流中间完全冷却双级蒸气压缩式制冷循环原理图
a—低压级制冷压缩机　b—高压级制冷压缩机　c—中间水冷却器　d—中间冷却器
e—冷凝器　f、g—节流阀　h—蒸发器　i—旁通阀

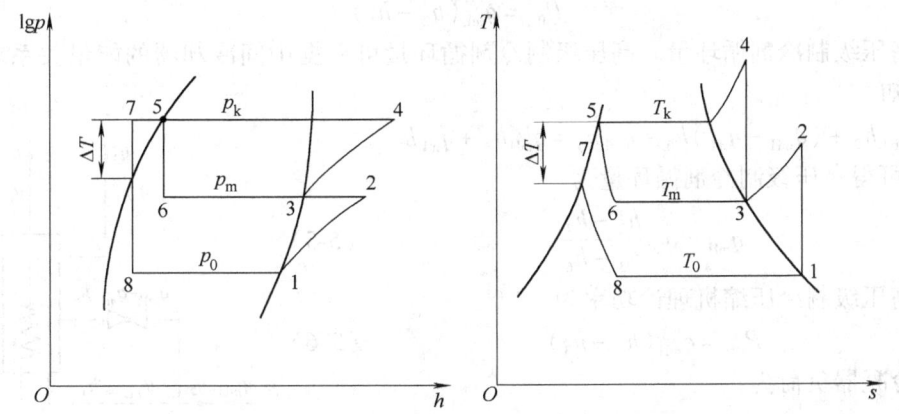

图 5-3 一次节流中间完全冷却双级蒸气压缩式制冷理论循环热力状态图

一次节流中间完全冷却双级蒸气压缩式制冷循环的工作过程是：从蒸发器出来的低压蒸气首先在低压级制冷压缩机中由蒸发压力 p_0 压缩到中间压力 p_m。低压级排出的过热蒸气首先在中间水冷却器中进行一定程度的等压冷却，然后再输入中间冷却器，由中间冷却器中的制冷剂液体冷却到中间压力 p_m 下的干饱和蒸气。这时制冷剂蒸气温度是中间压力 p_m 相对应的饱和温度，即中间温度 t_m，然后被吸入高压级制冷压缩机继续被压缩到冷凝压力 p_k。经两级压缩后的制冷剂蒸气由高压级压缩机排出，进入冷凝器。在冷凝器中，过热蒸气被等压冷却冷凝成饱和液体。由冷凝器流出的制冷剂液体分成两路，一路经节流阀 f 节流至中间压力 p_m 进入中间冷却器，利用这部分制冷剂的汽化来冷却低压级排气和冷却中间冷却器盘管中的高压液体，然后与低压级排气、节流时产生的闪发性气体一起进入高压级制冷压缩机；另一路液体在中间冷却器的盘管内被再冷却后经节流阀 g 节流至蒸发压力 p_0，进入蒸发器内用以摄取低温热源的热量，如此周而复始地完成制冷循环。

在循环中采用中间水冷却器可将一部分热量在中间冷却器前由冷却水带走，可减少高压级制冷压缩机的功率消耗，以提高制冷循环的经济性。所以采用中间水冷却器对循环是有利的。但在使用中间水冷却器时会出现这样一种情况，即低压级排气与冷却水之间存在一定量的传热温差，对于氟利昂，此传热温差较小，而对于 R717，则此传热温差较大，并且节省的功率也是很有限的。使用中间水冷却器会使管道系统复杂，又可能提高低压级制冷压缩机的排气压力。因此在现代双级蒸气压缩式制冷循环中，一般已不再使用中间水冷却器，进入中间冷却器的制冷剂蒸气就是低压级排出的过热蒸气。在下面的热力分析中便不再考虑装设中间水冷却器的情况。

一次节流中间完全冷却双级蒸压缩式制冷理论循环的主要热力性能如下：

1) 单位质量制冷量、单位容积制冷量为

$$q_0 = h_1 - h_8 \tag{5-1}$$

$$q_v = \frac{q_0}{v_1} = \frac{h_1 - h_8}{v_1} \tag{5-2}$$

2) 当循环的制冷量为 Q_0 时，低压级制冷剂循环量为

$$q_{mL} = Q_0/q_0 = Q_0/(h_1 - h_8) \tag{5-3}$$

3) 低压级制冷压缩机的理论功率（等熵压缩功率）为

$$P_{0L} = q_{mL}(h_2 - h_1) \tag{5-4}$$

4) 高压级制冷剂循环量。高压级制冷剂循环量可根据中间冷却器的能量关系求得,由图 5-4 可知

$$q_{mL}h_2 + (q_{mH} - q_{mL})h_6 + q_{mL}h_5 = q_{mH}h_3 + q_{mL}h_7$$

整理可得高压级制冷剂循环量为

$$q_{mH} = q_{mL}\frac{h_2 - h_7}{h_3 - h_6} \tag{5-5}$$

5) 高压级制冷压缩机理论功率为

$$P_{0H} = q_{mH}(h_4 - h_3) \tag{5-6}$$

6) 冷凝器负荷为

$$Q_k = q_{mH}(h_4 - h_5) \tag{5-7}$$

7) 中间冷却器盘管负荷为

$$Q_m = q_{mL}(h_5 - h_7) \tag{5-8}$$

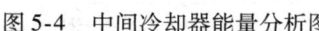

图 5-4 中间冷却器能量分析图

8) 理论循环制冷系数为

$$\varepsilon_0 = \frac{Q_0}{P_{0L} + P_{0H}} = \frac{h_1 - h_8}{(h_2 - h_1) + \frac{h_2 - h_7}{h_3 - h_6}(h_4 - h_3)} \tag{5-9}$$

以上是理论循环的分析计算方法,实际循环的分析方法与单级实际循环一样,需要考虑蒸气的过热、压缩的增熵不可逆性等。

(2) 一次节流中间不完全冷却双级蒸气压缩式制冷循环 目前,氟利昂双级蒸气压缩式制冷系统常采用一次节流中间不完全冷却循环形式。其理论循环原理如图 5-5 所示。

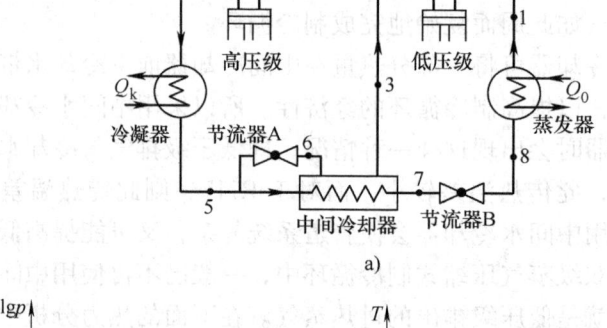

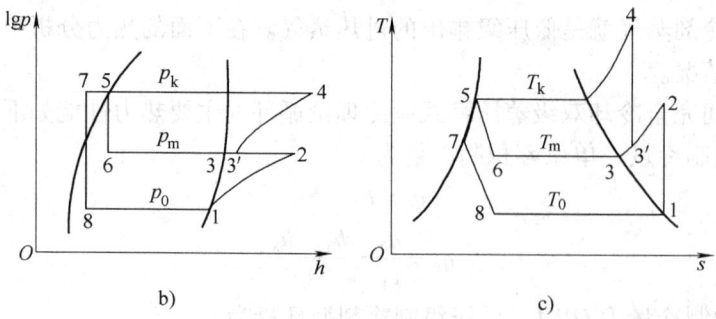

图 5-5 一次节流中间不完全冷却双级蒸气压缩式制冷理论循环
a) 原理图 b) lgp-h 图 c) T-s 图

一次节流中间不完全冷却循环和一次节流中间完全冷却循环的主要区别是低压级的排气不在中间冷却器的制冷剂中冷却，而是与中间冷却器中产生的干饱和蒸气或湿饱和蒸气在节点相互混合后再进入高压级制冷压缩机。因此，高压级制冷压缩机吸入的制冷剂不是中间压力 p_m 下的干饱和蒸气，而是具有一定过热度的过热蒸气。

一次节流中间不完全冷却双级蒸气压缩式制冷循环与一次节流中间完全冷却双级蒸压缩式制冷循环的热力分析方法除高压级制冷剂循环量和高压级功率的计算外，其余基本相同。

1) 单位质量制冷量、单位容积制冷量为

$$q_0 = h_1 - h_8 \tag{5-10}$$

$$q_v = \frac{q_0}{v_1} = \frac{h_1 - h_8}{v_1} \tag{5-11}$$

2) 当循环的制冷量为 Q_0 时，低压级制冷剂循环量为

$$q_{mL} = Q_0/q_0 = Q_0/(h_1 - h_8) \tag{5-12}$$

3) 低压级制冷压缩机的理论功率为

$$P_{0L} = q_{mL}(h_2 - h_1) \tag{5-13}$$

4) 高压级制冷剂循环量。根据一次节流中间不完全冷却的中间冷却器的能量关系，由图 5-6 可知

$$q_{mL}h_7 + (q_{mH} - q_{mL})h_3 = (q_{mH} - q_{mL})h_6 + q_{mL}h_5$$

整理可得高压级制冷剂循环量为

$$q_{mH} = q_{mL}\frac{h_3 - h_7}{h_3 - h_6} \tag{5-14}$$

5) 确定状态点 3。在实际循环中，为了使高压级制冷压缩机高效工作，须令 $t_{3'} \leq 15℃$，这时在点 3 状态下通常不是干饱和蒸气，而是湿饱和蒸气。所以应先求出 $h_{3'}$，由能量平衡方程式可得

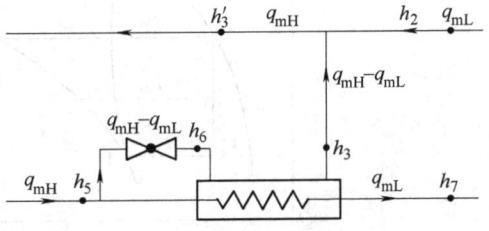

图 5-6 中间冷却器能量分析图

$$q_{mH}h_{3'} = (q_{mH} - q_{mL})h_3 + q_{mL}h_2$$

即

$$q_{mH} = q_{mL}\frac{h_2 - h_3}{h_{3'} - h_3} \tag{5-15}$$

由式（5-14）和式（5-15）可得

$$h_3 = \frac{h_2 \cdot h_6 - h_{3'} \cdot h_7}{h_2 + h_6 - h_{3'} - h_7} \tag{5-16}$$

6) 高压级制冷压缩机的理论功率为

$$P_{0H} = q_{mH}(h_4 - h_{3'}) \tag{5-17}$$

7) 冷凝器负荷为

$$Q_k = q_{mH}(h_4 - h_5) \tag{5-18}$$

8) 中间冷却器盘管负荷为

$$Q_m = q_{mL}(h_5 - h_7) \tag{5-19}$$

9) 理论循环制冷系数为

$$\varepsilon_0 = \frac{Q_0}{P_{0L} + P_{0H}} \tag{5-20}$$

（3）一次节流中间完全不冷却双级蒸气压缩式制冷循环　在冷藏运输（如铁路和公路冷藏车、冷藏船）以及某些特定的生产工艺制冷工段的制冷装置中，既要达到低温又要简化制冷系统，这时可采用一次节流中间完全不冷却双级压缩式制冷循环。如图 5-7 所示，这种循环实际上与一个单级压缩式制冷循环相似，只不过压缩过程分为高压级和低压级两部分来完成。显然，这种方式是不省功的，也不能提高循环的制冷量和制冷系数。但在实际中是有利的，因为在这种特定条件下采用一次节流中间完全不冷却双级压缩式制冷循环，可以降低每一级的压缩比，改善每一级制冷压缩机的工作性能。

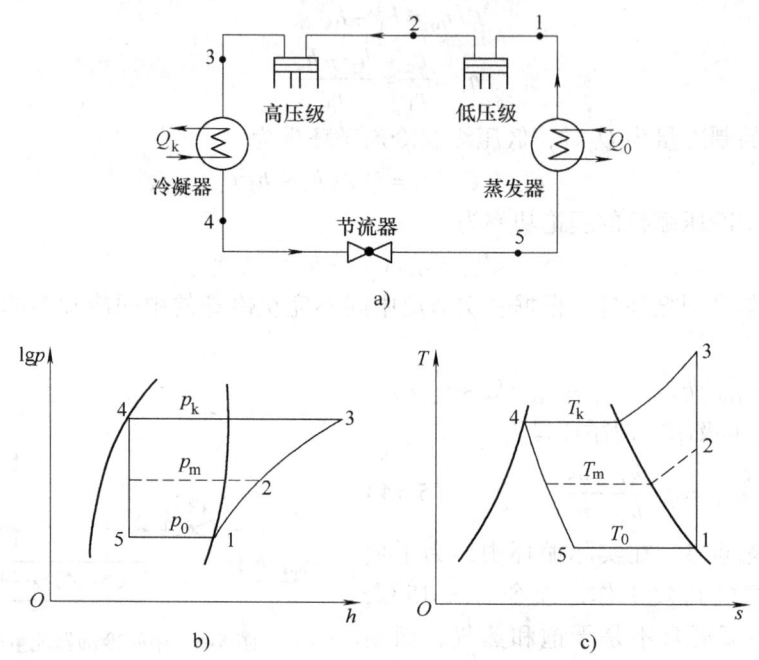

图 5-7　一次节流中间完全不冷却双级蒸气压缩式制冷理论循环
a) 原理图　b) lg$p$-h 图　c) T-s 图

（4）二次节流中间完全冷却双级蒸气压缩式制冷循环　二次节流循环也是双级蒸气压缩常用的制冷循环形式。二次节流循环适于离心式双级蒸气压缩式制冷系统，但一般不适用于活塞式、螺杆式制冷系统。而中间完全冷却方式一般适于氨离心式双级蒸气压缩式制冷系统。

图 5-8a 所示为二次节流中间完全冷却双级蒸气压缩式制冷循环的工作原理图。其工作过程是：在蒸发器中吸热后的低压制冷剂蒸气经第一级离心式压缩机吸入，经叶轮从蒸发压力压缩至中间压力，由第一级扩压管排出后进入中间冷却器被完全冷却至中间压力下的干饱和蒸气。第二级压缩机将制冷剂蒸气由中间压力压缩到冷凝压力，然后在冷凝器中等压冷却冷凝成饱和液体。液态制冷剂经节流阀节流至中间压力，进入中间冷却器，一方面完全冷却第一级排气，其冷却第一级排气的汽化气和节流时产生的闪发蒸气作为补气随第一级排气一起进入第二级离心压缩机循环；另一方面压力为中间压力的饱和液体存在于中间冷却器的下部，经节流阀节流至蒸发压力进入蒸发器吸热制冷。

（5）二次节流中间不完全冷却双级蒸气压缩式制冷循环　二次节流中间不完全冷却双

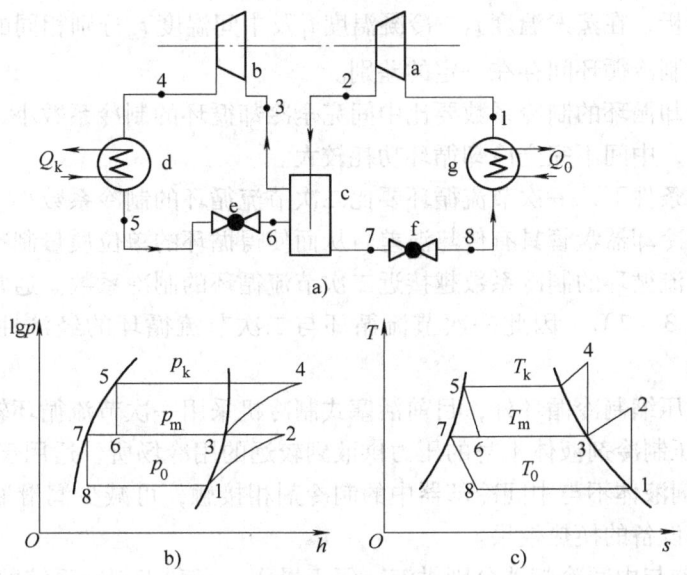

图 5-8 二次节流中间完全冷却双级蒸气压缩式制冷理论循环
a) 原理图　b) lg$p$-h 图　c) T-s 图

级蒸气压缩式制冷循环适用于冷负荷稳定的氟利昂离心式、螺杆式压缩制冷循环，其理论循环工作原理如图 5-9 所示。

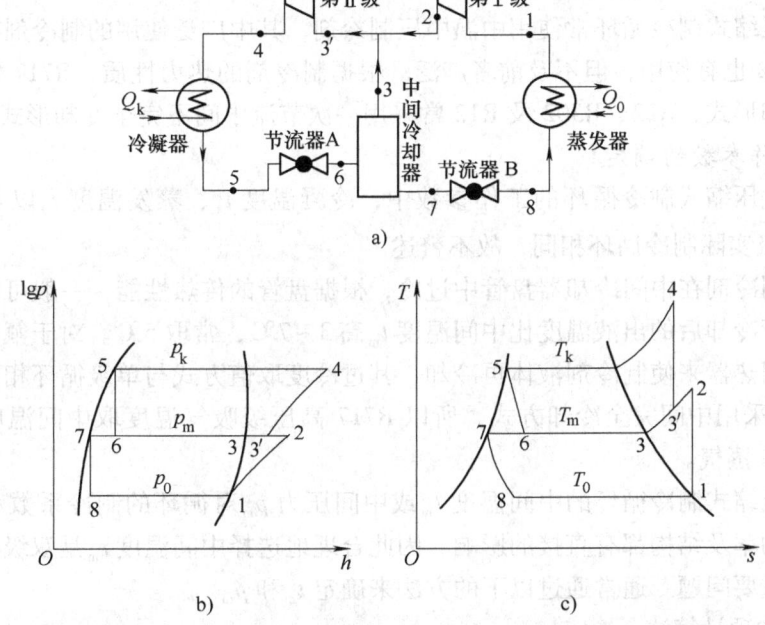

图 5-9 二次节流中间不完全冷却双级蒸气压缩式制冷理论循环图
a) 原理图　b) lg$p$-h 图　c) T-s 图

3. 双级蒸气压缩式制冷循环比较分析

从热力学上分析,在蒸发温度 t_0、冷凝温度 t_k 及中间温度 t_m 分别相同的条件下,上述五种双级蒸气压缩式制冷循环间存在一定的差别。

中间不完全冷却循环的制冷系数要比中间完全冷却循环的制冷系数小,这是因为在其他条件相同的情况下,中间不完全冷却循环功耗较大。

在相同的冷却条件下,一次节流循环要比二次节流循环的制冷系数小。这是由于在一次节流循环中,中间冷却器盘管具有传热温差,从而使得循环的单位质量制冷量减少。传热温差越小,则一次节流循环的制冷系数越接近二次节流循环的制冷系数。通常中间冷却器盘管出液端传热温差为 3~7℃,因此一次节流循环与二次节流循环的经济性的实际差别是很小的。

除多级离心式压缩制冷循环外,目前活塞式制冷机采用一次节流循环较多,其原因是:

1) 可依靠高压制冷剂液体本身的压力供液到较远的用冷场所,适用于大型制冷装置。

2) 高压制冷剂液体不与中间冷却器中的制冷剂相接触,可减少润滑油进入蒸发器的机会,从而提高换热设备的换热效果。

3) 由于蒸发器与中间冷却器分别供液,便于操作,有利于制冷系统的安全运行。

(三) 双级蒸气压缩式制冷循环的热力计算

制冷循环的热力分析计算是制冷机设计计算和制冷系统设计计算的基础。与单级蒸气压缩式制冷循环一样,双级蒸气压缩式制冷循环热力分析计算的步骤一般包括:制冷剂和循环形式的确定、循环工作参数的确定和循环热力性能的计算分析。

下面以一次节流循环来说明双级蒸气压缩式制冷循环的热力分析计算方法。

1. 制冷剂与循环形式的选择

双级蒸气压缩式制冷循环常使用中温中压制冷剂,其中广泛使用的制冷剂有 R717、R22 和 R502 等,R12 也有使用,但不及前者广泛。根据制冷剂的热力性质,R717 常采用一次节流中间完全冷却形式,R22、R502 及 R12 常采用一次节流中间不完全冷却形式。

2. 循环工作参数的确定

在双级蒸气压缩式制冷循环的工作参数中,冷凝温度 t_k、蒸发温度 t_0 以及低压级吸气 t_{sh1} 的确定与单级实际制冷循环相同,故不赘述。

一般高压制冷剂在中间冷却器盘管中过冷,根据盘管的传热性能,一般可设定制冷剂经中间冷却器盘管冷却后的出液温度比中间温度 t_m 高 3~7℃,常取 5℃。对于氟利昂双级制冷系统,也常用回热器来使制冷剂液体再冷却,其过冷度取值方式与单级循环相同。

由于 R717 采用中间完全冷却方式,所以 R717 高压级吸气温度取中间温度,吸气状态为 p_m 下的干饱和蒸气。

双级蒸气压缩式制冷循环的中间温度 t_m 或中间压力 p_m 对循环的制冷系数和制冷压缩机的输气量、耗功率及结构都有直接的影响,因此合理地选择中间温度 t_m 是双级蒸气压缩式制冷循环的一个重要问题。通常通过以下的方法来确定 t_m 和 p_m。

(1) 比例中项计算法

$$p_m = \sqrt{p_k p_0} \tag{5-21}$$

式 (5-21) 是由热力学理论推导得到的,并假定在循环中制冷剂蒸气为理想气体。低压级排气在中间冷却器中完全冷却,高、低压级吸气温度相等,高、低压级制冷剂循环量相等,并且均为等熵压缩过程。

在实际循环中,制冷剂蒸气不是理想气体,高、低压级吸气温度不相同,高、低压级循环量也不相等,所以应对式(5-21)进行修正,即

$$p_m = \varphi \sqrt{p_k p_0} \tag{5-22}$$

式中 φ——与制冷剂性质有关的修正系数,对于 R22, $\varphi = 0.90 \sim 0.95$,对于 R717, $\varphi = 0.95 \sim 1.00$。

(2) 最大制冷系数法 由于每一循环必定存在最大制冷系数,所以先按一定的温度间隔(如 $\Delta t = 2$℃)假设若干个中间温度值,根据 T-s 图或 lg$p$-h 图对每一个中间温度值确定循环的参数值,并求出每一个中间温度对应的制冷系数,绘制 ε-t_m 曲线图(见图5-10),由曲线中的最大制冷系数 ε_{max} 可求得最佳中间温度 $t_{m,opt}$。为了使计算更加准确,需取更小的温度间隔,这是非常麻烦的,需借助计算机来进行计算。

(3) 经验公式计算法

$$t_m = 0.4 t_k + 0.6 t_0 + 3 \tag{5-23}$$

在 -40 ~ 40℃ 的范围内,式(5-23)对 R717、R22、R12 等都是适用的。

(4) 容积比插入法 高低压级制冷压缩机的容积比称为容积比,用符号 ξ 表示。容积比插入法是实际工程计算中最常用的计算方法之一。它可用于依据生产实际来选择双级蒸气压缩式制冷系统中所需的高、低压级制冷压缩机的输气量,也可根据现有制冷压缩机的容积比 ξ 来求出在给定冷凝温度 t_k、蒸发温度 t_0

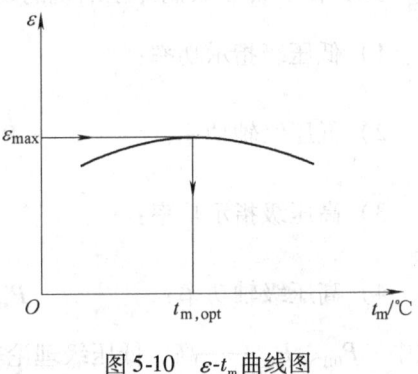

图5-10 ε-t_m 曲线图

下工作的最佳中间温度 $t_{m,opt}$,从而计算或校核制冷压缩机的工作性能。容积比插入法的主要计算步骤如下:

1) 由比例中项公式 $p_m = \sqrt{p_k p_0}$ 求出理论最佳中间压力 $p_{m,opt}$ 和理论最佳中间温度 $t_{m,opt}$。

2) 参照理论最佳中间温度 $t_{m,opt}$ 按照一定温度间隔(5~10℃)选出两个中间温度 t'_m、t''_m,按所选定的中间温度 t'_m 和 t''_m 进行热力循环计算,求出相应的容积比。

3) 绘制 $\xi = f(t_m)$ 曲线,在曲线上由给定的 ξ 值求出中间温度 t_m 或由中间温度 t_m 求出高低压级制冷压缩机的容积比 ξ。

3. 制冷循环状态及状态参数的确定

由所求得的工作参数画出循环的状态图,求出各状态点的有关参数。

4. 制冷循环热力性能计算与分析

热力循环计算的任务主要是计算出循环的制冷量、制冷压缩机的输气量和功率、制冷系数、能效比以及各个换热器的热负荷等。在各项计算中要分清高、低压级循环量以及高、低压级输气系数,指示效率,机械效率和绝热效率等。

(1) 高、低压级的输气量

$$V_{sL} = V_{hL} \lambda_L \tag{5-24}$$

$$V_{sH} = V_{hH} \lambda_H \tag{5-25}$$

式中 V_{sL}、V_{sH}——低、高压级实际输气量（m³/h）；
V_{hL}、V_{hH}——低、高压级理论输气量（m³/h）；
λ_L、λ_H——低、高压级输气系数。

双级蒸气压缩式制冷循环中的活塞机高、低压级输气系数的计算公式为

$$\lambda_L = 0.940 - 0.085\left[\left(\frac{p_m}{p_0 - 0.01}\right)^{\frac{1}{n}} - 1\right] \tag{5-26}$$

$$\lambda_H = 0.940 - 0.085\left[\left(\frac{p_k}{p_m}\right)^{\frac{1}{n}} - 1\right] \tag{5-27}$$

式中 p_k、p_m、p_0——冷凝压力、中间压力、蒸发压力（MPa）；
n——压缩指数，对于 R717，$n = 1.28$，对于 R12，$n = 1.13$，对于 R22，$n = 1.18$。

(2) 高、低压级制冷压缩机的功率

1) 低压级指示功率：
$$P_{iL} = \frac{P_{0L}}{\eta_{iL}} \tag{5-28}$$

2) 低压级轴功率：
$$P_{sL} = \frac{P_{iL}}{\eta_{mL}} = \frac{P_{0L}}{\eta_{iL}\eta_{mL}} = \frac{P_{0L}}{\eta_{eL}} \tag{5-29}$$

3) 高压级指示功率：
$$P_{iH} = \frac{P_{0H}}{\eta_{iH}} \tag{5-30}$$

4) 高压级轴功率：
$$P_{sH} = \frac{P_{iH}}{\eta_{mH}} = \frac{P_{0H}}{\eta_{iH}\eta_{mH}} = \frac{P_{0H}}{\eta_{eH}} \tag{5-31}$$

式中 P_{0H}、P_{0L}——高、低压级理论功率；
P_{iH}、P_{iL}——高、低压级指示功率；
P_{sH}、P_{sL}——高、低压级轴功率；
η_{iH}、η_{iL}——高、低压级指示效率。

对于开启式活塞制冷压缩机，有

$$\eta_{iL} = \frac{T_0}{T_m} + bt_0 \tag{5-32}$$

$$\eta_{iH} = \frac{T_m}{T_k} + bt_m \tag{5-33}$$

η_{mH}、η_{mL}——高、低压级机械效率；
η_{eH}、η_{eL}——高、低压级绝热效率。

(3) 制冷量

$$Q_0 = q_{mL}q_0 = \frac{V_{hL}\lambda_L q_v}{3600} \tag{5-34}$$

式 (5-34) 中，Q_0 的单位为 kW，V_{hL} 的单位为 m³/h，q_v 的单位为 kJ/m³。

(4) 冷凝器负荷、中间冷却器盘管负荷、回热器负荷

1) 冷凝器负荷
$$Q_k = q_{mH}q_k \tag{5-35}$$

2) 中间冷却器盘管负荷
$$Q_m = q_{mL}q_m \tag{5-36}$$

3) 回热器负荷
$$Q_R = q_{mL}q_R \tag{5-37}$$

(5) 制冷系数

$$\varepsilon = \frac{Q_0}{P_{sH} + P_{sL}} \tag{5-38}$$

(四) 温度变化对双级蒸气压缩式制冷循环特性的影响

一个双级蒸气压缩式制冷装置有其固定的容积比 ξ,不论其压缩机是原装设计还是由已有系列的压缩机产品组配而成的,只要它们的运行工况 (t_k、t_0) 与设计工况相同,就会按照设计的性能参数工作,其性能指标 (如制冷量 Q_0,轴功率 P_{sH}、P_{sL},制冷系数 ε 以及中间压力 p_m) 均与设计指标一致。然而,制冷装置的运行工况条件是经常变化的,例如用户在装置使用中的实际运行工况偏离设计工况,装置起动过程存在的蒸发温度 t_0 从环境温度逐渐降低到实际使用工况的蒸发温度等。这些偏离原设计工况的运行条件,将给双级蒸气压缩式制冷装置的性能带来一定的影响。如上所述,双级蒸气压缩式制冷装置的变工况特性通常表现为 t_k 基本不变,t_0 升高或降低。当 t_0 上升时,中间压力 p_m 上升,低压级吸气比体积 v_1 减小,单位质量制冷量 q_0 增大,制冷系数提高。反之,上述各项指标的变化趋势相反。由于工况变化时,中间压力也随之变化,当 $p_k/p_m \approx 3$ 时,P_{sH} 达到最大值。对于低压级 p_m/p_0,因 p_m 和 p_0 均在变化,其 P_{sL} 的变化完全取决于两者的变化关系,但一般不会出现 $p_m/p_0 \approx 3$ 的情况。p_m 与 p_0 的变化关系与制冷剂的种类和循环方式有关。

图 5-11 所示为 R717 一次节流中间完全冷却双级蒸气压缩式制冷循环,给出了由 812.5A 型压缩机改制的制冷装置,在 $t_k = 35℃$、$\xi = 0.334$ 的工况条件下运行的工作压力 p 与 t_0 之间的关系。它对于一般双级蒸气压缩式制冷循环的变工况特性具有一定的代表性。从图中可以证实以下特性:

1) 当 t_0 上升时,p_m 和 p_0 随之上升,而且 p_m 的升高率大于 p_0 的升高率。当 t_0 升至某一边界值 t_{0b} (图中 $t_{0b} = 4℃$) 时,$p_k = p_m$。从这一温度开始,高压级压缩机将不起压缩作用。

2) 当 t_0 上升时,$p_k - p_m$ 值逐渐减小,而 $p_m - p_0$ 值先逐渐增大,到 $t_0 = t_{0b}$ 时,$p_k - p_m = 0$,$p_m - p_0$ 达到最大值,然后又逐渐减小。当 $p_m/p_0 \approx 3$ 时,低压级压缩机出现最大功率值。

3) 当 $t_0 = -27℃$ 时,$p_k/p_m \approx 3$,高压级压缩机出现最大功率,由此可以确定高压级压缩机的电动机功率配备问题。

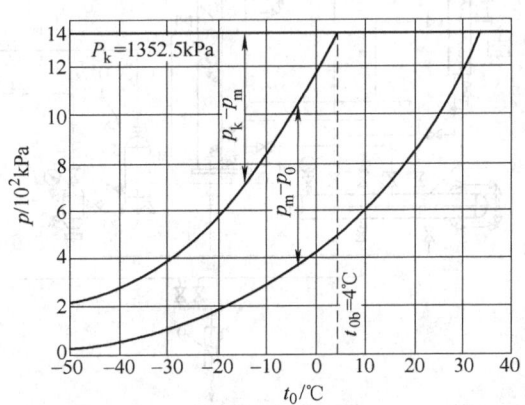

图 5-11 R717 一次节流中间完全冷却双级蒸气压缩式制冷循环

三、知识运用

冷库是指用人工制冷的方法让固定的空间达到规定的温度便于储藏物品的建筑物,广泛应用于食品厂、乳品厂、制药厂、化工厂、果蔬仓库、禽蛋仓库和超市等。目前各大中型城市已具有相当数量的冷库,且其容量不断增大。此外,由于气调储藏技术的发展,还出现了气调冷库。目前,能创造低压、高湿环境的减压冷库正在研究设计中。

冷库制冷系统多采用双级蒸气压缩式制冷循环,按照供液方式可分为直接供液、重力供液和氨泵供液等循环系统,下面分别加以介绍。

(一) 冷库直接供液制冷装置

制冷剂液体从储液器(或者冷凝器)经过膨胀阀节流降压后,直接供至蒸发器,这种供液系统称为直接膨胀供液系统。这种系统的膨胀阀可以采用手动膨胀阀,也可以采用热力膨胀阀,还可以采用其他形式的节流装置。

图 5-12 所示为直接供液氨制冷系统。蒸发器 8 内产生的低温低压氨蒸气被压缩机 6 吸入气缸,经压缩后温度、压力升高。高温高压的氨蒸气先经过氨油分离器 4,使其中所携带的润滑油分离出来,再进入冷凝器 3。氨蒸气在冷凝器 3 中受冷却水的冷却,放出热量凝结成液体,不断储存在储液器 1 中。使用时,氨液经节流阀 7 降低压力和温度后进入蒸发器 8,低压氨液在蒸发器 8 中不断吸收冷媒水的热量而汽化,然后被压缩机 6 吸入。为了保证压缩机的安全运转,使进入压缩机的氨蒸气先经过空气分离器 2,将其中的氨液分离出来。为了将氨油分离器、冷凝器、储液器中的润滑油定期排出,可先将它们中的润滑油汇集在集油器 5 中,以便在低压下将润滑油排出。在冷凝器 3 和储液器 1 中,如有不凝性气体,将会影响它们的正常工作,所以必须定期排出。为了不使蒸气随同排出,排出前应经过不凝性气体分离器,在其中将不凝性气体所携带的氨蒸气液化,使它从中分离出来,再将不凝性气体排出。当机房发生火灾等意外事故时,为了安全,可将储液器 1 和蒸发器 8 中的氨液经紧急泄氨器 9 排入下水道。

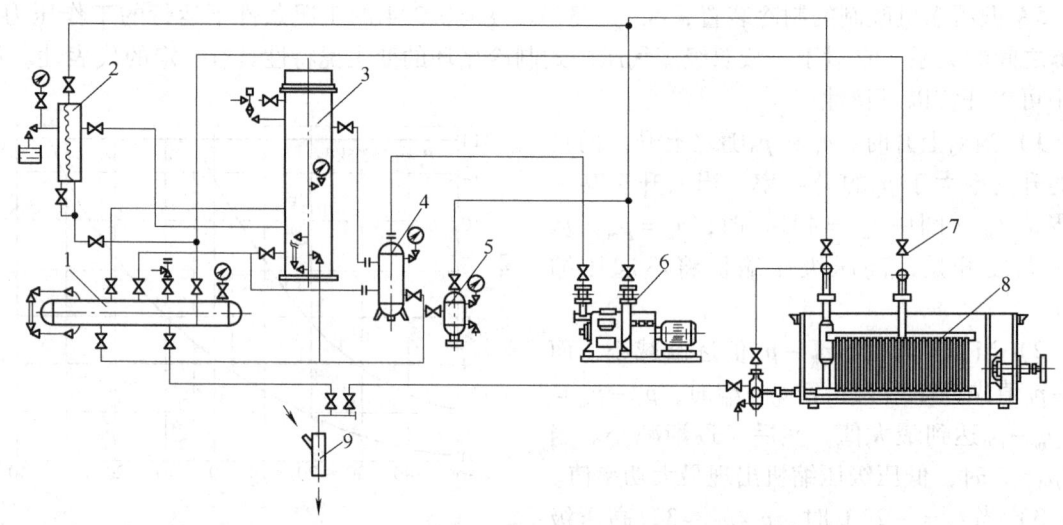

图 5-12 直接供液氨制冷系统

1—储液器 2—空气分离器 3—冷凝器 4—氨油分离器 5—集油器
6—压缩机 7—节流阀 8—蒸发器 9—紧急泄氨器

图 5-13 所示为双级蒸气压缩式直接供液氨制冷系统。该系统除了具有完成工作循环所必需的基本设备外,还包括一些辅助设备及控制阀门。系统中高压压缩机 2 的排气在进入冷凝器 5 前,先经油分离器 3,将其中携带的油滴分离出来,以免油液进入冷凝器中影响传热。在冷凝器中冷凝的氨液,进入高压储液器 6 中。高压储液器具有一定的容量,它根据蒸发器 12 的需要量供给氨液。系统中还设有再冷却器 7。中间冷却器 8 经浮球阀 9 供液,以便自动控制中间冷却器中的液位。用来制冷的氨液经调节站 10 节流后,分配给各个制冷系统。

蒸发器中产生的低压蒸气先经过气液分离器 11，将其中夹带的液滴分离出来，然后进入低压压缩机 1 中进行压缩。这样不但防止了压缩机的湿冲程，也使蒸气中的氨液得到使用，同时不致使蒸气进入蒸发器。

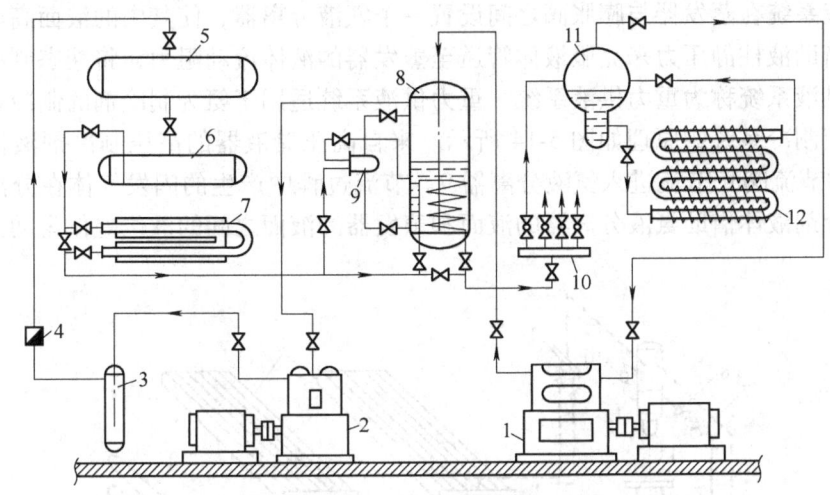

图 5-13　双级蒸气压缩式直接供液氨制冷系统
1—低压压缩机　2—高压压缩机　3—油分离器　4—逆止阀　5—冷凝器　6—高压储液器　7—再冷却器　8—中间冷却器　9—浮球阀　10—调节站　11—气液分离器　12—蒸发器

直接膨胀氨泵供液系统具有以下特点：

1）进入蒸发器的制冷剂是气-液两相状态。由于制冷剂液体经过膨胀阀节流，产生闪发气体，这些气体将同液态工质一起进入蒸发器。要将气-液混合物进行均匀分配是很困难的。如果供液分配不均匀，进液量少的蒸发器（或盘管）就不能充分发挥传热表面的效能，从而降低制冷降温的效果。如果进液量过多，又会因为制冷剂液体不能全部蒸发，可能被带进压缩机，造成运行事故。因此，为了避免上述不良后果，一个膨胀阀只宜向单一通路的（或串联的）蒸发盘管供液，而不宜向多组并联的蒸发器供液。必要时，应在膨胀阀后采用分液器，将节流后的制冷剂均匀分配后再供液。显然，单一通路蒸发盘管的总长度是有限的，否则，工质流经蒸发器的压力降过大，将影响蒸发盘管和压缩机的制冷效率。氨直接膨胀供液时，每个通路的总长度一般可以参考表 5-1。

表 5-1　氨直接膨胀供液时每个通路的允许当量总长度

蒸发管管径/mm	20	25	32	40	50
允许当量总长度/m	150	180	200	250	300

2）这种供液方式依靠膨胀阀的开启度，直接调节蒸发器的供液量。通过膨胀阀的制冷剂流量是随阀前后的压力差而变化的，实际所需的冷负荷也是变化的。为了使供液量适当，需随时根据负荷的变化对膨胀阀的开启度进行调整。当采用手动膨胀阀时，这种供液方式仅适于热负荷比较稳定的情况。

3）为了防止未蒸发的液态制冷剂被压缩机吸入，发生湿冲程甚至液击，这种供液方式必须使回气维持一定的过热度，以及适应膨胀阀前后压差变化所引起的供液流量的波动。为此,在配备冷却设备时,必须加大20%左右的蒸发面积。有时候在回气管路上设置气液分离器来防止湿冲程,保护压缩机。回气通过气液分离器的流速,以不大于0.5m/s为宜。

(二) 冷库重力供液制冷装置

重力供液系统在蒸发器与膨胀阀之间设置一个氨液分离器,使其中的液面高于蒸发器的工作液面,借助液柱静压力来克服液体管道至蒸发器的液体流动阻力,将液态制冷剂送进蒸发器。这种供液系统称为重力供液系统。重力供液系统适用于氨为制冷剂的制冷系统。

重力供液制冷系统的原理如图5-14所示。来自高压储液器的高压制冷剂液体,经节流阀8(或浮球节流阀)节流进入氨液分离器9。节流过程中产生的闪发气体在分离器中被分离,低压制冷剂液体借助氨液分离器的液面和蒸发器的液面之间的液位差作为动力,实现向蒸发器供液。

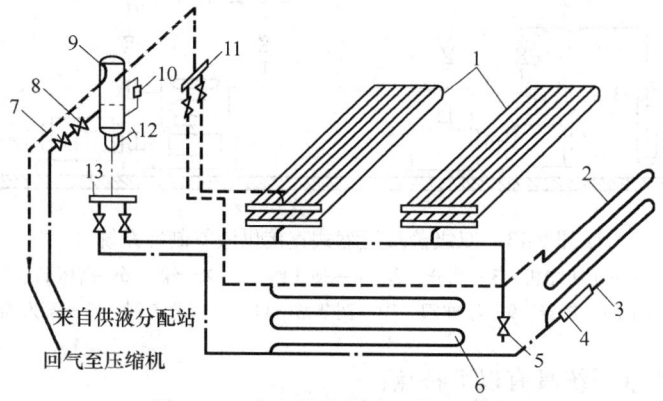

图5-14 重力供液制冷系统的原理
1—冷库顶排管 2、6—墙排管 3、5、12—放油阀 4—集油器 7—供液电磁阀 8—节流阀 9—氨液分离器
10—遥控液位计 11—回气调节站 13—供液调节站

重力供液所需的液位差,由供液管、截止阀门、蒸发器及氨液分离器前面的回气管等几部分流动阻力的大小来决定。若液位差过小,不足以克服低压制冷剂循环过程中的总流动阻力。若液位差过大,其静液柱将影响蒸发压力的稳定和正常的制冷。

图5-15所示为单级蒸气压缩式重力供液氨制冷系统。该系统主要由压缩机1、氨油分离器2、卧式冷凝器3、氨液分离器6、蒸发器7等组成。整个系统从制冷压缩机的排气部分至调节阀以前属于高压部分,自调节阀以后至压缩机的吸气部分属于低压部分。调节阀是制冷系统高、低压部分的分界线。重力供液系统与直接供液系统的工作过程相似。高压储液器中氨液经管路送至节流阀5降压降温后,送入氨液分离器6,将节流所产生的氨蒸气分离后,氨液经液体调节站进入蒸发器(排管)7。氨液在蒸发器(排管)中吸收了被冷却物体的热量而汽化,汽化后的氨蒸气经过氨液分离器6,由于流速降低,便将它所携带的液滴分离出来,然后进入压缩机1。制冷剂蒸气经压缩机1、氨油分离器2进入卧式冷凝器3,冷凝后的制冷剂液体进入高压储液器4。这样不但防止了压缩机的湿冲程,也使氨蒸气中的液体制冷剂得到使用。

图5-16所示为双级蒸气压缩式重力供液氨制冷系统流程图。双级制冷循环是在单级制冷循环的基础上发展起来的,其压缩过程分为两个阶段:来自蒸发器的制冷剂蒸气先进入低压级气缸,压缩到中间压力;经过中间冷却后再进入高压级气缸,压缩到冷凝压力进入冷凝器中。系统通常由蒸发器、双级压缩机、油分离器、冷凝器、中间冷却器、储液器、氨液分离器、节流阀及其他附属设备组成,相互间通过管道连接成一个封闭系统。其中,中间冷却

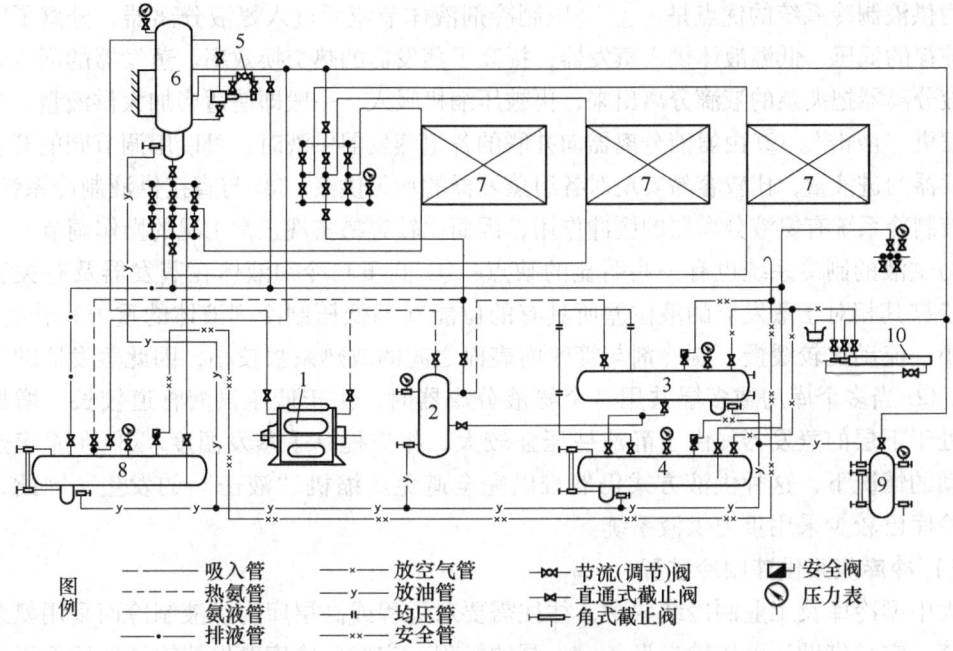

图例
——吸入管　——×——放空气管　——▷◁——节流(调节)阀　——安全阀
----热氨管　——y——放油管　——▷|◁——直通式截止阀　——压力表
——·——氨液管　——||——均压管　——角式截止阀
——··——排液管　——安全管

图 5-15　单级蒸气压缩式重力供液氨制冷系统
1—压缩机　2—氨油分离器　3—卧式冷凝器　4—高压储液器　5—节流阀　6—氨液分离器
7—蒸发器（排管）　8—排液桶　9—集油桶　10—空气分离器

器利用少量液态制冷剂在中间压力下汽化吸热，使低压级排出的过热蒸气得到冷却，降低高压级的吸气温度，同时使高压液态制冷工质得到冷却。

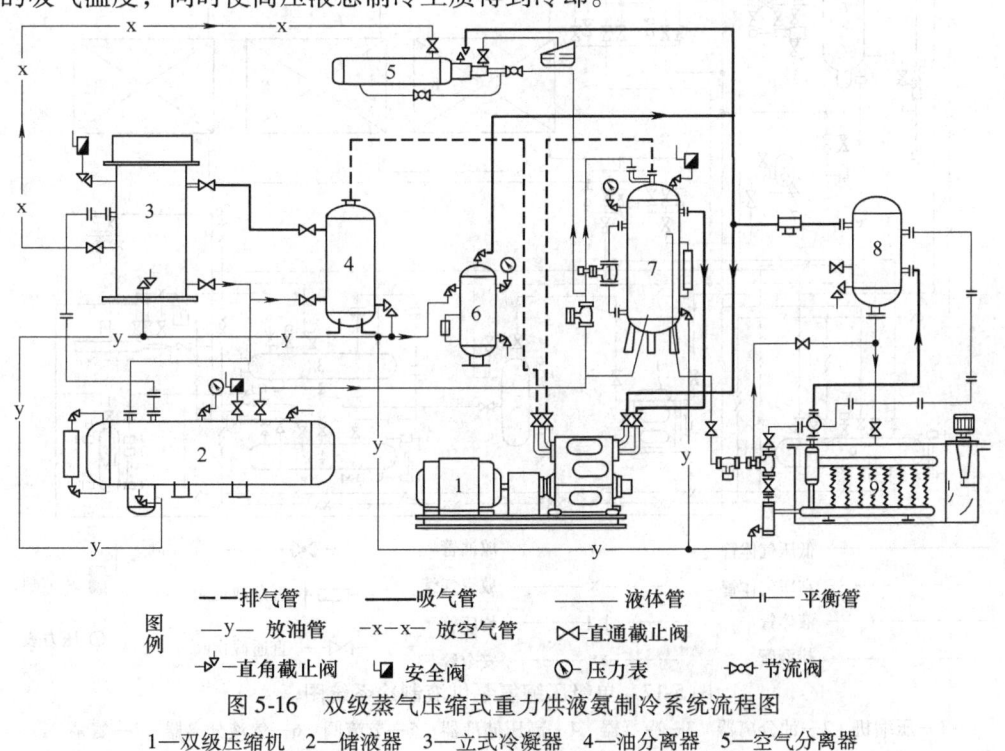

图例
----排气管　——吸气管　——液体管　——||——平衡管
——y——放油管　——x—x——放空气管　——▷|◁——直通截止阀
——▷⌐——直角截止阀　——安全阀　——压力表　——▷◁——节流阀

图 5-16　双级蒸气压缩式重力供液氨制冷系统流程图
1—双级压缩机　2—储液器　3—立式冷凝器　4—油分离器　5—空气分离器
6—集油器　7—中间冷却器　8—氨液分离器　9—蒸发器

重力供液制冷系统的优点是：① 高压制冷剂液体节流后进入氨液分离器，分离了闪发气体，将纯粹的低压、低温液体供入蒸发器，提高了蒸发器的热交换效率。蒸发器的回气也是先经过氨液分离器把夹杂的液滴分离出来，再被压缩机吸入，一般即使适当加大供液量，也不致产生压缩机"液击"。② 由氨液分离器向并联的各组蒸发器供液时，可以用调节阀的开启度调节各蒸发器的进液量，比较容易实现对各组蒸发器的均匀供液。③ 与直接供液制冷系统比较，重力供液制冷系统有氨液分离器的缓冲作用，因而比较容易实现正常工况的操作调节。

重力供液的制冷系统也有一些明显的缺点：① 低压制冷剂液体在蒸发器及有关管道里循环，依靠其相对于蒸发器的液位差所具有的位能（即低压制冷剂液体的重力）作为动力。其流速小，流动比较缓慢，制冷剂与管壁内表面之间的放热系数较小，因此蒸发器的换热强度较低。② 当多个库房或多层共用一个氨液分离器时，由于低压供液管道较长，增加流动损耗。处于下层的蒸发器，由于静液柱压强较大，相应提高了蒸发温度。③ 在库房热负荷剧烈波动的情况下，这种供液方式仍然难以完全避免压缩机"液击"的发生。因此，一般大中型冷库已较少采用重力供液系统。

（三）冷库氨泵供液制冷装置

在大中型冷库及工业制冷装置中，往往需要对远程或高层库房供液制冷而采用氨泵供液制冷系统。它是借助于液体输送设备——泵的扬程，完成向冷库蒸发器输送低压低温制冷剂液体任务的制冷系统。

图 5-17 所示为单级压缩氨泵供液制冷系统图。在氨泵供液制冷系统中，高压制冷剂液

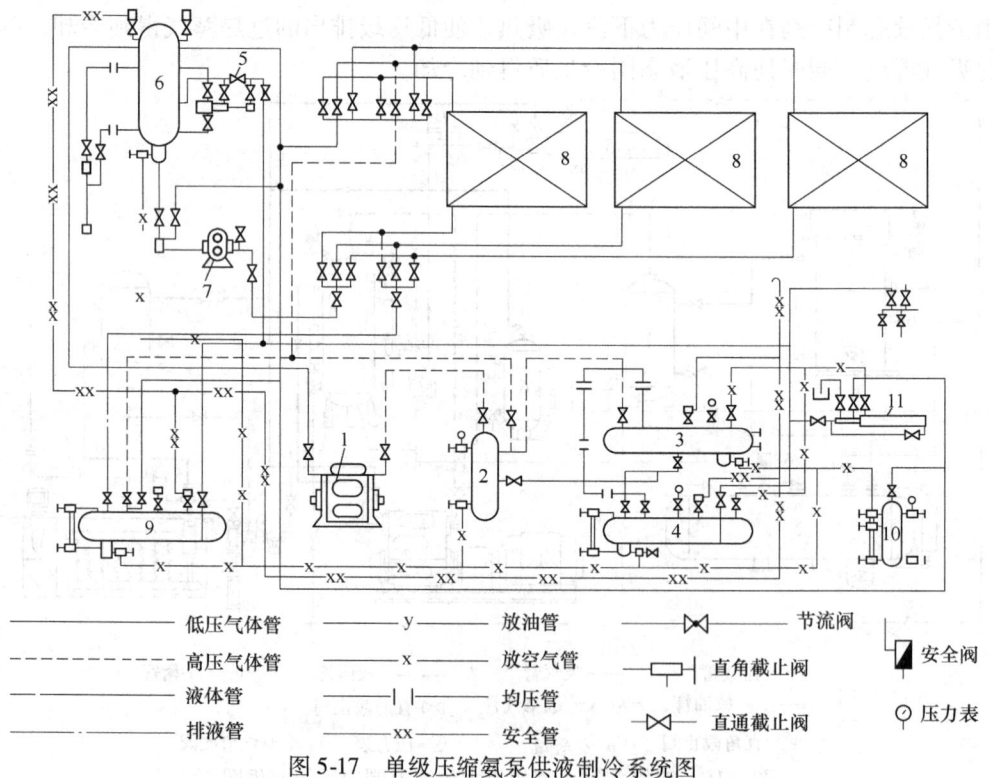

图 5-17 单级压缩氨泵供液制冷系统图
1—压缩机 2—油分离器 3—冷凝器 4—高压储液器 5—节流阀 6—气液分离器 7—氨泵
8—蒸发器 9—排液桶 10—集油器 11—空气分离器

体被节流后进入低压循环储液桶,再用氨泵输往蒸发器。氨泵的输液量一般为蒸发器蒸发量的 3~6 倍。氨泵的排出压力应足以克服制冷剂液体或气液混合体在供液管、蒸发器、回气管、阀门中的流动阻力和液位升高所造成的压降,并且留有一定的压力裕量,以便调节流量。从蒸发器出来的气液两相流体,先进入低压循环储液桶进行气液分离,接近干饱和状态的制冷剂蒸气被压缩机吸入,分离出来的制冷剂液体重新被氨泵送往蒸发器进行再循环。

氨泵供液制冷系统在低压循环储液桶的容量足够大的情况下,可以不放排液桶。在进行融霜排液时,低压循环储液桶可兼作排液桶使用。

由于氨制冷剂适合采用中间完全冷却方式,而且一级节流循环的应用较为广泛,因此以氨为制冷剂的双级压缩制冷循环系统大都采用一级节流中间完全冷却循环。图 5-18 所示为氨泵供液的双级压缩一级节流中间完全冷却制冷循环的原理图。氨泵供液的一级节流中间完全冷却制冷循环有别于前面提到的一级节流中间完全冷却制冷循环,在一级节流中间完全冷却制冷循环中,从冷凝器流出、在中间冷却器盘管过冷的制冷剂液体经节流阀节流降压后,依靠前后压力差直接给蒸发器供液。而氨泵供液系统中,节流降压后的制冷剂流入低压循环桶,通过低压循环桶给蒸发器供液。由于低压循环桶和蒸发器均为低压,因此需要氨泵提供动力克服管路的流动阻力向蒸发器供液,而不再是利用制冷剂的压力差。低压循环桶可以分离节流后的闪发气体,即湿蒸气中的饱和蒸气经低压循环桶直接被低压级压缩机抽走,以保证蒸发器供液均匀。低压循环桶还可以使吸热蒸发完毕后的制冷剂气液分离,以避免制冷压缩机的"湿行程"。

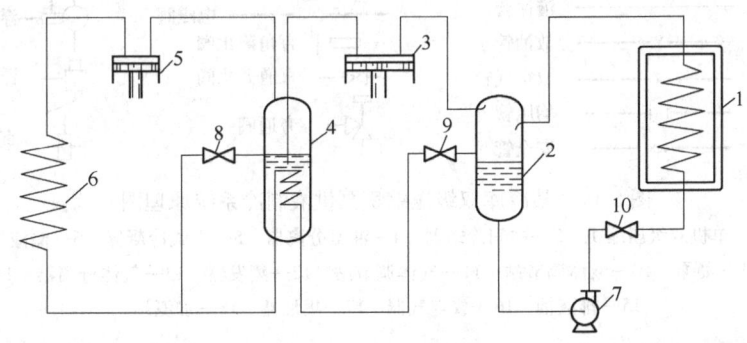

图 5-18 氨泵供液的双级压缩一级节流中间完全冷却制冷循环的原理图
1—蒸发器 2—循环储液桶 3—低压级压缩机 4—中间冷却器 5—高压级压缩机
6—冷凝器 7—氨泵 8、9—节流阀 10—流量调节阀

图 5-19 所示为某冷库双级压缩氨泵供液制冷系统原理图。

氨泵供液系统与重力供液系统相比较,氨泵供液系统的主要优点是:

1) 蒸发排管内表面能得到充分的润湿,由于氨液吸热蒸发而生成的气泡,将被流速较高的、数倍于蒸发量的氨液迅速带走,不致粘附在蒸发排管的内表面,因而能使蒸发排管发挥更大的制冷效能。

2) 较大流量的氨液以较高的流速流过蒸发排管,能冲刷排管内表面的润滑油油膜,提高蒸发排管的传热效率,又能将润滑油带至低压循环储液桶集中排放,既方便,又安全。

3) 回气过热度小,可以提高氨压缩机的效率,提高制冷循环的制冷系数。

4) 融霜装置以及融霜操作比较简单、方便,融霜效率也较高。

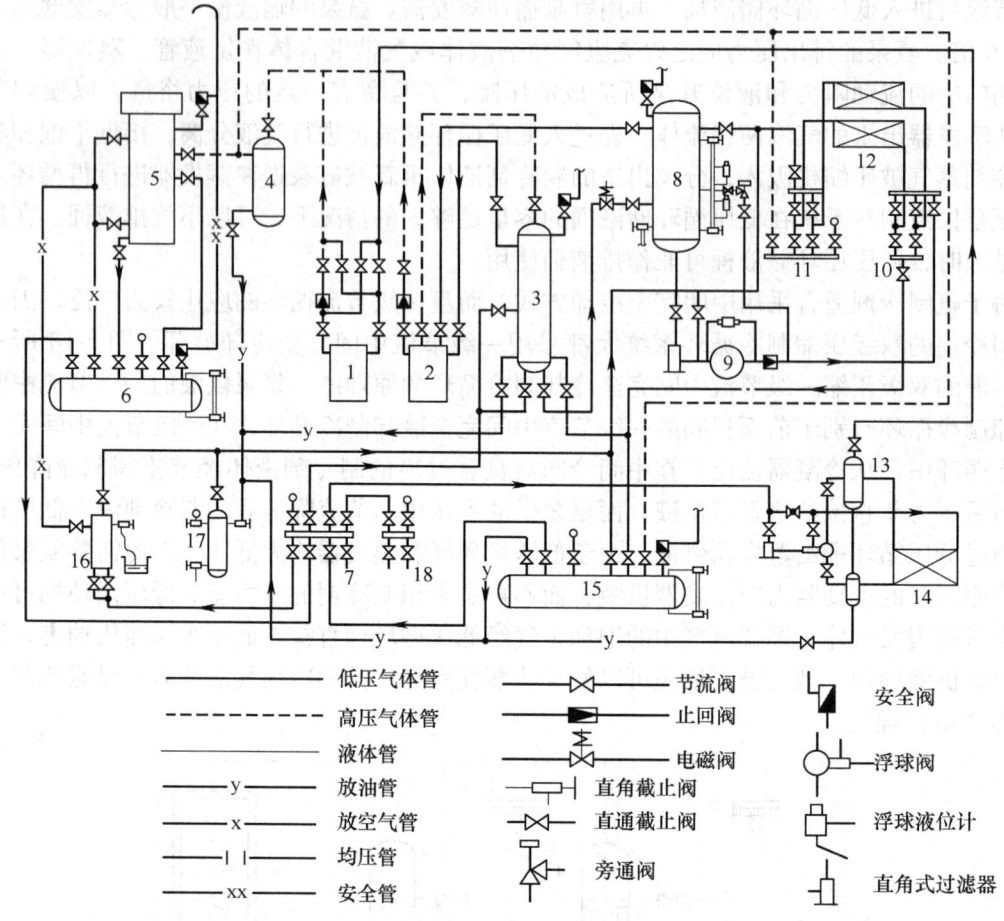

图 5-19 某冷库双级压缩氨泵供液制冷系统原理图

1—单级压缩机　2—单机双级压缩机　3—中间冷却器　4—油氨分离器　5—立式冷凝器　6—储液桶　7—总调节站
8—低压循环桶　9—氨泵　10—液体调节站　11—气体调节站　12—蒸发器　13—气体分离器　14—盐水蒸发器
15—排液桶　16—放空气器　17—集油器　18—加氨站

5）重力供液系统常用的氨液分离器、融霜排液桶等辅助设备均被低压循环储液桶取代，可以简化系统，节省设备和安装费用，节省设备间的建筑面积，简化操作。

6）供液膨胀阀、氨液液位控制装置、放油装置等均集中在机房设备间内，便于监视、操作和维修，有利于安全运行。

7）便于实现自动化。

思考题与练习题

1. 为什么要采用双级压缩制冷循环？
2. 双级压缩制冷循环的基本形式有哪些？
3. 描述一次节流中间完全冷却制冷循环的压焓图和温熵图，并对中间冷却器的能量进行分析。
4. 描述一次节流中间不完全冷却制冷循环的压焓图和温熵图，并对中间冷却器的能量进行分析。
5. 描述一次节流中间完全不冷却制冷循环的压焓图和温熵图。
6. 描述二次节流中间完全冷却的压焓图和温熵图。

7. 描述二次节流中间不完全冷却的压焓图和温熵图。

8. 应如何选择双级蒸气压缩式制冷系统的制冷剂与循环形式？

9. 双级蒸气压缩式制冷循环需要确定的主要参数有哪些？

10. 说明重力供液、氨泵供液等方式的原理和系统要求。

11. 一氨双级蒸气压缩式实际制冷循环，其制冷量 $Q_0 = 151 \text{kW}$。循环工作条件是：冷凝温度 $t_k = 40℃$，只采用中间冷却器盘管过冷，盘管出液端传热温差 $\Delta t = 3℃$，蒸发温度 $t_0 = -40℃$，回气管路过热温度 $\Delta t_{sh} = 5℃$。试进行热力循环计算。

12. 有一次节流中间不完全冷却双级蒸气压缩式制冷循环（见图 5-20），其低压级理论输气量 $V_{hL} = 31.7 \text{m}^3/\text{h}$，高压级理论输气量 $V_{hH} = 9.51 \text{m}^3/\text{h}$，容积比 $\xi = V_{hH}/V_{hL} = 0.3$。该循环采用 R22 作为制冷剂，冷凝温度 $t_k = 40℃$，蒸发温度 $t_0 = -35℃$，低压级吸气温度 $t_{1'} = t_{shL} = -10℃$，高压级吸气温度 $t_{3'} = t_{shH} = 15℃$，制冷剂出中间冷却器盘管温度比中间温度高 $5℃$，回气管道无有害过热，制冷剂液体在回热器中的温降为 $8℃$。试对该循环进行热力性能计算。

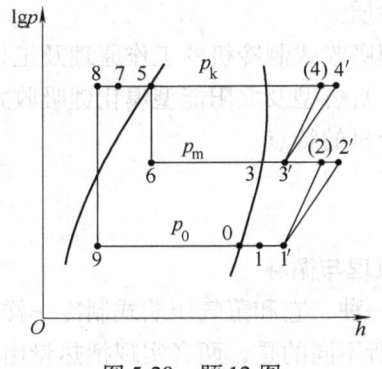

图 5-20 题 12 图

发生器、冷凝器、蒸发器和吸收器。它们组成两个循环环路：制冷剂循环和吸收剂循环。左半部是制冷剂循环，由蒸发器、冷凝器和制冷剂节流阀组成。高压气态制冷剂在冷凝器中向冷却水放热凝结为液态后，经制冷剂节流阀减压降温进入蒸发器。在蒸发器内，该液体汽化为低压制冷剂蒸气，同时吸取被冷却介质的热量产生制冷效应。这些过程与蒸气压缩式制冷是一样的。右半部为吸收剂循环，由吸收器、发生器、溶液节流阀和溶液泵组成。在吸收器中，用液态吸收剂吸收蒸发器产生的低压气态制冷剂，以达到维持蒸发器内低压的目的。吸收剂吸收制冷剂蒸气而形成的制冷剂-吸收剂溶液，经溶液泵升压后进入发生器。在发生器中该溶液被加热、沸腾，其中沸点低的制冷剂汽化形成高压气态制冷剂，又与吸收剂分离。然后前者进入冷凝器液化，后者则返回吸收器再次吸收低压气态制冷剂。

对于制冷剂循环来讲，吸收器相当于压缩机的吸入侧，发生器相当于压缩机的压出侧。吸收剂可视为将已产生制冷效应的制冷剂蒸气从循环的低压侧输送到高压侧的运载液体。

通常吸收剂并不是单一物质，而是以二元溶液的形式参与循环的，吸收剂溶液与制冷剂-吸收剂溶液的区别是前者所含制冷剂的浓度比后者低。有时制冷剂蒸气也是二元混合物，只不过所含制冷剂的浓度很高。由于它是利用吸收剂的质量分数变化来完成制冷剂的循环的，因而被称为吸收式制冷。

吸收式制冷循环的经济性以消耗单位热量所能制取的冷量来衡量，称为热力系数，即

$$\xi = \frac{Q_0}{Q_g}$$

式中　Q_0——吸收式制冷机的制冷量，即蒸发器中吸取的热量（kW）；

　　　Q_g——发生器中消耗的热量（kW）。

（二）溴化锂水溶液的性质

1. 吸收式制冷循环工质对的选择要求

（1）制冷剂的选择要求　吸收式制冷循环中制冷剂的选择要求与蒸气压缩式制冷循环基本相同，应具有较大的单位容积制冷量，适中的工作压力及价廉、无毒、不爆炸和不腐蚀等性质。

（2）吸收剂的选择要求

1）吸收剂吸收制冷剂的能力要强。吸收能力越强，所需要的吸收剂循环量就越少。发生器工作热源的加热量、吸收器中冷却介质带走的热量以及溶液泵耗功率也随之减少。

2）吸收剂和制冷剂沸点相差越大越好。吸收剂的沸点越高，越难挥发，在发生器中汽化的制冷剂蒸气纯度就越高。否则，生成的制冷剂蒸气中会夹带部分吸收剂蒸气，这就必须通过精馏的方法将这部分吸收剂除去，以免影响制冷效果。使用精馏方法将吸收剂与制冷剂分开需要专用的精馏设备，而且精馏效率的存在会降低制冷循环的工作效率。

3）吸收剂热导率要大，密度、粘度及比热容要小，以提高制冷循环的工作效率。

4）化学稳定性和安全性要好，要求无毒、不燃烧、不爆炸，对制冷机的金属材料无腐蚀。

5）吸收式制冷循环工质对所组成的二元溶液应为非共沸溶液，共沸溶液不能作为吸收式制冷循环的工质对。

到目前为止，提出的吸收式制冷循环工质对的种类很多，但实际上使用的还只限于氨-

水溶液和溴化锂-水溶液两种。氨-水溶液中氨为制冷剂,水为吸收剂,通常用于制冷温度低于0℃的制冷系统。溴化锂-水溶液中水为制冷剂,溴化锂水溶液为吸收剂,其制冷温度只能在0℃以上,可用于制取空气调节用冷却水或工艺用冷却水。目前,在空调系统中普遍采用溴化锂水溶液作为工质对,下面对其性质进行介绍。

2. 溴化锂水溶液的性质

溴化锂水溶液是由固体的溴化锂溶解在水中而形成的,以水作为制冷剂,以溴化锂水溶液作为吸收剂。

(1) 水 水作制冷剂的优点是汽化热大,价廉,易得,无毒无味,不燃烧,不爆炸等;缺点是蒸发压力低,蒸气比体积大,只能制取0℃以上的冷水。

(2) 溴化锂 溴化锂由碱金属元素锂(Li)和卤族元素溴(Br)组成,其一般性质与食盐大体类似,是一种稳定的物质,在大气中不挥发,不分解变质,极易溶于水,常温下呈无色粒状晶体,无毒、无臭,有咸苦味。

(3) 溴化锂水溶液

1) 溴化锂水溶液是无色液体,有咸味,无毒,加入缓蚀剂铬酸锂后溶液呈淡黄色,加入钼酸锂后溶液仍呈无色透明液体。

2) 溴化锂在水中的溶解度随温度的降低而降低,因此制冷机组运行时,溴化锂水溶液的质量分数不宜超过66%,否则,当溶液温度降低时将有结晶析出,破坏循环的正常运行。

3) 在常压下,水的沸点是100℃,而溴化锂的沸点为1265℃,两者相差较大,因此,溶液沸腾时产生的蒸气成分几乎都是水,很少带有溴化锂的成分,这样不必进行精馏就几乎可得到纯制冷剂蒸气。

4) 溴化锂水溶液的水蒸气分压很小,比同温度下纯水的饱和蒸气压小得多,故有很强的吸湿性。

5) 与水相比,它的密度较大,比定压热容较小,粘度较大,表面张力较大。

6) 在化学性质方面,溴化锂水溶液对黑色金属及纯铜等普通材料有很强的腐蚀作用,特别是当有空气存在时,情况更为严重。溶液的腐蚀性对机组的运行效率、安全和寿命有重要影响。相应的防腐措施有:保持系统内高度真空,不允许空气渗入系统;向系统内加入缓蚀剂,如铬酸锂(Li_2CrO_4)、钼酸锂(Li_2MoO_4)、氧化铅(PbO)、三氧化二砷(As_2O_3)等。

(三) 溴化锂吸收式制冷机的工作原理

溴化锂吸收式制冷机是指以溴化锂水溶液为工质的制冷机。在一个大气压力下,水的沸点为100℃,在这样高的温度下沸腾(制冷中称为蒸发),当然不能达到制冷的目的。但是在低压下,例如当压力降到872Pa(绝对压力)时,水的蒸发温度可降至5℃,这样便可利用水的蒸发来制取适合空气调节工程或某些生产工艺流程需要的低温冷水了。溴化锂吸收式制冷机就是利用水在低压真空环境下的蒸发进行制冷的。利用吸收剂溴化锂水溶液极易吸收制冷剂的特性,通过溴化锂水溶液的质量分数变化(蒸发与吸收过程)使制冷剂在一个封闭系统中不断循环,这即为吸收式制冷循环的基础。

1. 溴化锂吸收式制冷机的分类

(1) 按用途分类

1) 冷水机组。冷水机组用于供应空调用冷水或工艺用冷水。冷水出口温度分为7℃、10℃、13℃三个级别。其中,7℃用于降温除湿,10℃、13℃用于降温冷却。

2)冷热水机组。冷热水机组用于供应空调和生活用冷热水。冷水进口、出口温度分别为12℃和7℃,用于采暖的热水进口、出口温度分别为55℃和60℃。

3)热泵机组。热泵机组依靠驱动热源的能量,将低势位热量提高到高势位,可供采暖或工艺过程使用。输出热的温度低于驱动热源温度,以供热为目的的热泵机组称为第一类吸收式热泵。输出热的温度高于驱动热源温度,以升温为目的的热泵机组称为第二类吸收式热泵。

(2)按驱动热源分类

1)蒸汽型。蒸汽型制冷机以蒸汽为驱动热源。单效机组工作蒸汽表压力一般为0.1MPa,双效机组工作蒸汽表压力为 0.25~0.8MPa。

2)直燃型。直燃型制冷机以燃料的燃烧热为驱动热源。根据所用燃料种类,直燃型又可分为燃油型(轻油或重油)和燃气型(液化石油气、天然气、城市煤气)两大类。

3)热水型。热水型制冷机以热水的显热为驱动热源。单效机组热水温度范围为85~150℃,双效机组热水温度高于150℃。

4)太阳能型。太阳能型制冷机利用太阳能集热装置获取能量,用来加热溴化锂机组发生器内的稀溶液,以进行制冷循环。

(3)按驱动热源的利用方式分类

1)单效。驱动热源在机组内被直接利用一次。

2)双效。驱动热源在机组的高压发生器内被直接利用,产生的高温冷剂水蒸气在低压发生器内被二次间接利用。

3)多效。驱动热源在机组内被直接和间接地多次利用。

(4)按溶液循环流程分类

1)串联流程。它又可分为两种:一种是溶液先进入高压发生器,后进入低压发生器,最后流回吸收器;另一种是溶液先进入低压发生器,后进入高压发生器,最后流回吸收器。

2)并联流程。溶液分别同时进入高、低压发生器,然后分别流回吸收器。

3)串并联流程。溶液分别同时进入高、低发生器,高压发生器流出的溶液先进入低压发生器,然后和低压发生器内的溶液一起流回吸收器。

(5)按机组结构分类

1)单筒型。机组的主要换热器(发生器、冷凝器、蒸发器、吸收器)布置在一个筒体内。

2)双筒型。机组的主要换热器布置在两个筒体内。

3)三筒或多筒型。机组的主要换热器布置在三个或多个筒体内。

目前更多的是将上述的分类加以综合,如蒸汽单效型、蒸汽双效型、直燃型冷热水机组等。

2. 单效溴化锂吸收式制冷循环

单效溴化锂吸收式制冷机是溴化锂吸收式制冷机的基本形式。这种制冷机可采用低势热能,通常采用表压为 0.03~0.15MPa 的饱和蒸汽或 85~150℃ 的热水为能源。但制冷机的热力系数较低,为 0.65~0.70。利用余热、废热等能源,特别在热、电、冷联供中配套使用,有明显的节能效果。

单效蒸汽型溴化锂吸收式冷水机组的工作原理如图6-2所示。系统中设有4个主要换热设备：发生器、冷凝器、蒸发器和吸收器。由于水蒸气的比热容很大，将压力较高的发生器和冷凝器置于同一筒体内（高压侧），将压力较低的蒸发器和吸收器置于另一筒体内（低压侧），这样可以避免使用很粗的蒸汽连接管道。为了提高机组的热力系数，设有溶液热交换器，可使浓溶液（溴化锂水溶液的浓度是指溶液中含溴化锂的质量分数）和稀溶液在各自进入吸收器和发生器之前进行热量交换，既可减少冷却水的消耗量，又可减少外界对稀溶液的加热量，使装置的经济性得到提高。此外，为了使装置能连续工作，使工质在各设备中进行循环，还装有溶液泵、冷剂水泵等屏蔽泵以及相应的连接管道、阀门等。在溴化锂吸收式制冷系统中，冷凝器与蒸发器之间的压差很小，一般只有 6.5~80kPa，只需 0.70~0.85m 水柱就能达到平衡，因此节流机构采用 U 形管、节流小孔或短管即可。

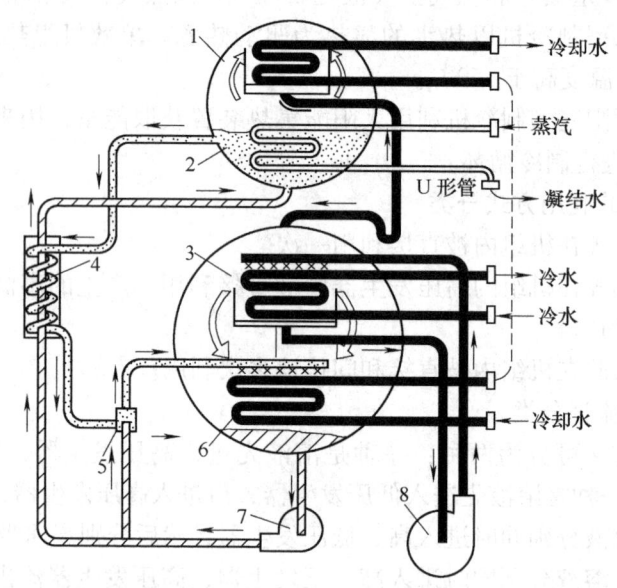

图 6-2　单效蒸汽型溴化锂吸收式冷水机组的工作原理
1—冷凝器　2—发生器　3—蒸发器　4—溶液热交换器　5—引射器　6—吸收器　7—溶液泵　8—冷剂水泵

单效溴化锂吸收式制冷机的工作过程如下：

（1）冷剂水的循环　发生器中稀溶液被外来热源（图中所示为蒸汽）加热，产生冷剂水蒸气，进入冷凝器并在其中冷凝形成冷剂水。冷剂水经节流阀（U 形管）进入蒸发器，由于压力急剧下降，喷淋在蒸发器管簇外表面的冷剂水又受到管簇内冷媒水的加热，迅速吸热汽化，未完全汽化的部分冷剂水落于蒸发器水盘中，被冷剂水泵连续地送到蒸发器的喷淋装置，而被均匀地喷淋于蒸发器管簇的外表面，继续吸热汽化。同时，蒸发器管簇内的冷媒水被冷却到所需的温度，即达到了制冷的目的。

（2）溴化锂水溶液的循环　发生器出来的浓溶液，经过溶液热交换器降温后，被引射器内的工作流体引射，形成中间浓度的溶液后流入吸收器，均匀淋洒在吸收器管簇外表面，吸收由蒸发器产生的冷剂水蒸气，形成稀溶液。然后经溶液泵升压后，分成两路：一路作为引射器的工作流体；另一路经溶液热交换器升温后，输送到发生器，重新被外来热源加热，形成浓溶液。如此循环就组成了一个连续的制冷循环。

溴化锂吸收式制冷机除了上述冷剂水和溴化锂水溶液两个内部循环外,还有三个系统与外部相连:热源系统、冷却水系统、冷冻水系统。① 热源蒸汽(或热水)通入发生器,在管内流过,加热管外溶液使其沸腾并蒸发出冷剂水蒸气,而热源蒸汽放出汽化热后凝结成水排出。一般情况下,应将凝结水回收并送回锅炉重新利用。② 在吸收器中,溶液吸收来自蒸发器的低压冷剂水蒸气,该过程是放热过程。为使吸收过程连续进行下去,需不断加以冷却。在冷凝器中也需冷却水,以便将来自发生器的高压冷剂水蒸气变成冷剂水。冷却水先流经吸收器后,再流经冷凝器,流出冷凝器的冷却水温度较高,一般是先将其通入冷却水塔,降温后再打入吸收器内循环使用。③ 来自用户的冷冻水通入蒸发器的管簇内,管外冷剂水的蒸发吸热使冷冻水降温,这样即可获得低温的冷冻水。

3. 双效溴化锂吸收式制冷循环

所谓双效溴化锂吸收式制冷机,是装有高压发生器和低压发生器的制冷机。在高压发生器中,采用压力较高的蒸汽(一般为 0.6~0.8MPa)或燃气、燃油等高温热源来加热,在高压发生器中产生的高温冷剂水蒸气用来加热低压发生器,使低压发生器中的溴化锂水溶液进一步产生冷剂水蒸气,这样不仅有效地利用了冷剂水蒸气的汽化热,同时又减少了冷凝器的热负荷,使机组的经济性得到提高。

图 6-3 所示为并联流程的双效蒸汽型溴化锂吸收式冷水机组的工作原理。其工作过程如下:

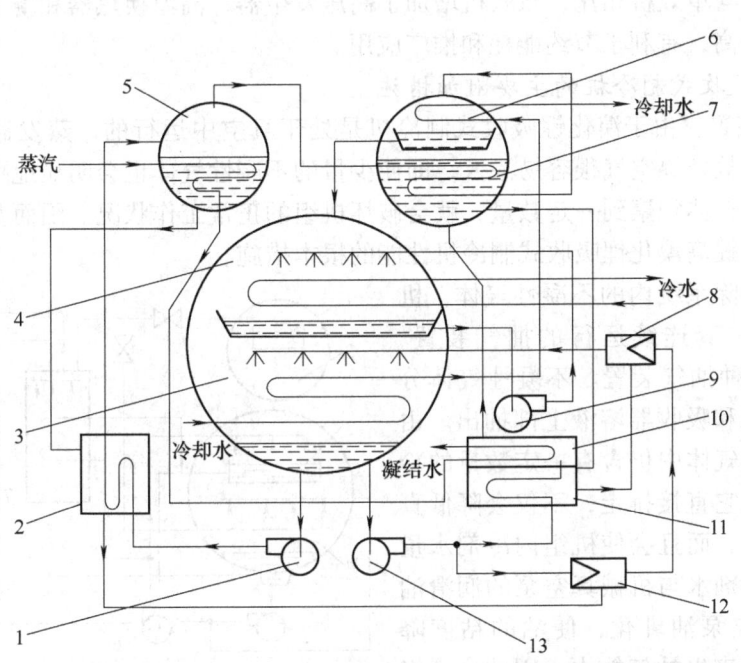

图 6-3 双效蒸汽型溴化锂吸收式冷水机组的工作原理
1—高压发生器泵 2—高温换热器 3—吸收器 4—蒸发器 5—高压发生器 6—冷凝器 7—低压发生器
8、12—引射器 9—冷剂水泵 10—凝水换热器 11—低温换热器 13—溶液泵

(1) 溴化锂水溶液的循环　吸收器中的稀溶液分成两路：一路经高压发生器泵升压后送至高温换热器，被高压发生器流出的高温浓溶液加热升温后，进入高压发生器；另一路经溶液泵升压后，又分成两路，一路进入低温换热器，被从低压发生器流出的浓溶液加热升温后，再经凝水换热器继续升温，然后进入低压发生器，另一路作为引射器 12 的工作流体。在高压发生器内由工作蒸汽将稀溶液浓缩成浓溶液，同时产生高温冷剂水蒸气。高压发生器产生的高温冷剂水蒸气进入低压发生器的传热管内，将稀溶液浓缩成浓溶液，分离出低温冷剂水蒸气，同时高温冷剂水蒸气因放热而凝结成冷剂水。高、低压发生器里的浓溶液分别经过高温换热器和低温换热器降温后，被引射器 12 和 8 抽入，与工作流体混合形成中间浓度的溶液进入吸收器，吸收来自蒸发器蒸发出来的冷剂水蒸气，再次变为稀溶液进入下一个循环。吸收过程所产生的吸收热被冷却水带到制冷系统外，完成溴化锂水溶液从稀溶液到浓溶液再到稀溶液的循环过程。

(2) 冷剂水的循环　高、低压发生器分别产生的冷剂水和冷剂水蒸气在冷凝器中被冷却水冷却和冷凝后，汇集起来经节流装置，淋洒在蒸发器管簇外表面上，因蒸发器内压力低，部分冷剂水闪发吸收冷媒水的热量，产生部分制冷效应。尚未蒸发的大部分冷剂水，由冷剂水泵喷淋在蒸发器管簇外表面，吸收通过管簇内流经的冷媒水热量，蒸发成冷剂水蒸气，冷媒水的热量被吸收使水温降低，从而达到制冷的目的。吸收器中浓溶液吸收冷剂水蒸气，使蒸发器处于低压状态，并经过溶液循环再产生冷剂水蒸气，保证制冷过程周而复始地循环。

双效溴化锂吸收式制冷循环的热源系统、冷却水系统、冷冻水系统与单效溴化锂吸收式制冷循环相同。

综上所述，与单效机相比，双效机增加了高压发生器、高温换热器和凝水换热器，使热力系数有很大提高，有利于节约能耗和推广应用。

4. 溴化锂吸收式制冷机的主要附加措施

(1) 抽气装置　由于溴化锂吸收式制冷机是处于真空中运行的，蒸发器和吸收器中的绝对压力极低，故外界空气很容易渗入，即使少量的不凝性气体也会明显地降低机组的制冷量。如果不凝性气体积聚到一定数量，就会破坏机组的正常工作状况。因而及时抽除机组内的不凝性气体是提高溴化锂吸收式制冷机性能的根本措施。

为了及时抽除系统内的不凝性气体，机组中必须设有一套连续运行的抽气装置。图 6-4 所示为一种抽气装置。不凝性气体分别由冷凝器上部和吸收器溶液上部抽出。由于抽出的不凝性气体中仍含有一定数量的冷剂水蒸气，若将它直接排走，不仅会降低真空泵的抽气能力，而且会使机组内冷剂水量减少。同时，冷剂水与机械真空泵的润滑油接触后会使真空泵油乳化，使油的粘度降低、恶化、甚至丧失抽气能力。因此，应将抽出的冷剂水蒸气回收。为此，在抽气装置中设有水气分离器。让抽出的不凝性气体进入水气分离器，在分离器内用来自溶液泵的

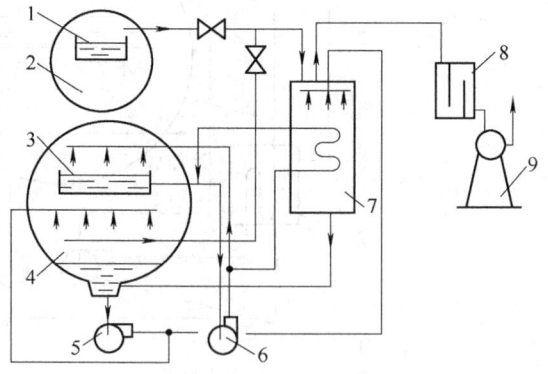

图 6-4　抽气装置
1—冷凝器　2—发生器　3—蒸发器　4—吸收器
5—溶液泵　6—冷剂水泵　7—水气分离器
8—阻油器　9—真空泵

溶液喷淋，吸收不凝性气体中的冷剂水蒸气，吸收了水蒸气的稀溶液由分离器底部返回吸收器，吸收过程中放出的热量由在管内流动的冷剂水带走，未被吸收的不凝性气体从分离器顶部排出，经阻油器进入真空泵，压力升高后排至大气。阻油器内设有阻油板，防止真空泵停止运行时大气压力将真空泵油压入制冷机系统。

图6-5所示为另一种抽气装置，它属于自动抽气装置。其基本原理是利用溶液泵排出的高压流体作为抽气动力，通过引射器引射不凝性气体，然后不凝性气体随同溶液一起进入气液分离器，在气液分离器内，不凝性气体与溶液分离后上升至顶部，溶液由气液分离器返回吸收器。当不凝性气体积聚到一定数量时，关闭回流阀，依靠泵的压力将不凝性气体压缩到大气压力以上，然后打开放气阀，将不凝性气体排至大气。

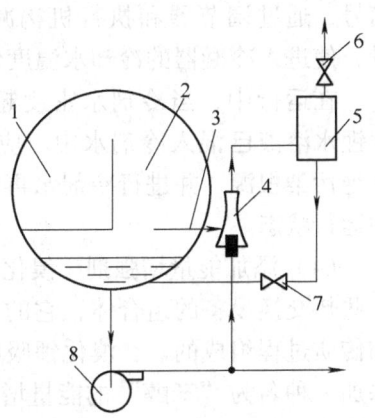

图6-5　自动抽气装置
1—蒸发器　2—吸收器
3—抽气管　4—引射器
5—气液分离器　6—放气阀
7—回流阀　8—溶液泵

（2）防止结晶装置　如果溴化锂水溶液的浓度过高或温度过低，会使得溴化锂制冷机在运行中结晶，从而迫使制冷机停止运行。这是溴化锂制冷机最大的故障，必须设法杜绝。

产生结晶的原因很多，例如加热蒸汽压力不稳定，加热蒸汽量突然增大，会使得发生器出口浓溶液浓度过高；由于操作不当或系统大量漏气，会使吸收器中吸收冷剂水蒸气的能力大大减弱，从而引起发生器出口浓溶液的浓度过高；运行过程中突然停电，由发生器出来的浓溶液来不及稀释；冷却水温度过低，稀溶液与浓溶液在换热器进、出口处热交换程度过于剧烈，致使浓溶液温度过低等。为了解决溴化锂水溶液的结晶问题，在制冷机的结构上通常采用J形管（防结晶管）作为溶晶装置，如图6-6所示。当浓溶液在换热器出口处结晶（这是最容易结晶的部位）时，浓溶液不能流入吸收器致使发生器液位升高。当液位升高到某一位置时，高温的浓溶液便通过J形管直接进入吸收器，而当溶液泵将此高温的溶液经换热器送入发生器时，就会使换热器中的结晶自动溶解，从而消除结晶现象。J形管作为自动溶晶装置，只能消除结晶，并不能防止结晶发生。为此，在溴化锂制冷机中还必须配置一定数量的自控装置，预防产生结晶。

（3）防冷剂水污染装置　冷却水温度过低会造成冷凝器冷凝压力过低，致使蒸发过程变得剧烈，发生器中的溶液液滴可能被冷剂水蒸气带入冷凝器中，致使进入蒸发器的冷剂水中含有微量溴化锂而使冷剂水被污染，这会影响制冷机的性能。因此，冷却水温度

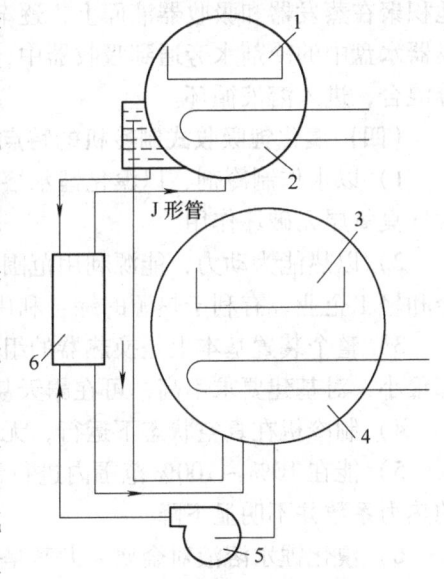

图6-6　J形管溶晶装置图
1—冷凝器　2—发生器　3—蒸发器
4—吸收器　5—发生器泵　6—溶液换热器

必须随负荷变化加以控制。图6-7所示为装在吸收器出口至冷凝器进口区间的冷却水管道上的冷却水量调节装置，用来控制冷却水温度，以防止冷剂水被污染。当冷却水温度低于设定值时，安装在吸收器出口管上的感温元件发出信号，通过调节器和执行机构减少进入吸收器的冷却水量，使进入冷凝器的冷却水温度保持恒定。

在运行中，当冷剂水密度超过1.04kg/L时，说明溴化锂水溶液已混入冷剂水中。应找出污染的部位和原因，杜绝污染根源，并进行冷剂水再生处理，使系统保持良好的运行状态。

（4）添加能量增强剂 溴化锂吸收式制冷机基本上是一些热交换设备的组合体，它的工作过程实质上是由传热和传质过程组成的。在溴化锂吸收式制冷机循环系统中常

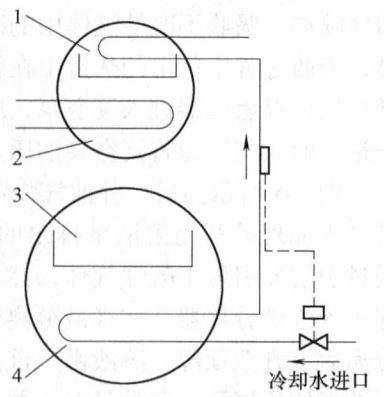

图6-7 防冷剂水污染装置
1—冷凝器 2—发生器
3—蒸发器 4—吸收器

添加一种名为"辛醇"的能量增强剂来强化传热和传质过程。辛醇是一种活化剂，它能减小溴化锂水溶液的表面张力，从而增强溶液与水蒸气的结合能力。此外，它还能降低溴化锂水溶液的分压力，从而增加吸收推动力，使传质过程得到增强。

铜管表面几乎完全被辛醇浸润，在管表面形成一层液膜，而水蒸气与液膜几乎不溶，因而在辛醇液膜上呈珠状凝结，放热系数大大增强，强化了传热效果。

实验表明，辛醇的最佳添加量为溴化锂水溶液的0.1%~0.3%，添加辛醇后制冷量可提高10%~20%。

辛醇的密度约为830kg/m³，几乎不溶于溴化锂水溶液，随着机组的运行，辛醇会不断地积聚在蒸发器和吸收器液面上，逐渐丧失提高机组制冷量的作用。因此，必须定期地将蒸发器水盘中的冷剂水旁通到吸收器中，同时吸收器采用冲击的方法，使辛醇聚集层和溶液充分混合，进入溶液循环。

（四）溴化锂吸收式制冷机的特点

1）以水作制冷剂，以溴化锂水溶液作吸收剂，无臭、无味、无毒，对人体无危害，对大气臭氧层无破坏作用。

2）以热能为动力，能源利用范围广，特别适用于有废蒸汽、废热水可利用的化工、冶金和轻工企业，有利于热源的综合利用。

3）整个装置基本上是换热器的组合体，除泵外，没有其他运动部件，所以振动、噪声都很小，对基建要求不高，可在露天甚至楼顶安装。

4）制冷机在真空状态下运行，无爆炸危险。

5）能在10%~100%范围内进行制冷量的自动、无级调节，而且在部分负荷时，机组的热力系数并不明显下降。

6）溴化锂水溶液对金属，尤其是黑色金属有强烈的腐蚀性，特别在有空气存在的情况下更为严重，因此，对金属的密封性要求非常严格。

7）由于系统以热能作为补偿，加上溴化锂水溶液的吸收过程是放热过程，故对外界的排热量大，通常比蒸气压缩式制冷机大一倍，因此，冷却水消耗量大。但溴化锂吸收式制冷机组允许有较高的冷却水温升，冷却水可以采用串联流动方式，以减少冷却水的消耗量。

8）因用水作为制冷剂，故只能制取 0℃ 以上的冷水，多用于空气调节及一些生产工艺用冷却水。

9）溴化锂价格较贵，机组充灌量大，初投资较高。

三、知识运用

（一）蒸汽型溴化锂吸收式制冷装置

图 6-8 所示为一种双筒双效蒸汽型溴化锂吸收式冷水机组。在上方的筒体内布置高压发生器；在下方的筒体内，低压发生器布置在上方左侧，冷凝器和蒸发器上下布置在上方右侧，吸收器则布置在下方。溶液按串联回路流动。从吸收器底部引出的稀溶液经溶液泵升压后分为两路，一路送至引射器，另一路送至低温换热器和高温换热器中，在换热器中吸收浓

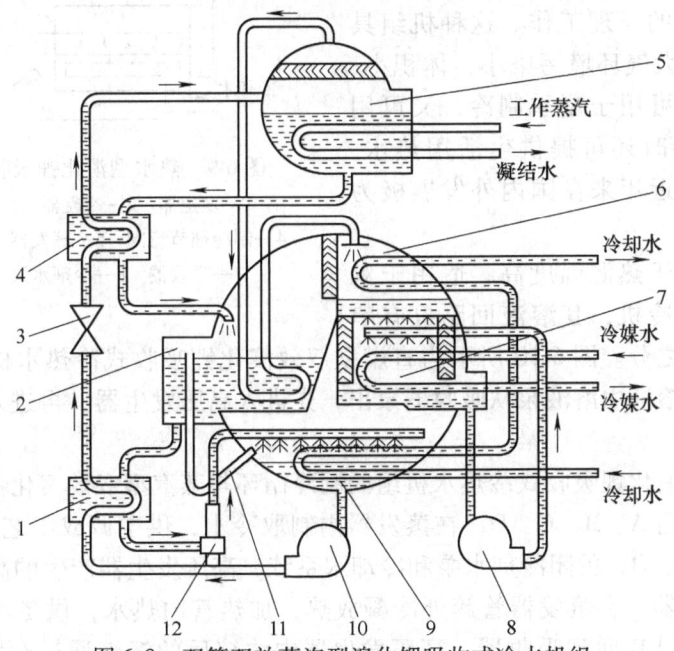

图 6-8 双筒双效蒸汽型溴化锂吸收式冷水机组
1—低温换热器 2—低压发生器 3—调节阀 4—高温换热器 5—高压发生器 6—冷凝器 7—蒸发器
8—冷剂水泵 9—吸收器 10—溶液泵 11—J形管 12—引射器

溶液放出的热量后，进入高压发生器，在高压发生器中加热沸腾，产生高温冷剂水蒸气和较浓的溶液，此溶液经高温换热器进入低压发生器，在低压发生器中被来自高压发生器产生的高温冷剂水蒸气加热，产生低温冷剂水蒸气，成为浓溶液。浓溶液经低温换热器进入引射器，在引射器中与来自吸收器的稀溶液混合后进入吸收器，在吸收器的传热管簇上喷淋，吸收来自蒸发器的水蒸气，成为稀溶液。在高压发生器中产生的高温冷剂水蒸气先进入低压发生器，放出热量后凝结成水，它与低压发生器产生的低温冷剂水蒸气混合，在冷凝器中冷凝，再通过喷淋孔进入蒸发器。水在蒸发器中制冷后成为水蒸气，排入吸收器，被混合溶液吸收。冷却水采用串联形式。

（二）热水型溴化锂吸收式制冷装置

图 6-9 所示为一个利用地热资源的热水型溴化锂吸收式冷水机组。一部分冷剂水在发生器中吸收热量汽化，然后经冷凝器冷凝成水，经换热器后温度进一步降低，经节流后的冷剂

水在蒸发器中蒸发,从所要冷却的空间吸热,从而达到制冷的目的。

溴化锂浓溶液吸收从蒸发器中出来的水蒸气,稀释后的溴化锂水溶液被泵送到发生器中,浓度升高后经节流再回到吸收器中,这样系统就实现了连续运行。溴化锂水溶液吸收水蒸气是一个放热过程,因此需在吸收器中加入冷却水循环。

(三) 直燃型溴化锂吸收式冷热水机组

直燃型溴化锂吸收式冷热水机组以燃气或燃油为能源,以所产生的高温烟气为热源,按蒸气吸收式循环的原理工作。这种机组具有燃烧效率高,对大气环境污染小、体积小、占地省等优点;既可用于夏季制冷,又可用于冬季采暖,必要时还可提供生活用热水,使用范围广,因而近年来在国内外发展极为迅速。

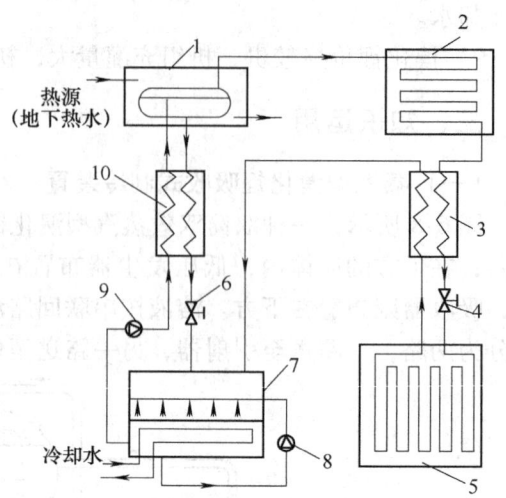

图 6-9　热水型溴化锂吸收式冷水机组
1—发生器　2—冷凝器　3、10—换热器
4—制冷剂节流阀　5—蒸发器　6—溶液节流阀
7—吸收器　8—冷剂水泵　9—溶液泵

直燃型机组由于热源温度高,适用于双效溴化锂吸收式制冷机,其溶液回路也有串联流程与并联流程之分。图 6-10 所示为直燃型双效溴化锂吸收式冷热水机组。该机组溶液循环为串联流程,溶液由溶液泵从吸收器泵出,先进入高压发生器,再进入低压发生器,最后返回吸收器。

夏季,直燃型溴化锂吸收式冷热水机组的制冷循环与蒸汽型双效溴化锂吸收式冷水机组基本相同,关闭阀门 A、B、C、D,在蒸发器内制取冷水,供空调或工艺过程使用。冬季,打开阀门 A、B、C、D,关闭冷剂水泵和冷却水系统,高压发生器产生的高温冷剂水蒸气通过阀门 A 进入蒸发器,在蒸发器管簇外冷凝放热,加热管内热水,供冬季采暖用。凝结下来的冷剂水通过阀门 B 回到吸收器。高压发生器内浓缩后的溶液通过阀门 C 回到吸收器,与凝结水混合,形成稀溶液,再由溶液泵泵入高压发生器。如果在机组中设有热水器,则引入发生器中产生的部分冷剂水蒸气可加热提供生活用热水。

该机组冷水、热水采用同一回路,制冷与采暖通过阀门的切换进行控制,变换比较方便。

(四) 太阳能型溴化锂吸收式制冷装置

图 6-11 所示为太阳能型溴化锂吸收式制冷系统,主要包括集热器、溴化锂吸收式冷水机组、储热水罐和辅助热源、冷却水塔以及冷冻水箱、换热器、水泵等。

其工作原理是通过集热器收集太阳能热量并储存于储热水罐中,然后将储热水罐中的热水提供给溴化锂吸收式冷水机组的发生器,溴化锂稀溶液在发生器中被高温热水加热,发生器中产生的冷剂水蒸气进入冷凝器,在其中向冷却水放热,凝结成冷剂水,随后经过节流进入蒸发器中,在较低的压力下蒸发,同时吸收冷冻水热量,使之降温达到制冷效果。与此同时,从发生器流出的浓溶液经换热器进入吸收器,浓溶液在换热器中预热来自吸收器的稀溶液,在吸收器中浓溶液吸收来自蒸发器中的冷剂水蒸气进行稀释,而后通过溶液泵泵入发生器中。来自冷却水塔的冷却水带走溶液的吸收热和冷剂水蒸气的冷凝热。当太阳能集热器提

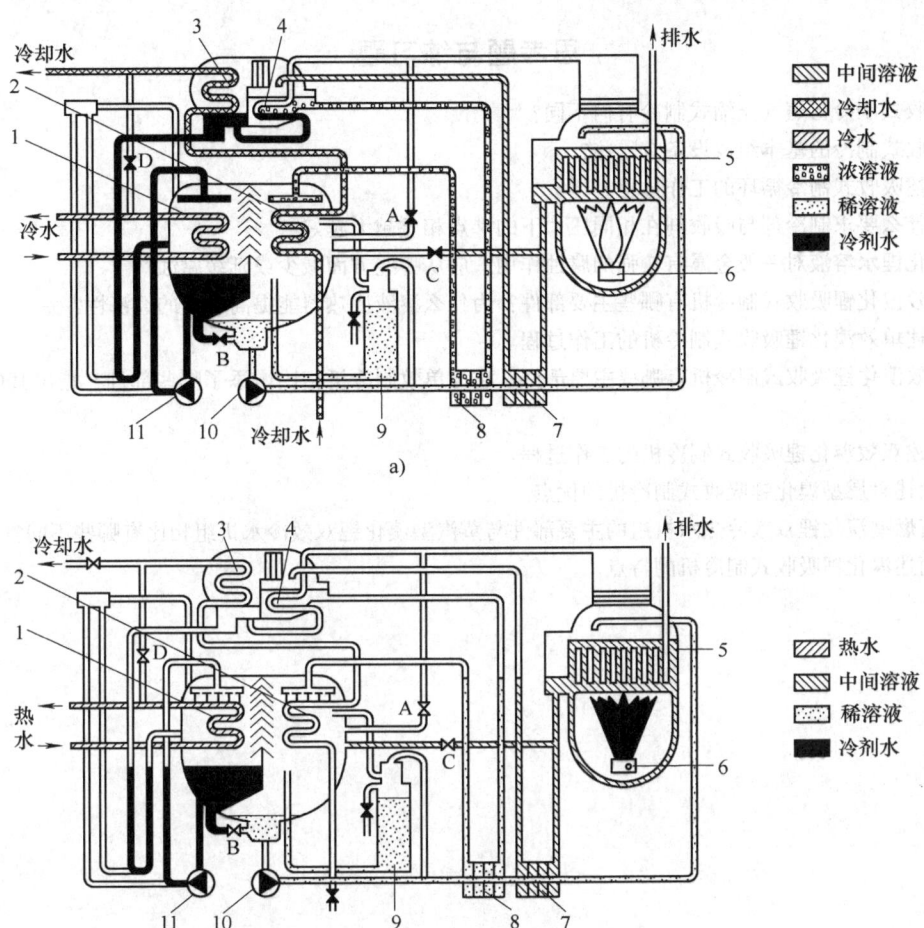

图 6-10 直燃型双效溴化锂吸收式冷热水机组
a）制冷循环 b）采暖循环

1—蒸发器 2—吸收器 3—冷凝器 4—低压发生器 5—高压发生器 6—燃烧器 7—高温换热器
8—低温换热器 9—自动抽气装置 10—溶液泵 11—冷剂水泵

供的热量不能满足发生器内要求时，可以采用辅助热源来补充。在蒸发器中得到降温的冷冻水则提供给空调末端设备或空调机组对房间空气进行降温。

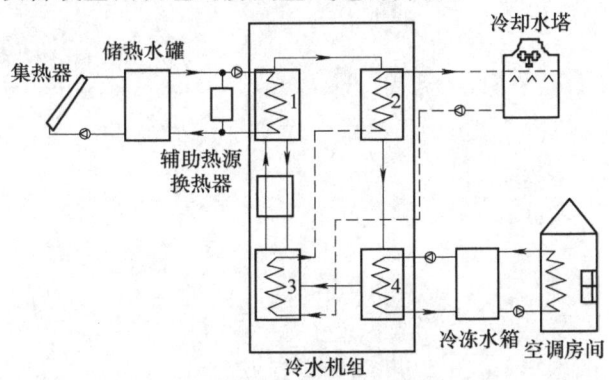

图 6-11 太阳能型溴化锂吸收式制冷系统
1—发生器 2—冷凝器 3—吸收器 4—蒸发器

思考题与练习题

1. 吸收式制冷与蒸气压缩式制冷有何不同？
2. 吸收式制冷的基本组成设备有哪些？
3. 简述吸收式制冷循环的工作过程。
4. 为什么要求制冷剂与吸收剂在相同压力下的沸点相差越大越好？
5. 溴化锂水溶液对一般金属有较强的腐蚀作用，应从哪些方面减少或延缓腐蚀？
6. 单效溴化锂吸收式制冷机有哪些主要部件？为什么溶液换热器能提高机组的经济性？
7. 简述单效溴化锂吸收式制冷机的工作过程。
8. 双效溴化锂吸收式制冷机有哪些主要部件？它与单效制冷机相比增添了哪些部件？指出其中的节能部件。
9. 简述双效溴化锂吸收式制冷机的工作过程。
10. 简述直燃型溴化锂吸收式制冷机的优点。
11. 直燃型溴化锂双效冷热水机组的主要部件与蒸汽型溴化锂双效冷水机组相比有哪些不同？
12. 简述溴化锂吸收式制冷机的特点。

第三篇　拓　展　篇

模块七　蓄冷空调制冷循环系统的原理与应用

一、学习目标

●终极目标

会依据已有的能源条件及使用需求选用合适的蓄冷空调系统。

●促成目标

1) 掌握蓄冷空调制冷循环的工作原理。
2) 了解蓄冷空调制冷循环系统的分类及特点。
3) 掌握冰蓄冷空调制冷装置的工作原理。
4) 了解蓄冷空调制冷循环系统的运行策略。

二、相关知识

(一) 蓄冷系统的工作原理

蓄冷空调的原理是根据水、冰及其他物质的蓄热特性，尽量地利用供电低谷时的电力，使制冷机在满负荷条件下运行，将空调所需的制冷量以显热或潜热的形式部分或全部地蓄存于水、冰或其他物质中，一旦出现空调负荷，使用这些蓄冷物质蓄存的冷量满足空调系统的需要，以达到转移尖峰电力、节省电费、减轻电力负荷和降低设备容量的目的。

蓄冷空调系统的原理如图 7-1 所示。用来蓄存水、冰或其他介质的设备通常是一个空间或一个容器，称为蓄冷设备，也可以是一个存放蓄冷介质的换热器，如一个结了冰的盘管。蓄冷剂储存在蓄冷器中。蓄冷时，关闭泵 2 和阀 2，开启制冷系统和泵 1、阀 1，蓄冷剂与载冷剂在蓄冷器中进行热交换，获得冷量并蓄存冷量。放冷时，关闭制冷系统和泵 1、阀 1，开启泵 2 和阀 2，在蓄冷器中，蓄冷剂将蓄存的冷量释放出来，由载冷剂带给用户。

整个蓄冷系统包含有蓄冷设备、制冷设备、连接管路及控制系统。蓄冷空调系统为蓄冷系统及空调系统的总称。

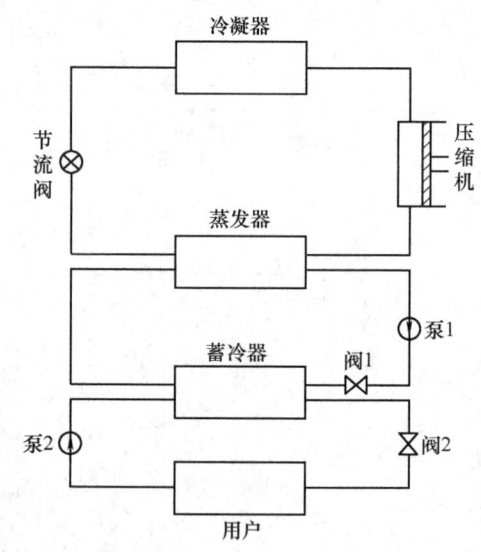

图 7-1　蓄冷空调系统的原理

(二) 蓄冷系统的分类与特点

蓄冷系统的种类较多，蓄冷方法各异，蓄冷介质和蓄冷设备也不相同。蓄冷系统按蓄存冷量的方式不同可分为显热蓄冷系统和潜热蓄冷系统。显热蓄冷是通过降低介质的温度实现的，常用的介质有水和盐水；潜热蓄冷则是利用介质的物态变化进行的，常用的介质为冰和共晶盐化合物等相变物质。其性能比较见表7-1。

表7-1 三种蓄冷方式的性能比较

项目	水	冰	共晶盐
蓄冷方式	显热蓄冷	显热+潜热	潜热
相变温度/℃	—	0	4~12
温度变化范围/℃	12~7	12（水）~0（冰）	8（液体）~8（固体）
单位质量蓄冷容量/kJ·kg^{-1}	20.9	384	96
单位体积蓄冷容量/kJ·m^{-3}	20.9	355	153
单位体积蓄冷容量/kW·h·m^{-3}	5.81	98.61	42.5

蓄冷系统按蓄冷介质的不同，大致可分为水蓄冷系统、冰蓄冷系统及共晶盐蓄冷系统。水蓄冷系统以水作为蓄冷介质，冰蓄冷系统的蓄冷介质以冰为主，而共晶盐蓄冷系统主要利用共晶盐的相变潜热进行蓄冷。

1. 水蓄冷技术

水蓄冷系统是以空调用的冷水机组作为制冷设备，以保温槽作为蓄冷设备。空调主机在用电低谷时间将水温降至5~7℃并蓄存起来，空调起动时将蓄存的冷水抽出使用。水蓄冷系统的流程如图7-2所示。

水蓄冷是利用水的温差进行蓄冷的，由于其温度较高，可直接与常规空调系统匹配，但这种系统只能储存水的显热，而一般说来显热值远小于潜热值，因此需要较大的蓄水槽。实际使用的蓄冷温差为6~11℃，单位体积蓄冷能力较低（为7~11.6kW·h/m³），水蓄冷的蓄冷密度小，水蓄冷槽体积相应庞大，冷损耗也大（为蓄冷量的5%~10%），对蓄冷水槽的保冷及防水措施要求高；蓄冷水槽体积大，适宜现有工程的改造、规模较小或有其他可利用水池的工程。水蓄冷系统的蓄冷设备在冬天可以蓄热，其蓄存容量较大，热水蓄存温差要大于冷水蓄存温差，其蓄热量大于蓄冷量。

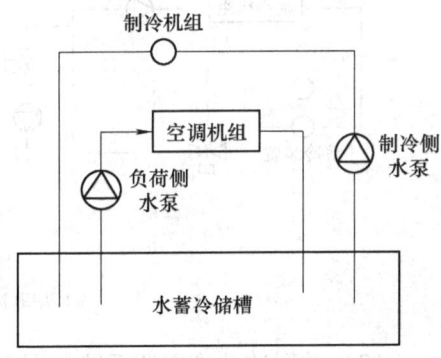

图7-2 水蓄冷系统的流程

为了提高蓄冷水池的利用率，空调回水温度定为15℃，同时加了根旁通管使7℃和15℃的水混合，以协调冷水机组的7℃/12℃的水温参数和蓄冷池的7℃/15℃水温参数。水蓄冷系统的流程可以根据具体工程的要求，采用其他不同的方式。

水蓄冷系统的特点如下：

1）与常规空调系统相同，可采用高效制冷机，新旧系统均适用。

2）与常规空调系统所用制冷机相同，运行温度也相同，故电耗比任何一种蓄冷系统都少。

3）只蓄存水的显热，不能蓄存潜热，故需要很大的存储空间。

4）蓄冷水槽体积大，保温防水处理造价高。

5）蓄冷水槽表面积大，热损失也大。

6）为解决蓄冷水槽内回水与冷水混合，需在设计中采取相应的措施，因此会增加系统造价。该系统的管路设计较为复杂。

模块六　溴化锂吸收式制冷循环系统的原理与应用

一、学习目标

● 终极目标

会依据已有的能源条件及使用需求选用合适的溴化锂吸收式制冷系统。

● 促成目标

1）掌握吸收式制冷的工作原理与循环。
2）了解溴化锂水溶液的性质。
3）掌握单效、双效溴化锂吸收式制冷机的工作原理及工作过程。
4）熟悉蒸汽型、热水型、直燃型及太阳能型溴化锂吸收式制冷循环系统。
5）了解溴化锂吸收式制冷机的特点。

二、相关知识

（一）吸收式制冷的工作原理与循环

吸收式制冷是相变制冷的一种，它和蒸气压缩式制冷一样，是利用液态制冷剂在低压低温下汽化以达到制冷的目的。所不同的是，两者实现把热量由低温处转移到高温处所采用的补偿方法不同，蒸气压缩式制冷以消耗机械功为代价，而吸收式制冷则以热能为动力。

蒸气压缩式制冷使用的工质一般为纯物质，如 R717、R22 等。而吸收式制冷使用的工质是由两种沸点不同的物质组成的二元溶液，其中沸点低（又称易挥发）的物质在温度较低时容易被沸点高（又称难挥发）的物质吸收。而在温度较高时，沸点低的物质又容易汽化（或称挥发），从溶液里分离出来。沸点低的物质作为制冷剂，沸点高的物质作为吸收剂，故又称为制冷剂-吸收剂工质对。

图 6-1 所示为吸收式制冷的工作原理图。吸收式制冷机主要由四个热交换设备组成，即

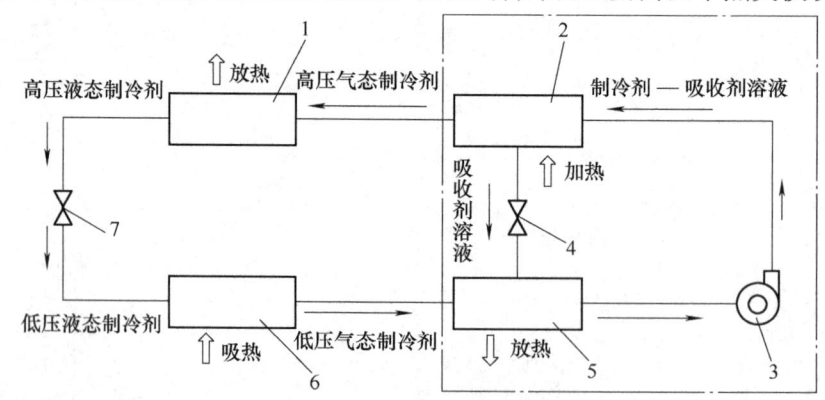

图 6-1　吸收式制冷原理图

1—冷凝器　2—发生器　3—溶液泵　4—溶液节流阀　5—吸收器　6—蒸发器　7—制冷剂节流阀

水蓄冷系统所具有的能源使用效率较高，要求空间大的特点，使其特别适用于地域辽阔的地区。该系统的另一特点是可以在夏天蓄冷，冬天蓄热，因此被纬度高的欧洲、北美、日本等地区和国家广泛采用。

2. 冰蓄冷技术

（1）冰蓄冷空调系统的工作原理 冰蓄冷系统是利用冰的融化热（335kJ/kg）来储存冷量的，其单位体积蓄冷能力较大（为 $40 \sim 50$ kW·h/m^3）。冰蓄冷的蓄冷密度大，故冰蓄冷储槽小，冷损耗小（为蓄冷量的 1%～3%），蓄冰槽的体积取决于槽中冰水百分比，一般蓄冰槽的体积为 $0.02 \sim 0.025 m^3$/（kW·h）。冰蓄冷的蓄存温度为水的凝固点 0℃，为了使水冻结，制冷机应提供 $-4 \sim -7$℃的温度，它低于常规空调制冷设备所提供的温度。当然，蓄冰装置可以提供较低的空调供水温度，有利于提高空调供回水温差，以减少配管尺寸和水泵电耗。此外，蓄冰空调系统也可以采用低温送风系统，以降低空调系统造价。

根据制冷机与蓄冷槽在供冷时的相互关系，冰蓄冷系统可安排成制冷机组与储冰设备并联连接或串联连接，如图 7-3 所示。

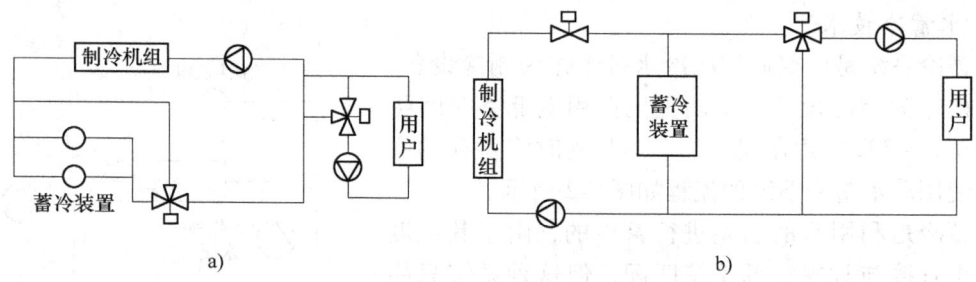

图 7-3 冰蓄冷系统流程
a) 串联冰蓄冷系统　b) 并联冰蓄冷系统

（2）并联冰蓄冷空调系统 图 7-4 所示是冰蓄冷空调基本并联系统示意图。由图中可以看出其充冷蓄冷回路由蓄冰罐、泵 P1、制冷机蒸发器、阀 V1、阀 V2 组成，回路内以乙二醇为载冷剂，适用于采用封装式蓄冰罐的冰蓄冷系统，此系统也为二次泵系统，封装式蓄冰罐的流动阻力较小，故可不单独设融冰泵。特别应注意的是，由于在制冰蓄冷模式和融冰供冷模式时，二次冷媒流经蓄冷设备的方向是相反的，因此不宜采用管状结冰的内融冰式蓄冷设备。在此循环中，制冷机供水温度为 -5℃，回水温度为 -7℃。

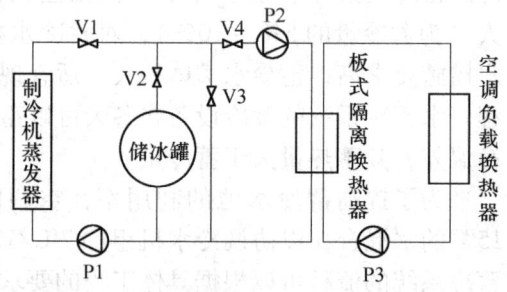

图 7-4 冰蓄冷空调基本并联系统示意图

蓄冷罐单独供冷回路由储冰罐、泵 P2、板式隔离换热器、阀 V2、阀 V4 组成，回路内仍然使用乙二醇作为载冷剂，板式隔离换热器的另一侧是空调循环水。在此循环中，蓄冰罐供水温度为 5.6℃，回水温度为 10.6℃。

制冷机充冷兼供冷回路在夜间有部分用冷情况下才使用，该回路包括了储冰罐、泵 P2、泵 P1、制冷机蒸发器、板式隔离换热器、阀 V1、阀 V2、阀 V3 和阀 V4。其运行时载冷剂有两个回路：一是充冷蓄冷回路，即储冰罐、泵 P1、制冷机蒸发器、阀 V1、阀 V2 回路；二是制冷机供冷回路,即泵 P1、制冷机蒸发器、阀 V1、阀 V4、泵 P2、板式隔离换热器回路,阀 V3 支路配合阀 V4 用于调节通过板式隔离换热器回路的流量,以保证供水温度大于 0℃。此循环中,制冷机供水温度仍为 -5℃,回水温度仍为 -7℃,但应控制进入板式隔离换热器的供水温度为 5.6℃,回水温度为 10.6℃。

在制冷机和蓄冷罐联合供冷回路中,当阀 V3 关闭,通过调节阀 V1、阀 V2 开度即可实现制冷机和蓄冷罐联合供冷。实际联合供冷回路中,这种调节可以由自动控制阀完成。在此循环中,蓄冷罐供水温度为 5.6℃,制冷机和蓄冷罐回水温度为 10.6℃。

并联系统可以演化出许多较复杂的系统,例如,制冷主机可以由两台或多台并联;在供冷回路可设基载制冷机;板式换热器可分成两级,一级专供与制冷机相连,另一级只与储冷罐相连;阀也可拆为通断式和连续调节式等。

图 7-5 所示为另一种形式的并联系统(双板换热式)。

本系统共有三个回路:一路为基载机组(常规空调冷水机组)回路,可昼夜供给空调用冷冻水;另一路为通过(板式)换热器被来自双工况制冷机组制出的低温二次冷媒冷却空调冷冻水回路;最后一路为来自蓄冷设备融冰释冷产生的低温二次冷媒通过另一(板式)换热器冷却的空调用冷冻水。此系统对于制冷机组与蓄冷设备来说,两者更具有独立性。在制冷机组与蓄冷设备同时供冷时,可起动泵 P2、泵 P1 来实现。至于同时供冷时是以主机优先,还是蓄冷设备优先,可根据需要而定,也可通过最优化运行策略来控制。其运行工况见表 7-2。

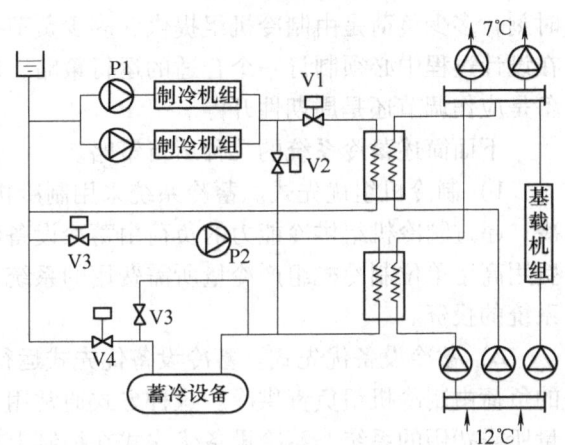

图 7-5 双板换热式蓄冷空调系统

表 7-2 双板换热式蓄冷空调系统运行工况

模 式	V1	V2	V3	V4	V5	P1	P2
制冰蓄冷模式	关	开	关	开	关	开	关
融冰供冷模式	关	关	开	调	调	关	开
主机供冷模式	开	关	关	—	—	开	关
主机加融冰供冷模式	开	关	开	调	调	开	开

(3)串联冰蓄冷空调系统 图 7-6 所示为串联冰蓄冷空调系统,主机在上游。图中虚线框内部分为二次冷媒系统(一般为乙烯乙二醇水溶液)。本系统由双工况制冷机组、蓄冷设备、板式换热器、泵、阀门等串联组成,利用制出的低温二次冷媒,通过板式换热器冷却空调用冷冻水。图 7-6 中各种运行模式的

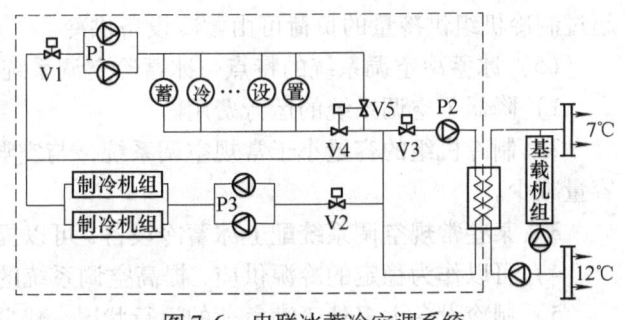

图 7-6 串联冰蓄冷空调系统

阀门状态见表 7-3。

表 7-3 串联冰蓄冷空调系统运行工况

模 式	V1	V2	V3	V4	V5	P1	P2	P3
制冰蓄冷模式	开	开	关	开	关	开	关	开
融冰供冷模式	开	关	开	调	调	开	开	关
主机供冷模式	关	开	开	—	—	关	开	开
主机加融冰供冷模式	开	开	开	调	调	开	开	开

（4）冰蓄冷空调系统的运行策略　与常规空调系统不同，冰蓄冷空调系统的运行策略是指冰蓄冷空调系统可以通过制冷机组或蓄冷设备同时为建筑物供冷，用以确定在某一给定时刻，多少负荷是由制冷机组提供、多少负荷是由蓄冷设备供给的方法。蓄冷系统的设计者在设计过程中必须制订一个合适的运行策略，确定具体的控制策略，并详细给出系统中的设备是应作调节还是周期性开停。

下面简述蓄冷系统的几种运行策略。

1）制冷机组优先式。蓄冷系统采用制冷机组优先式运行策略是指制冷机组首先直接供冷，超过制冷机组供冷能力的负荷由蓄冷设备释冷提供。这种策略通常用于单位蓄冷量所需费用高于单位制冷机组产冷量所需费用的系统，通过降低空调尖峰负荷值可以大幅度地节省系统的投资。

2）蓄冷设备优先式。蓄冷设备优先式运行策略是指蓄冷设备优先释冷，超过释冷能力的负荷由制冷机组负责供冷。这种方式通常用于单位蓄冷量所需费用低于单位制冷机组产冷量所需费用的系统。蓄冷设备优先式在控制上要比制冷机组优先式相对复杂一些。在下一个蓄冷过程开始前，蓄冷设备应尽可能将蓄存的冷能全部释冷完，即充分利用蓄冷设备的可利用蓄冷量，降低蓄冷系统的运行费用。另外，应避免蓄冷设备在释冷过程的前段时间将蓄存的大部分冷能释放，而在以后尖峰负荷时，制冷机组和蓄冷设备无法满足空调负荷需要的现象，因此，应合理地控制蓄冷设备的剩余冷量，特别对于设计日空调尖峰负荷是出现在下午时段时是非常重要的。

一般情况下，蓄冷设备优先式运行策略要求蓄冷系统应预测出当日 24h 空调负荷分布图，并确定出当日制冷机组在供冷过程中最小供冷量控制分布图，以保证蓄冷设备随时有足够的释冷量配合制冷机组满足空调负荷的要求。

3）负荷控制式（限制负荷式）。简单地说，负荷控制式就是在电力负荷不足的时段，对制冷机组的供冷量加以限制的一种控制方法。通常这种方法在电力负荷受限制时才采用，超过制冷机组供冷量的负荷可由蓄冷设备供冷。

（5）冰蓄冷空调系统的特点　冰蓄冷空调系统具有以下主要特点：

1）降低了空调系统的运行费用。

2）制冷机组的容量小于常规空调系统，与空调系统相应的冷却塔、水泵、输变电系统容量减少。

3）某些常规空调系统配上冰蓄冷设备，可以提高 30%～50% 的供冷能力。

4）可以作为稳定的冷源供应，提高空调系统的运行可靠性。

5）制冷设备大多处于满负荷的运行状况，减少了开停机次数，可延长设备寿命。

6）对电网进行削峰填谷，提高电网运行稳定性、经济性，降低发电装机容量。

7）减少发电厂对环境的污染。

3. 共晶盐蓄冷技术

共晶盐蓄冷是相变潜热蓄冷的另一种形式。共晶盐蓄冷系统的基本组成与水蓄冷相同，采用常规空调用冷水机组作为制冷设备，但是蓄冷槽内用共晶盐作为蓄冷介质，利用封闭在塑料容器内的共晶盐相变潜热进行蓄冷（共晶盐可以在较高的温度下进行相变）。蓄冷时，从制冷机出来的冷冻水流过蓄冷槽内的共晶盐塑料容器，如图7-7所示，使塑料容器内的糊状共晶盐冻结进行蓄冷。空调使用时，再将从空调负荷端流回的冷冻水送入蓄冷槽，塑料容器内的共晶盐融化，将水的温度降低，送入空调负荷端继续使用。其系统流程如图7-8所示。

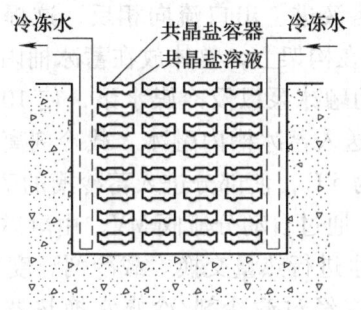
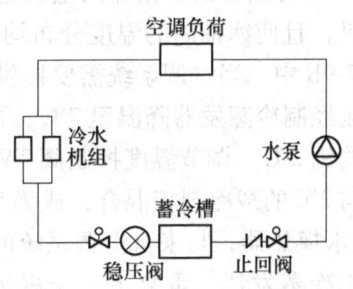

图7-7 共晶盐蓄冷槽示意图　　　　图7-8 共晶盐蓄冷系统流程

共晶盐相变材料可由不同的配方组成，它们在不同的选择温度条件下结冰或融解。在空调蓄冷工程中较常用的相变材料共晶盐是由水、无机盐及添加剂配调而成的混合物，一般其相变温度为5~8.5℃，单位体积蓄冷能力约为20.8kW·h/m³。对用于蓄冷介质的共晶盐，要求具有溶解潜热大、热导率高、密度大和无毒、无腐蚀性等特性。将共晶盐溶液封装在球形或长方形的塑料容器中，并堆积在有载冷剂（或冷冻水）循环通过的储槽内组成蓄冷装置。该系统的蓄冷体积（包括管道集管、储槽和容器中的水）约为0.048m³/(kW·h)。

共晶盐蓄冷系统的特点如下：

1）该系统与常规空调系统基本相同，可采用高效冷水机组，可并入已有空调系统使用。

2）制冷设备耗电与常规空调系统相同或相近，但因提高了制冷设备的使用效率，比常规空调系统中的制冷设备节电10%左右。

3）蓄冷槽适合安放在建筑物基础内，或埋在室外，不占用有效空间。

4）维护保养工作与一般空调系统相同。

三、知识运用

（一）冰盘管式蓄冰装置

冰盘管式蓄冰装置是由沉浸在水槽中的盘管构成换热表面的一种蓄冰设备。在蓄冷过程中，载冷剂（一般使用质量分数为25%的乙二醇水溶液）或制冷剂直接在盘管内循环，吸收水槽中的热量，在盘管外表面结冰。取冷过程则有内融冰和外融冰两种方式。

外融冰方式是指空调设备的回水直接进入蓄冰槽，使盘管表面的冰层自外向内逐渐融化，称为外融冰方式。为了使融冰能达到快速融冰放冷，蓄冰槽内水的空间应占一半，即蓄冰槽的含冰率（IPF）不大于50%。在融冰过程中，冰由外向内融化，温度较高的冷冻回水与冰直接接触，可以在较短的时间内制出大量的低温冷冻水，出水温度与要求的融冰时间长短有关。

内融冰方式是来自用户或二次换热设备的载冷剂仍在盘管内循环，通过盘管表面将热量传递给冰层，使盘管外表面的冰层自内向外逐渐融化，故称为内融冰方式。冰层自内向外融化时，由于在盘管表面与冰层之间形成冰水层，其热导率下降，影响取冷速率。因此，目前大多采用细管、薄冰层蓄冷。采用这种融冰方式时，盘管外可以均匀冻结和融冰，无冻坏的危险，且制冰率较高，IPF 可达 90% 以上。

常用的冰盘管式蓄冰装置有 U 形盘管、圆形盘管和蛇形盘管。

图 7-9a 所示为圆形盘管蓄冰桶的结构示意图，图 7-9b 所示为蓄冰桶蓄冷系统图。

由图 7-9a 可以看出，相邻两组盘管内，载冷剂溶液进、出口流向相反，这提高并改善了传热效果，且使冰桶内的温度分布均匀。盘管安装在构架上，整体放在蓄冰桶内。

在图 7-9b 中，当空调系统需要提供冷量时，起动融冰泵以及冷媒水泵，使 10℃ 左右的载冷剂先流经制冷蒸发器降温至 7℃，再经载冷剂泵送入蓄冰槽内融冰。载冷剂离开蓄冰槽时的温度约为 2℃。调节温度控制阀 TV 将温度设定为 5℃，使部分进入蓄冷槽的 7℃ 的载冷剂旁通，与 2℃ 的载冷剂相混合，成为 5℃ 的载冷剂，通过自动分流阀 MV，由融冰泵送入载冷剂/冷媒水换热器，与来自空调系统的 12℃ 的冷媒水进行热量交换。载冷剂温度升到 10℃ 后被送入制冷蒸发器，重复下一个融冰循环。冷媒水经过载冷剂/冷媒水换热器，温度由 12℃ 降至 7℃ 后，再通过冷媒水泵送入空调箱的喷水室或表冷器中，冷却通过空调箱的空气，为空调房间提供冷风。

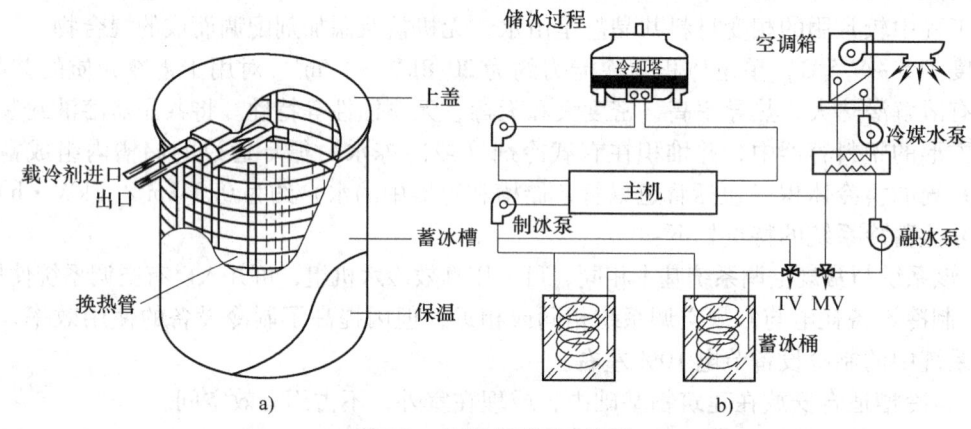

图 7-9 盘管式蓄冰系统图
a) 圆形盘管蓄冰桶结构示意图   b) 蓄冰桶蓄冷系统图

（二）冰球式蓄冷装置

冰球式蓄冷系统是将注入水或有机盐溶液的塑料球（蓄冰球）放入蓄冰槽中，利用制冷机制出的载冷剂（乙二醇水溶液）通过装满冰球的容器，使蓄冰球内的水或有机盐溶液结冰从而蓄存冷能。不同大小的蓄冰球可以装入不同规格的蓄冰槽中，因而可以用于不同规模的系统。图 7-10 所示为冰球的结构，图 7-11 所示是冰球式蓄冷系统示意图。

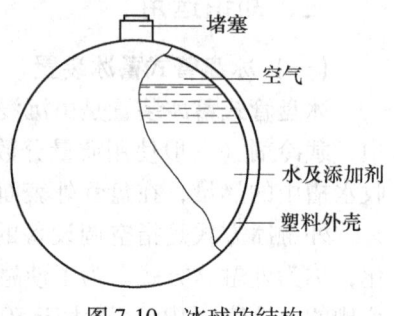

图 7-10 冰球的结构

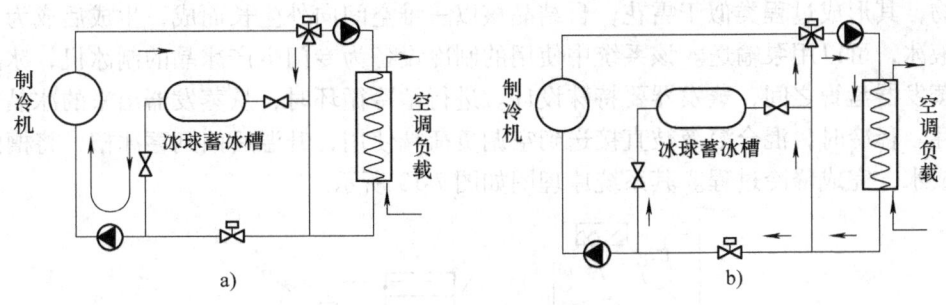

图 7-11 冰球式蓄冷系统示意图
a) 制冰循环 b) 融冰循环

制冰循环时，-8～-6℃的乙二醇水溶液（质量分数为25%）通过装满冰球的容器，使蓄冰球内的溶液结冰，一定时间后冰球内的溶液便完全冻结。结冰所需的时间取决于溶液的温度、流量、冰球的形状、冰球数量及冰球在容器内的分布状况。由于冰球并非完全充满容器，冰球在容器内的分布状况也在不断变化，因此冰球蓄冷系统的蓄冷时间较难掌握。但应注意冰球要密集堆放，防止载冷剂从自由水面或无球空间旁通流过。冰球的大小和形状因厂家不同而异，一般近似于球形，直径为60～120mm。

（三）制冰滑落式蓄冷装置

制冰滑落式蓄冷装置以制冰机作为制冷设备，以保温的槽体作为蓄冷设备。制冰机安装在蓄冷槽的上方，在若干块特制的垂直平行板内通入制冷剂作为板式蒸发器。循环水泵不断地将蓄冰槽中的水抽出，至蒸发器的上方喷洒而下，遇到冰冷的板式蒸发器之后，结成一层薄冰。当冰层达到一定厚度（一般在3～6.5mm之间）时，制冰设备中的四通阀切换，压缩机的排气直接进入蒸发器而加热板面，使冰层剥离。蒸发器板面上的薄冰依靠自身的重量滑落进入蓄冰槽。通过四通阀控制，结冰与冰层的剥离过程可循环进行，直至蓄冰过程结束。四通阀的切换由时间控制器控制。制冰时间为20～30min，热气除冰时间为20～60s。融冰时，从换热器或空调负荷端流回的冷冻水进入蓄冰槽，将槽内的冰融化成低温冷水，再供系统使用。在取冰过程中，制冰机也可同时运行，这样可以延缓融冰过程。"结冰"和"取冰"反复进行，此种方式称为动态制冰。蓄冰槽的蓄冰率为40%～50%。该种蓄冷装置不适合于大中型系统。图7-12所示为制冰滑落式蓄冷系统原理图。

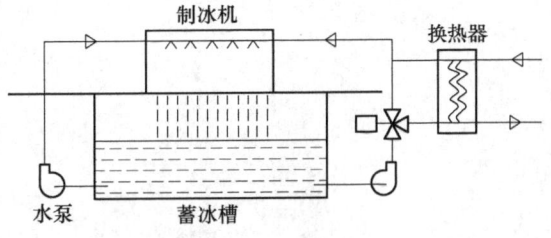

图 7-12 制冰滑落式蓄冷系统原理图

制冰滑落式蓄冷方式需要有较大高度，以保证冰片的顺利落下。蓄冰槽一般设在地下，并要求有一定深度。还可以设置螺旋输送机，将下落的冰迅速地输送到蓄冰槽的各个角落。为了使从空调负荷端流回的水将冰均匀地融化，有些系统将回水沿蓄冰槽的四周均匀地喷向冰层。

（四）冰晶式蓄冷装置

冰晶式蓄冷系统将混合溶液（水与乙二醇或丙二醇溶液）降温至冻结点以下，产生冰晶。冰晶式蓄冰装置也属于动态制冰装置。冰晶是极细小的冰粒（直径约为100μm）与水的混合物，其形成过程类似于雪花，自结晶核以三维空间向外生长而成，生成后成为一种淤浆状的液冰，可以用泵输送。该系统中使用的制冷设备为专门生产冰晶的制冰机，冰晶直接循环于蒸发器盘管之间，蒸发器要特殊设计。进行蓄冷循环时，从蒸发器出来的冰晶送至蓄冰槽蓄存。释冷时，混合溶液被直接送到空调负荷端使用，升温后回到蓄冰槽，将槽内的冰晶融化成水，完成释冷过程。其系统原理图如图 7-13 所示。

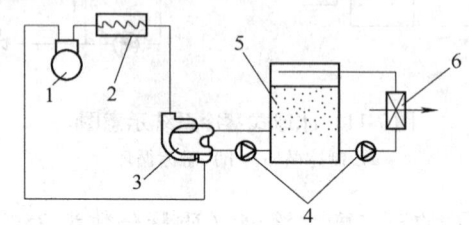

图 7-13 冰晶式蓄冷系统原理图
1—压缩机 2—冷凝器 3—特殊蒸发器 4—液冰泵 5—蓄冰桶 6—空调器

冰晶式蓄冷系统的制冰过程发生在主机内，而不在蓄冰桶内，且制冷过程中含有冰晶的混合溶液不断地流动着。随着制冷时间的延长，其含冰率越来越大，因此该系统不能太大，制冷能力较小，目前只生产至 180kW 左右，尚不适于大型系统。

思考题与练习题

1. 在什么条件下宜采用蓄冷系统？
2. 蓄冷系统分为哪几类？它们各自有什么特点？
3. 冰蓄冷空调系统由哪几部分组成？
4. 为什么说冰蓄冷系统可移峰填谷均衡电网？
5. 简述冰球式蓄冷系统的工作原理。
6. 简述蓄冷系统的几种运行策略。

模块八 复叠式制冷循环系统的原理与应用

一、学习目标

● 终极目标

会依据需求选择合适的复叠式制冷循环系统。

● 促成目标

1）了解复叠式制冷循环的工作原理、分类和特点。
2）了解两级复叠式制冷循环的工作原理与系统流程。
3）了解三级复叠式制冷循环的工作流程。

二、相关知识

（一）采用复叠式制冷循环的原因

由表3-5可知，制冷剂有高温低压、中温中压和低温高压之分，各种制冷剂又具有不同的热物理特性。当蒸发温度很低时，蒸发压力也相应很低。当蒸发压力低于大气压力时，一方面使空气渗入制冷系统内的可能性增加，不利于制冷机的正常工作；另一方面由于输气系数降低及蒸气比体积增大，使压缩机气缸尺寸增大，运行经济性降低。对于往复式压缩机，因阀门有自动启闭的特性，当吸气压力降低到16kPa以下时，压缩机的吸气阀片不能开启，以致压缩机无法吸气。因此，中温制冷剂的多级压缩制冷机的蒸发温度也不可能很低。例如，采用R134a及R22等中温制冷剂，当$t_0 = -80℃$时，对应的蒸发压力已在10Pa以下，而氨在-77.7℃时已经凝固。因此，为了获得更低的温度，采用单一中温制冷剂的多级压缩循环，将受到蒸发压力过低或制冷剂凝固点的限制。如果采用低温制冷剂，如R23，其沸点为-82.1℃、凝固点为-155℃、临界温度为25.6℃、临界压力为4833kPa，虽然不存在蒸发压力过低和制冷剂凝固等问题，但对于通常以环境中水和空气为冷却介质的制冷循环系统，势必会造成R23超临界循环，这样使得低温制冷剂又受到临界温度过低的限制。因此，制取比两级压缩制冷循环更低的温度时，往往选用复叠式制冷循环。

一般认为：要获取-60℃以上的低温，采用中温制冷剂的两级压缩制冷循环，可减小压缩机压缩比，提高工作效率；当需要获取-60℃以下的低温时，应采用中温制冷剂与低温制冷剂复叠的制冷循环。两个单级压缩制冷循环复叠可用于获取-80~-60℃的低温。三个单级压缩制冷循环复叠用于获得-120~-80℃的低温。

（二）复叠式制冷循环的工作原理

复叠式制冷循环的工作原理如图8-1所示，它通常由两个独立的制冷系统组成，分别称为高温级和低温级。高温级中使用中温制冷剂，低温级中使用低温制冷剂，形成两个单级压缩制冷系统复叠工作的循环。两系统之间通过一个冷凝蒸发器衔接，它既是高温级的蒸发器，又是低温级的冷凝器。高温级的中温制冷剂在其中蒸发制冷，使低温级的低温制冷剂在其中放出热量，与蒸发的中温制冷剂进行热交换后，被冷凝成为液体。从冷凝蒸发器出来的中温制冷剂蒸气带走低温制冷剂的冷凝热量，经过高温级循环将热量传递给环境介质（水或空气）。而从冷凝蒸发器出来的低温制冷剂液体，经低温级节流机构降压后，进入蒸发器吸取被冷却物的热量而蒸发制冷，获得所需要的低温。

复叠式制冷循环的适用范围及循环的形式和制冷剂的种类有关，例如由 R22 和 R13 两单级压缩系统组成的复叠式制冷机制冷温度的范围是 $-85 \sim -60$℃。

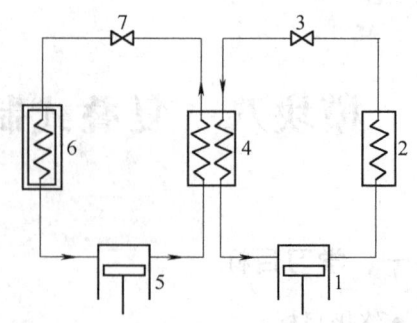

图 8-1　复叠式制冷循环的工作原理示意图
1—高温级压缩机　2—冷凝器　3—高温级节流机构
4—冷凝蒸发器　5—低温级压缩机
6—蒸发器　7—低温级节流机构

（三）复叠式制冷循环

常见的复叠式制冷循环可分为两级复叠式制冷循环和三级复叠式制冷循环，其中两级复叠式制冷循环又可分为由两个单级压缩系统组成的复叠式制冷循环和由一个两级压缩系统与一个单级压缩系统组成的复叠式制冷循环。

1. 两级复叠式制冷循环

（1）由两个单级压缩循环组成的两级复叠式制冷循环　图 8-2 和图 8-3 所示分别是两个单级压缩循环组成的两级复叠式制冷循环的原理图和热力状态图。这个复叠式制冷循环的高温部分通常采用的制冷剂为 R502、R22，低温部分采用的制冷剂为 R13。循环最低蒸发温度可达 $-90 \sim -80$℃。

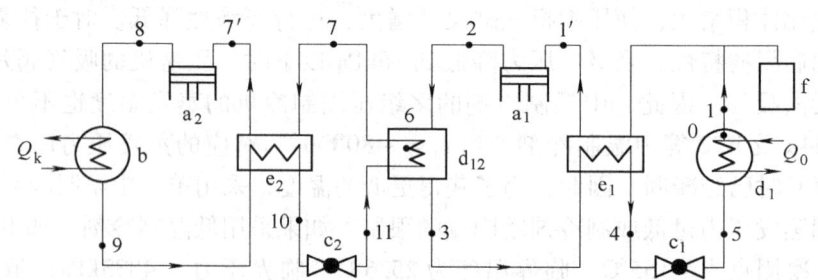

图 8-2　两个单级压缩循环组成的两级复叠式制冷循环原理图
a_1—低温部分压缩机　a_2—高温部分压缩机　b—冷凝器　c_1—低温部分节流阀　c_2—高温部分节流阀
d_1—低温部分蒸发器　d_{12}—冷凝蒸发器　e_1—低温部分回热器　e_2—高温部分回热器　f—膨胀容器

从图 8-3 中可清楚地看出，$0-1-1'-2-3-4-5-0$ 是低温部分的循环，$6-7-7'-8-9-10-11-6$ 是高温部分的循环。低温部分制冷循环的冷凝温度 T_{kL} 必须高于高温部分制冷循环的蒸发温度 T_{0H}，这一温度差就是冷凝蒸发器的传热温差，在图 8-3 中用 ΔT 表示。

该循环的热力性能为：

1) 低温部分。

① 单位质量制冷量（kJ/kg）、单位容积制冷量（kJ/m³）为

$$q_{0L} = h_1 - h_5 \tag{8-1}$$

$$q_{vL} = \frac{q_{0L}}{v_{1'}} = \frac{h_1 - h_5}{v_{1'}} \tag{8-2}$$

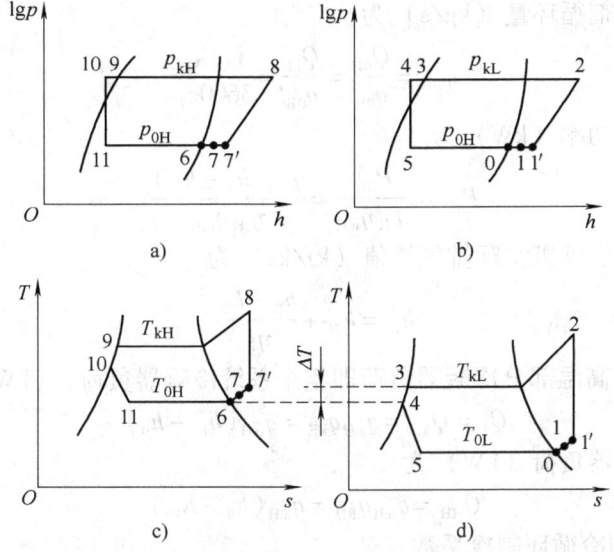

图 8-3 两个单级压缩循环组成的两级复叠式制冷循环热力状态图
a) 高温部分 lg$p$-h 图 b) 低温部分 lg$p$-h 图 c) 高温部分 T-s 图 d) 低温部分 T-s 图

② 低温部分制冷剂循环量（kg/s）为

$$q_{mL} = \frac{V_{hL}\lambda_L}{3600 v_{1'}} \tag{8-3}$$

③ 制冷量（低温部分的制冷量 Q_{0L} 就是整个复叠式制冷循环的制冷量）（kW）为

$$Q_0 = Q_{0L} = q_{mL}q_{0L} = q_{mL}(h_1 - h_5) = \frac{V_{hL}\lambda_L q_{vL}}{3600} \tag{8-4}$$

④ 低温部分的轴功率（kW）为

$$P_{sL} = \frac{P_{0L}}{\eta_{iL}\eta_{mL}} = \frac{q_{mL}(h_2 - h_{1'})}{\eta_{iL}\eta_{mL}} \tag{8-5}$$

⑤ 低温部分制冷压缩机实际排气焓值（kJ/kg）为

$$h_{2'} = h_{1'} + \frac{h_2 - h_{1'}}{\eta_{iL}} \tag{8-6}$$

⑥ 冷凝蒸发器负荷（kW）。若不考虑冷凝蒸发器的冷量损失，冷凝蒸发器负荷就是低温部分的冷凝器负荷，也是高温部分的制冷量，即

$$Q_{kL} = Q_{0H} \tag{8-7}$$

$$Q_{kL} = q_{mL}q_{kL} = q_{mL}(h_{2'} - h_3) \tag{8-8}$$

⑦ 低温部分回热器负荷（kW）为

$$Q_{RL} = q_{mL}q_{RL} = q_{mL}(h_3 - h_4) \tag{8-9}$$

2) 高温部分。
① 单位质量制冷量（kJ/kg）、单位容积制冷量（kJ/m³）为

$$q_{0H} = h_7 - h_{11} \tag{8-10}$$

$$q_{vH} = \frac{q_{0H}}{v_{7'}} = \frac{h_7 - h_{11}}{v_{7'}} \tag{8-11}$$

② 高温部分制冷剂循环量（kg/s）为

$$q_{mH} = \frac{Q_{0H}}{q_{0H}} = \frac{Q_{kL}}{q_{0H}} = \frac{V_{hH}\lambda_H}{3600v_{7'}} \tag{8-12}$$

③ 高温部分的轴功率（kW）为

$$P_{sH} = \frac{P_{0H}}{\eta_{iH}\eta_{mH}} = \frac{q_{mH}(h_8 - h_{7'})}{\eta_{iH}\eta_{mH}} \tag{8-13}$$

④ 高温部分制冷压缩机实际排气焓值（kJ/kg）为

$$h_{8'} = h_{7'} + \frac{h_8 - h_{7'}}{\eta_{iH}} \tag{8-14}$$

⑤ 冷凝器负荷（高温部分冷凝器负荷即整个系统冷凝器负荷）（kW）为

$$Q_k = Q_{kH} = q_{mH}q_{kH} = q_{mH}(h_{8'} - h_9) \tag{8-15}$$

⑥ 高温部分回热器负荷（kW）为

$$Q_{RH} = q_{mH}q_{RH} = q_{mH}(h_9 - h_{10}) \tag{8-16}$$

3）两级复叠式制冷循环制冷系数

$$\varepsilon = \frac{Q_0}{\sum P_s} = \frac{Q_0}{P_{sL} + P_{sH}} \tag{8-17}$$

（2）由一个两级压缩循环和一个单级压缩循环组成的两级复叠式制冷循环 此类循环的高温部分采用 R22 或 R502 作为制冷剂，常采用一次节流中间不完全冷却两级压缩制冷循环，为了提高循环效率，可使用回热器；低温部分采用 R13 作为制冷剂，也可使用回热器，最低蒸发温度可达 -110 ~ -100℃。图 8-4、图 8-5 所示分别为该循环的工作原理和热力状态图。

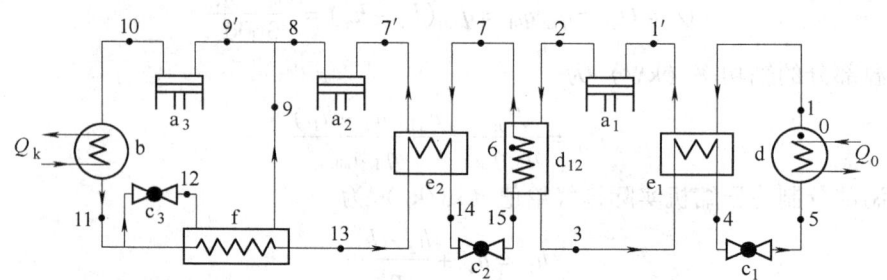

图 8-4 高温部分为两级压缩循环、低温部分为单级压缩循环的两级复叠式制冷循环原理图
a_1—低温部分压缩机 a_2—高温部分低压级压缩机 a_3—高温部分高压级压缩机
b—冷凝器 c_1、c_2、c_3—节流阀 d—蒸发器 d_{12}—冷凝蒸发器
e_1—低温部分回热器 e_2—高温部分回热器 f—高温部分中间冷却器

在循环中，0—1—1′—2—3—4—5—0 是低温部分 R13 的循环，6—7—7′—8—9—9′—10—11—12—13—14—15—6 是高温部分 R502 或 R22 一次节流中间不完全冷却两级压缩制冷循环。在此复叠式制冷循环中，高温部分与低温部分循环由冷凝蒸发器 d_{12} 连接。

（3）两级复叠式制冷实际循环系统 如图 8-6 所示，该两级复叠式制冷循环系统的高温级制冷剂为 R22，低温级制冷剂为 R23。高温级和低温级工况分别为 $t_{kH} = 35℃$、$t_{0H} = -35℃$ 和 $t_{kL} = -30℃$、$t_{0L} = -85℃$。蒸发器工作的低温室内得到的低温为 -80℃。高温级制冷循环为 0′—1′—2′—3′—4′—5′—0′，低温级制冷循环为 0—1—2—3—4—5—0，冷凝蒸

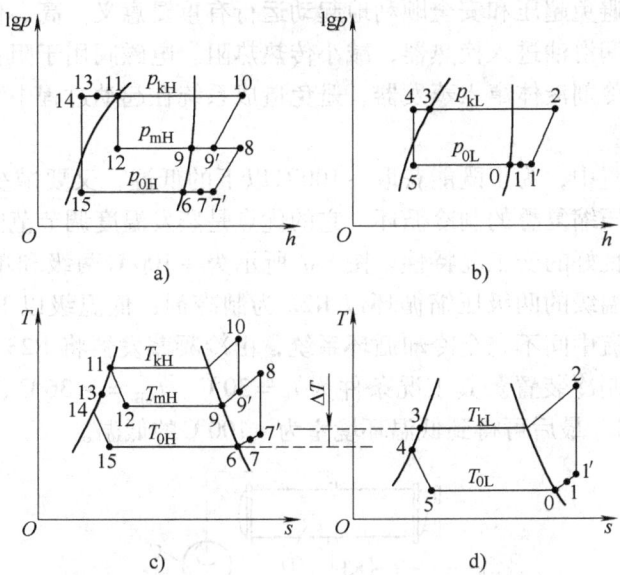

图 8-5 高温部分为两级压缩循环、低温部分为单级压缩循环的两级复叠式制冷循环热力状态图
a) 高温部分 lg$p$-h 图 b) 低温部分 lg$p$-h 图 c) 高温部分 T-s 图 d) 低温部分 T-s 图

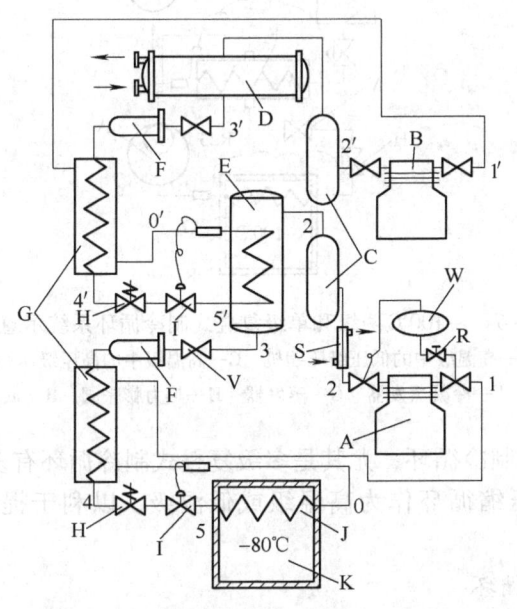

图 8-6 两级复叠式制冷实际循环系统示意图
A—低温级压缩机 B—高温级压缩机 C—油分离器 D—水冷冷凝器 E—冷凝蒸发器 F—过滤器 G—回热器
H—电磁阀 I—热力膨胀阀 J—蒸发器 K—低温室 W—膨胀容器 V—截止阀 R—减压阀 S—低温级排气冷却器

发器作为 R23 冷凝和 R22 蒸发的热交换设备,其传热温差的选取范围为 5～10℃,一般取 $\Delta t = 5$℃。高、低温级分别设回热器的目的是增大循环的单位制冷量和提高压缩机的吸气温度,改善压缩机的工作条件。低温级压缩机排气管设置套管式水冷却器,旨在降低其排气温度,减少冷凝蒸发器中的冷凝热负荷(即减少高温级循环的制冷量)。同时,膨胀容器的设

置对保证低温级系统避免超压和安全顺利地起动运行有重要意义。高、低温级分设的油分离器，可以有效地防止润滑油进入换热器，减小传热热阻。电磁阀用于阻止系统停止运行时两部分系统中的高压制冷剂液体窜入蒸发器，避免造成系统在起动过程中大量液体进入压缩机发生液击事故。

在复叠式制冷装置中，为了既能获取 -100℃ 以下的低温，又要减少制冷剂的种类，采用了两级压缩与单级压缩复叠的制冷循环。它的优点是蒸发温度调节范围比较宽，其上限可以达到 -60℃，具有良好的变工况特性。图 8-7 所示为 -100℃ 两级和单级复叠式制冷循环系统示意图。作为高温级的两级压缩循环以 R22 为制冷剂，低温级以 R23 为制冷剂。高温级为两级压缩一级节流中间不完全冷却循环系统，由冷凝蒸发器将 R23 单级循环连接起来，构成一个三级复叠式制冷装置。其工况条件为 $t_k = 30℃$、$t_{mH} = -36℃$、$t_{0H} = -66℃$、$t_{kL} = -59℃$、$t_{0L} = -120℃$，最后可得到低温环境室为 -100℃ 的低温。

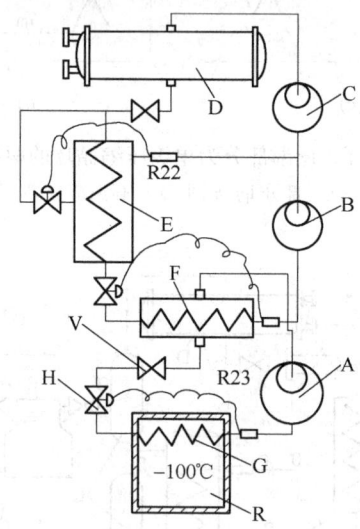

图 8-7 -100℃ 两级和单级复叠式制冷循环系统示意图
A—低温级压缩机 B—高温级中的低压级压缩机 C—高温级中的高压级压缩机 D—水冷却器
E—高温级中间冷却器 F—冷凝蒸发器 G—蒸发器 H—热力膨胀阀 R—低温环境室 V—截止阀

实际应用中的复叠式制冷循环，尤其是多级复叠式制冷循环有多种多样的组合方案，设计时可灵活地选择两级压缩循环作为高温级或低温级，以利于提高复叠式制冷机的工作性能。

2. 三级复叠式制冷循环

（1）三级复叠式制冷循环工作原理 一般情况下两级复叠式制冷循环的有效工作范围在 -80℃ 以上。为了获得更低的温度，需要采用三级复叠式制冷循环，最低蒸发温度可达 -140 ~ -110℃。

三级复叠式制冷循环由高温、中温、低温三部分组成，高温部分使用 R22 或 R502 制冷剂，中温部分使用 R13 等制冷剂，低温部分使用 R14 等制冷剂。在三级复叠式制冷循环中，由两个冷凝蒸发器分别连接高温与中温部分和中温与低温部分。图 8-8 所示为三个单级压缩循环组成的三级复叠式制冷循环原理图，图 8-9 所示为该循环的热力状态图。

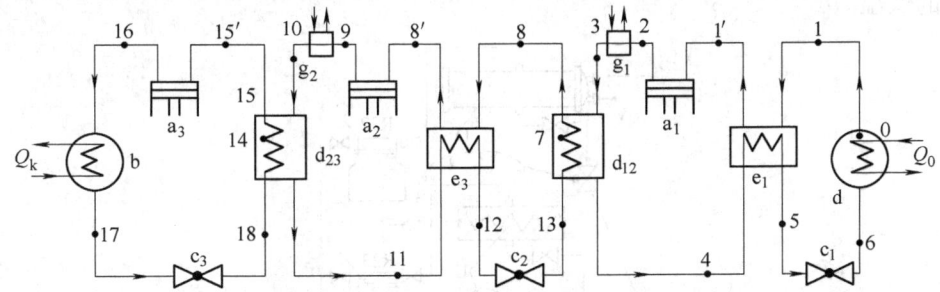

图 8-8 三个单级压缩循环组成的三级复叠式制冷循环原理图

a_1—低温部分压缩机 a_2—中温部分压缩机 a_3—高温部分压缩机 b—冷凝器 c_1、c_2、c_3—节流阀
d—蒸发器 d_{12}—中、低温部分冷凝蒸发器 d_{23}—高、中温部分冷凝蒸发器 e_1—低温部分回热器
e_2—中温部分回热器 g_1—低温部分过热冷却器 g_2—中温部分过热冷却器

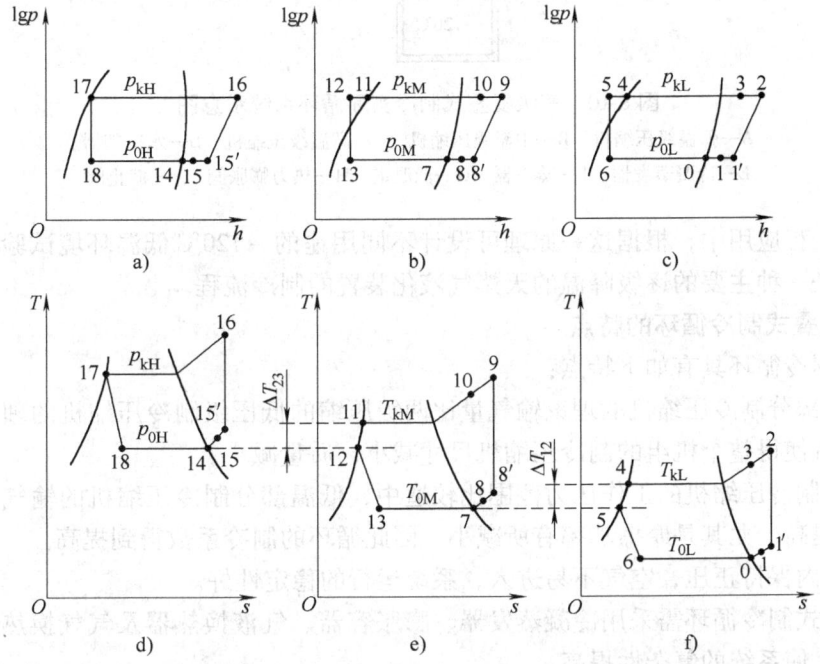

图 8-9 三个单级压缩循环组成的三级复叠式制冷循环热力状态图

a) 高温部分 $\lg p$-h 图   b) 中温部分 $\lg p$-h 图   c) 低温部分 $\lg p$-h 图
d) 高温部分 T-s 图   e) 中温部分 T-s 图   f) 低温部分 T-s 图

在循环中，0—1—1′—2—3—4—5—6—0 是低温部分（R14）的循环，7—8—8′—9—10—11—12—13—7 是中温部分（R13）单级压缩制冷循环，14—15—15′—16—17—18—14 为高温部分（R22 或 R502）单级压缩制冷循环。

（2）三级复叠式制冷实际循环系统 三级复叠式制冷实际循环系统示意图如图 8-10 所示。该系统采用 R22、R23、R14 三种不同的制冷剂。其冷凝温度 t_k = 35℃，首级冷凝蒸发器中 R22 的蒸发温度为 -35℃；R23 的冷凝温度为 -30℃，次级冷凝蒸发器中 R23 的蒸发温度为 -80℃；R14 的冷凝温度为 -75℃，系统的蒸发温度为 -130℃，在低温室内可获取

-120℃的低温。

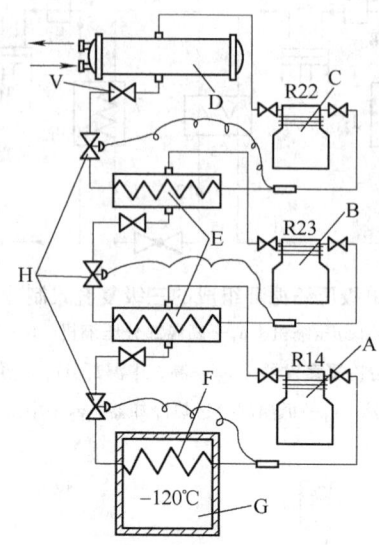

图 8-10 三级复叠式制冷实际循环系统示意图
A—低温级压缩机 B—中温级压缩机 C—高温级压缩机 D—水冷却器
E—冷凝蒸发器 F—蒸发器 G—低温室 H—热力膨胀阀 V—截止阀

在实际工程应用中，根据这一原理可设计不同用途的 -120℃低温环境试验装置，这一原理也曾经是一种主要的逐级降温的天然气液化装置的制冷流程。

（四）复叠式制冷循环的特点

复叠式制冷循环具有如下特点：

1）低温部分制冷压缩机的理论输气量比两级压缩的低压级制冷压缩机的理论输气量要小得多，这就使得整个机组的制冷压缩机尺寸减小，质量减小。

2）每台制冷压缩机的工作压力范围比较适中，低温部分制冷压缩机的输气系数及指示效率都有所提高，尤其是摩擦功率有所减小，因此循环的制冷系数得到提高。

3）系统内保持正压，空气不易进入，系统运行的稳定性好。

4）复叠式制冷循环需采用冷凝蒸发器、膨胀容器、气液换热器及气气换热器等，采用多元制冷剂，使系统的复杂性提高。

三、知识运用

（一）D—8 型低温箱复叠式制冷装置

图 8-11 所示为国产 D—8 型低温箱所用的制冷机实际系统图。D—8 型低温箱是按照复叠式制冷循环原理设计的。箱内工作温度约为 (-80 ± 2)℃，因而 R13 的蒸发温度为 -90 ~ -85℃。在低温部分的系统中，还增设了气液换热器、水冷却器及膨胀容器。气液换热器用来提高低温部分压缩机的吸气温度，同时也增加了低温级的单位制冷量。水冷却器可以减少冷凝蒸发器的热负荷，即可以减少高温级的冷负荷。

由两个单级系统组成的复叠式循环一般只能达到 -80℃ 左右的低温。如果采用一个单级系统和一个两级系统组成的复叠式循环，则可制取 -110℃ 的低温。为了得到更低的温度，可以采用三级复叠式系统。例如在 R22 和 R13 复叠式系统上，再增加一个以 R14 为制冷剂的单级系统，就可获得 -140℃ 的低温。

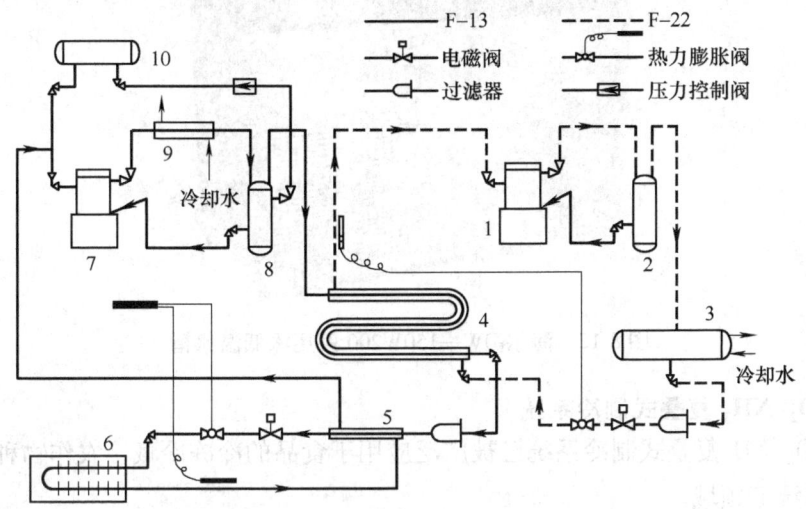

图 8-11　D—8 型低温箱复叠式制冷机实际系统图
1、7—压缩机　2、8—油分离器　3—冷凝器　4—蒸发冷凝器
5—气液换热器　6—蒸发器　9—水冷却器　10—膨胀容器

复叠式制冷装置的低温部分中装有膨胀容器（图 8-11 中件 10）。其作用是防止低温系统内压力过度升高。因为当复叠式制冷机停止运行后，系统内的温度将逐渐升高至环境温度，低温制冷剂将会全部汽化为过热蒸气（因为它们的临界温度较低而压力较高）。为了防止低温系统内压力过度升高，在系统内设置膨胀容器，以便停机后使部分汽化后的蒸气进入膨胀容器中，使整个系统内的压力保持在允许的最大工作压力之内。因为复叠式制冷装置是两个或两个以上制冷系统的复叠，所以系统较为复杂，其使用操作应遵循操作程序进行。

（二）超低温冰箱

超低温冰箱又称超低温保存箱、超低温冰柜、超低温试验箱等。它的总体结构与一般冰箱相似，具有一个整体的外壳，从外形上可分为立式和卧式两种。超低温冰箱均采用金属结构。除骨架外，箱体内外设有金属护板，内填隔热材料（通常用泡沫塑料充填或聚氨酯整体发泡），厚度为 150~300mm，在正面或上面有门，以便取放试件，一般还装有窥视玻璃，便于在实验过程中观察试件的情况。超低温冰箱与制冷机组装在一个公共底座上，超低温冰箱内装有冷却排管或冷风机，通过制冷剂的直接蒸发来冷却。所采用的制冷系统根据箱内要求保持的低温情况，可采用双级制冷循环系统或复叠式制冷循环系统。

超低温冰箱在医疗卫生、生物制品、电子材料等领域中有广泛的应用，主要用于保存病毒、病菌、红细胞、白细胞、皮肤、骨髓、细菌、精液、生物制品、远洋制品以及电子器件和特殊材料的低温实验等。超低温冰箱按温度范围大致可分为：-60℃ 低温冰箱，适用于金枪鱼的保存，电子器件、特殊材料的低温试验及保存血浆、生物材料、疫苗、试剂等；-86℃ 超低温冰箱，广泛应用于生物制品、化学试剂、血浆、疫苗、菌种、生物样本等的低温保存；-150~-105℃ 超低温冰箱适用于科研院所、金属处理、生物工程、血站、医院、卫生防疫系统、高校实验室、军工企业等。图 8-12 所示为海尔 DW—150W200 医用深低温冰箱，采用四级自动复叠制冷技术，箱内温度可达到 $-150 \sim -126$℃。

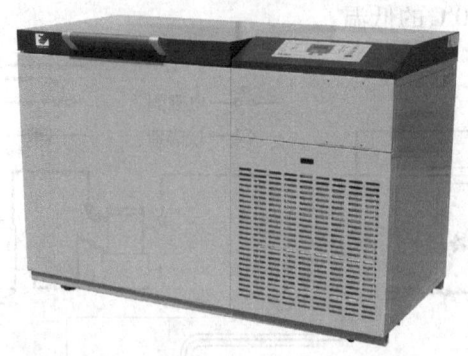

图 8-12　海尔 DW—150W200 医用深低温冰箱

（三）CO_2/NH_3 复叠式制冷系统

目前，CO_2/NH_3 复叠式制冷系统已被广泛应用于食品的冷冻冷藏、农作物种子的保存以及超市制冷系统等领域。

1) 在 20 世纪 90 年代中期，瑞士雀巢公司对全球雀巢工厂的制冷系统做了检查，成功采用 CO_2/NH_3 复叠式制冷系统替代 R13B1 制冷系统对法国 Beauvais 大型冷库进行改造，改造后 CO_2 充灌量为 8000kg，NH_3 充灌量为 1300kg，系统在 -36℃蒸发温度时的制冷量为 1200kW。

2) 荷兰的 Klaas Puul 将该系统应用于速冻隧道。

3) 挪威将该系统应用于渔船平板速冻。

4) 在美国奥兰多建设的制冷量为 1050kW 的 CO_2/NH_3 复叠式制冷系统于 2002 年投入使用，在费城建设的 CO_2/NH_3 复叠式制冷系统于 2005 年投产运行。

图 8-13 所示为 CO_2/NH_3 复叠式制冷系统示意图。在此系统中，利用 CO_2 作为第二级循环的相变工质，工作于亚临界范围内，通过相变制冷。压缩后的 CO_2 气体在冷凝蒸发器中被第一级循环的 NH_3 制冷系统冷却及冷凝。两级制冷系统由冷凝蒸发器连接，冷凝蒸发器既是 CO_2 制冷系统的冷凝器，同时也是 NH_3 制冷系统的蒸发器。在理想条件下，CO_2 的冷凝热量等于 NH_3 的蒸发热量，传热温差一般取 $5 \sim 8$℃。CO_2 制冷系统中设置了回热器，用 CO_2 压缩机回气管前的低温低压蒸气冷却流出冷凝蒸发器的 CO_2 高压气体。采用回热循环的目的是使节流前的 CO_2 产生一定的过冷度，这有利于减少节流损失，增加制冷量，提高系统的 COP（能效比）值。提高 CO_2 制冷剂进入压缩机的入口温度，可避免液击，使制冷剂更好地将润滑油带入压缩机。图 8-14 所示为 CO_2/NH_3 复叠式制冷系统流程图。

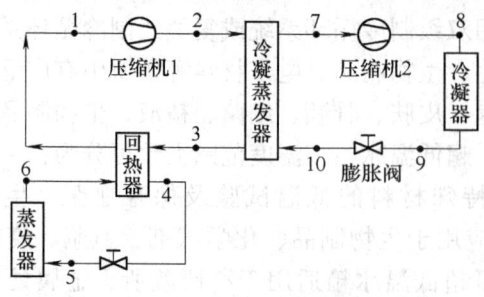

图 8-13　CO_2/NH_3 复叠式制冷系统示意图

模块八　复叠式制冷循环系统的原理与应用　125

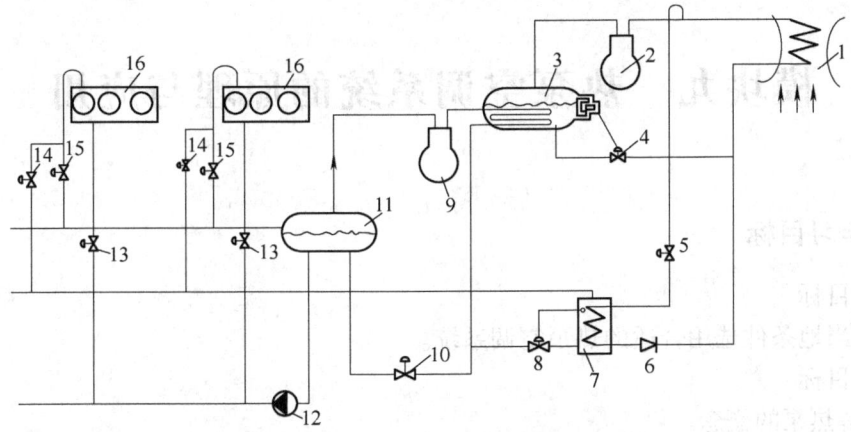

图 8-14　CO_2/NH_3 复叠式制冷系统流程图

1—氨蒸发式冷凝器　2—氨压缩机　3—氨满液式蒸发器　4—液位调节阀　5—氨阀　6—单向阀
7—融霜加热器　8—CO_2 液体进液阀　9—CO_2 压缩机　10—CO_2 液体节流阀　11—CO_2 气液分离器
12—CO_2 液体泵　13—CO_2 流量调节阀　14—CO_2 热气调节阀　15—回气调节阀　16—CO_2 空气冷却器

思考题与练习题

1. 什么是复叠式制冷循环？
2. 为什么要采用复叠式制冷循环？
3. 复叠式制冷循环的特点有哪些？
4. 复叠式制冷循环主要用于哪些场合？
5. 复叠式制冷循环主要使用哪些制冷剂？
6. 如何分析两级复叠式制冷循环的工作流程与热力性能？
7. 如何分析三级复叠式制冷循环的工作流程与热力性能？

模块九 热泵空调系统的原理与应用

一、学习目标

● 终极目标

会依据当地条件选用合适的热泵空调系统。

● 促成目标

1）了解热泵的概念。
2）掌握热泵的工作原理。
3）了解热泵的分类和特点。
4）掌握空气源热泵、水源热泵、土壤源热泵空调系统的工作原理。

二、相关知识

（一）热泵的概念及工作原理

1. 热泵的概念

热泵实质上是一种热量提升装置，它本身消耗一部分能量，把环境介质中储存的能量予以挖掘，提高温位加以利用，如同水泵将水提高水位后再加以利用一样。整个热泵装置所消耗的功仅为供热量的三分之一或更低，这也是热泵的节能特点。

建筑物的空调系统一般应满足冬季供热和夏季制冷两种相反的要求。传统的空调系统通常需分别设置冷源（制冷机）和热源（锅炉）。如果让制冷机在冬季以热泵的模式运行，则可以省去锅炉和锅炉房，并能减轻供暖造成的大气污染问题。热泵冬季供热和夏季制冷模式的改变，是通过机组内一个换向阀来调换蒸发器和冷凝器工作而实现的。因此，热泵又可定义为能实现蒸发器与冷凝器功能转换的制冷机。

2. 热泵的工作原理

热泵和制冷机的工作原理相同，通常就是一个装置的两种称谓。图9-1所示为蒸气压缩式制冷机作为热泵使用的工作原理图。在蒸发器中，制冷剂蒸发吸取环境介质（水、空气、土壤）中的热能，经压缩后的制冷剂在冷凝器中放出热量加热供热系统的回水，然后由循环泵送到热用户用作采暖或热水供应等。在冷凝器中，制冷剂凝结成液体，经节流降压降温后进入蒸发器，从而完成一个循环。热泵和制冷机在名称上的差别反映了它们的工作目的及工作温度范围的不同。制冷机的热源温度为环境温度，可将冷源的热量转移到环境中去，使冷源保持低温；热泵的冷源温度是环境温度，可将环境中的热量转移到热源中去，使热源保持一定的高温。因此，对于同一环境温度来说，热泵的工作温度

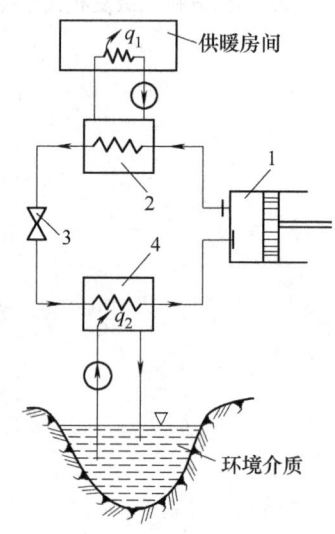

图9-1 热泵工作原理图
1—压缩机 2—冷凝器
3—节流元件 4—蒸发器

范围明显高于制冷机的工作温度范围。

（二）热泵的发展及应用

热泵技术的理论基础起源于 1824 年卡诺发表的关于卡诺循环的论文。30 年后开尔文提出"冷冻装置可以用以加热"；1852 年，威廉·汤姆逊发表论文，提出用空气作为工质的热泵技术；1927 年，英格兰一台用空气作为热源的家用热泵安装成功；日本在 1937 年开始采用透平式压缩机，以泉水作为低温热源，为大型建筑物进行空气调节；1938 年，第一台较大的热泵装置在苏黎世投入运行。这台热泵装置以河水作为热源，装有一台回转式压缩机，工质是 R12，用来向市政厅供热，其输出功率为 175kW，输出水温为 60℃，而且此热泵装置夏季也能制冷。此后在欧洲的瑞士和英国，热泵的数量已经很可观了。

20 世纪 70 年代初期，人们普遍认识到矿物燃料在地球上是有限的，1973 年"能源危机"的出现更加深了人们对地球能源有限性的认识。而热泵以其回收地下岩土、空气、水等物质中的低温热源的热量、节约能源、保护环境的特点得到了广泛的应用。

20 世纪 70 年代以来，欧洲各国和前苏联、日本、美国、澳大利亚等国家对热泵研究工作十分重视。前苏联、英国、法国、原联邦德国、丹麦、瑞典、挪威等国家都参加了世界能源组织于 1976 年成立的"国际热泵委员会"。

目前，世界各国对热泵技术的兴趣越来越浓，欧洲各国、日本、北美多国的制造厂商都为工业、商业、民用建筑提供了大量热泵。如国际能源机构和欧盟都制定了大型热泵发展计划，且不少现有热泵技术和新技术试验在新领域中的推广应用工作也正在进行和规划当中。而热泵的用途也在不断开拓，不仅用于采暖空调系统上，而且在工农商业上也得到了广泛的应用。热泵工业正在迅速成长，它将在节约能源方面起到重大的作用。

（三）热泵的分类和特点

热泵的分类多种多样，常见的分类方法有下列几种。

1）按照热泵工作原理的不同，热泵主要分为两大类：机械压缩式热泵和热力压缩式热泵。机械压缩式热泵包括蒸气压缩式和气体压缩式两种热泵，它主要消耗电动机、发动机所做的功，将工质从低温低压状态压缩至高温高压状态。热力压缩式热泵是相对机械压缩式热泵而言的，它主要利用高温蒸汽、燃料燃烧或者余热、太阳能等热能直接驱动热泵工作，因为它几乎没有机械运动部件而备受关注。热力压缩式热泵包括蒸汽喷射式热泵、吸收式热泵和吸附式热泵等。

2）根据热源的种类不同，热泵可分为空气源热泵、水源热泵、土壤源热泵、太阳能热泵等多种。热泵的热源多为低品位。

3）按容量及使用场合的不同，热泵可分为住宅用热泵（制热量为 1~70kW）、商业及农业用热泵（制热量为 2~120kW）、工业用热泵（制热量为 0.1~10MW）。工业用热泵还可以进一步划分为干燥用热泵、工艺过程浓缩用热泵、蒸馏用热泵等。

4）按供热温度的不同，热泵可分为低温热泵（供热温度低于 100℃）和高温热泵（供热温度高于 100℃）。

5）按热源与供热介质组合方式的不同，热泵可分为空气-空气热泵、空气-水热泵、水-空气热泵、水-水热泵、土壤-水热泵和土壤-空气热泵等。

6）按功能的不同，热泵可分为仅用于供热（供暖或热水供应）的热泵、既可制冷又可制热的热泵、可同时制冷与制热的热泵、热回收热泵等。

7) 按配用压缩机形式的不同,热泵可分为往复活塞式热泵、转子式热泵、涡旋式热泵、螺杆式热泵、离心式热泵等。

8) 按热泵机组安装形式的不同,热泵可分为单元式热泵机组、分体式热泵机组、现场安装式热泵机组。

9) 按热量提升级数的不同,热泵可分为:① 初级热泵,此种热泵利用天然能源如室外空气、地表水、地下水或土壤等为热源;② 次级热泵,此种热泵是以排出的废水、废气和废热等为热源;③ 第三级热泵,此种热泵与初级或次级热泵联合使用,将前一级热泵制取的热量再升温。如寒冷地区可用多级热泵的组合方式提供供暖用热。

下面分别对较常用的空气源热泵、水源热泵和土壤源热泵进行介绍。

1. 空气源热泵

空气源热泵以空气为冷热源,其系统图如图9-2所示。空气源热泵在供热工况下,将室外空气作为低温热源,从室外空气中吸收热量,经热泵提高温度送入室内供暖。由于空气取用方便,空气源热泵系统简单,初投资低。空气源热泵的主要缺点是在夏季高温和冬季寒冷天气时热泵的效率大大降低。而且其制热量随室外空气温度降低而减少,这与建筑热负荷需求趋势正好相反。因此,当室外空气温度低于热泵工作的平衡点温度时,需要用电或其他辅助热源对空气进行加热。此外,在供热工况下,空气源热泵的蒸发器上会结霜,需要定期除霜,这也将消耗大量的能量。在寒冷地区和高湿度地区,热泵蒸发器的结霜成为较大的技术障碍。因此,在建筑空调中采用空气源热泵受到气候条件的制约,在我国典型应用范围是长江以南地区。

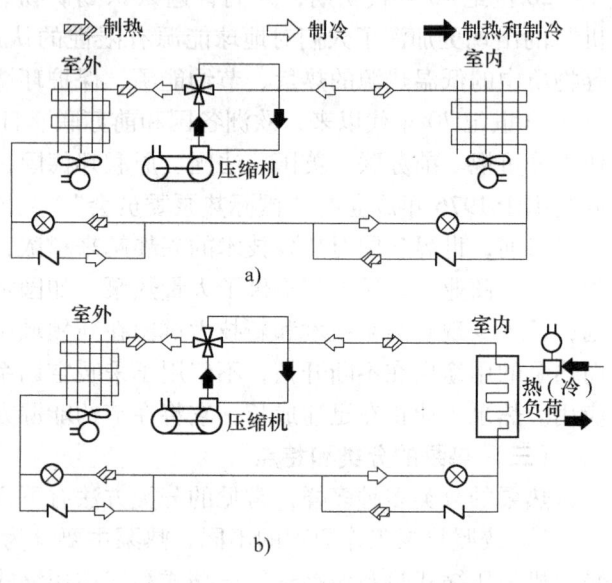

图9-2 空气源热泵系统图
a) 空气-空气式热泵 b) 空气-水式热泵

按冷凝器放出热量时进行热交换介质的不同,空气源热泵有空气-空气式热泵和空气-水式热泵。前者从空气中吸收热量,供热介质为空气,是最普通的热泵形式,包括家用空调器、柜式空调器、多联式空调机、屋顶式空调机组等。后者从空气中吸收热量,供热介质为水,俗称风冷热泵冷热水机组或风冷热泵机组。

2. 水源热泵

水源热泵是以水为热源的可进行制冷/制热的一种热泵型整体式水-空气式或水-水式空调装置,其系统图如图9-3所示,它在制热时以水为低温热源而在制冷时以水为高温热源。以水作为热源的优点是:水的比热容大,传热性能好,所以其换热设备结构紧凑。水源温度一般比较稳定,且冬季水温高于大气温度,夏季水温低于大气温度,因此,机组运行工况好,其制热、制冷系数均高于空气源热泵。机组运行可靠,不存在冬季制热运行时室外机结霜问题。水源热泵的缺点是:受当地水资源因素影响,应用场合受到限制;对水质有一定的要求，而且应根据水质情况选用合适的管路和换热设备材质，以防出现严重的腐蚀问题。

根据热源水的来源不同，水源热泵可分为以下几种类型。

（1）地下水水源热泵　地下水水源热泵即通常所说的深井回灌式水源热泵，其系统图如图9-4所示。通过建造抽水井群将地下水抽出，通过二次换热或直接送到水源热泵机组，经提取热量或释放热量后，由回灌井群灌回地下。如果能真正实现100%的回灌到原水层，这样就能保证地下水总体上的供回平衡。

与土壤源热泵相比，深井水取水的钻井费用少，传热性能好。其缺点是：受当地水文条件及法律条款的限制（如是否允许开采地下水）；需水量大，不

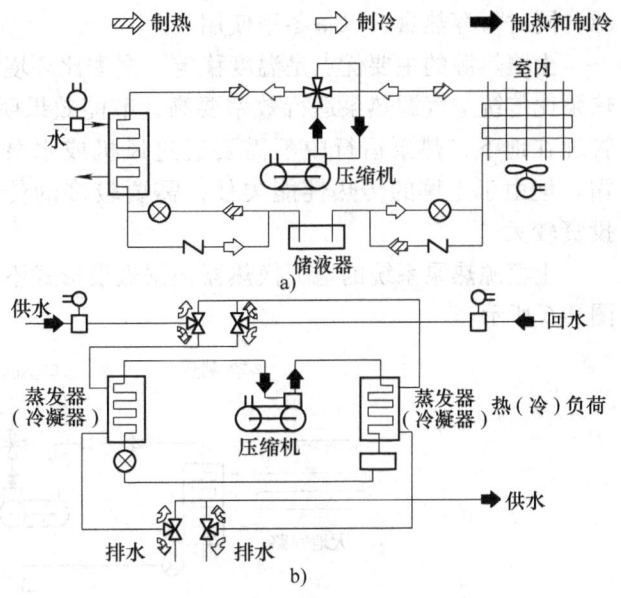

图9-3　水源热泵系统图
a）水-空气式热泵　b）水-水式热泵

易找到合适的水源；热泵的换热器易受悬浮物、腐蚀物、水垢、细菌微生物的影响，有可能需要设置水处理设备；深井回灌技术受各地质条件影响，当回灌不成功时将造成大量地下水浪费并引起地下水位下降，最终引起地面下沉；由于地下水水源热泵并不是密闭的循环系统，回灌过程中的回扬、水回路中产生的负压和沉砂池，都避免不了空气和地下水的接触，导致地下水氧化。因此，采用深井水的水源热泵使用范围受到了较大的限制。

（2）地表水水源热泵　地表水水源热泵通过直接抽取或者间接换热的方式，利用包括江水、河水、湖水、水库以及海水作为冷热源，其系统图如图9-5所示。水源热泵的直接抽取方式涉及面广、复杂，会造成环境污染和地表水资源枯竭，而且直接抽取换热方式对热泵机组还有腐蚀和堵塞等现象，因此应当谨慎采用。建议使用间接换热方式。

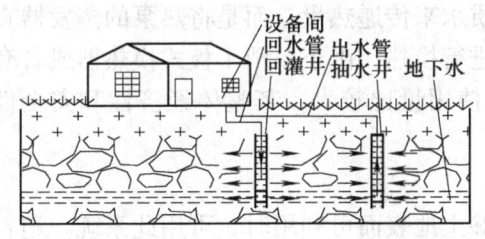

图9-4　地下水水源热泵系统图

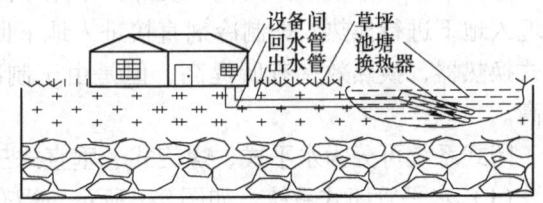

图9-5　地表水水源热泵系统图

地表水水源热泵与地下水水源热泵相比，其运行工况要恶劣得多。作为冷、热源的地表水受环境影响较大，一年内温度变化大，在北方地区冬季需进行防冻处理。

3. 土壤源热泵

土壤源热泵是一种利用地下浅层低温地热资源的，既可供热又可制冷的高效节能热泵系统。地能可在冬季作为热泵供暖的热源，同时蓄存冷量，以备夏季使用；而在夏季可作为冷

源,同时蓄存热量,以备冬季使用。

土壤热源的主要优点是温度稳定,夏季比环境温度低,冬季比环境温度高,使得土壤源热泵比传统空气源热泵运行效率要高,节能效果明显,运行更加可靠、稳定。土壤的换热管埋在地下,热泵运行中不需要通过风机或水泵即可换热,无噪声,换热器也不需要除霜。但由于土壤的传热性能欠佳,需要较多的传热面积,导致占地面积较大,且一次性投资较大。

土壤源热泵系统的地下换热器根据敷设形式不同可分为闭式和直接膨胀式,其系统图如图9-6所示。

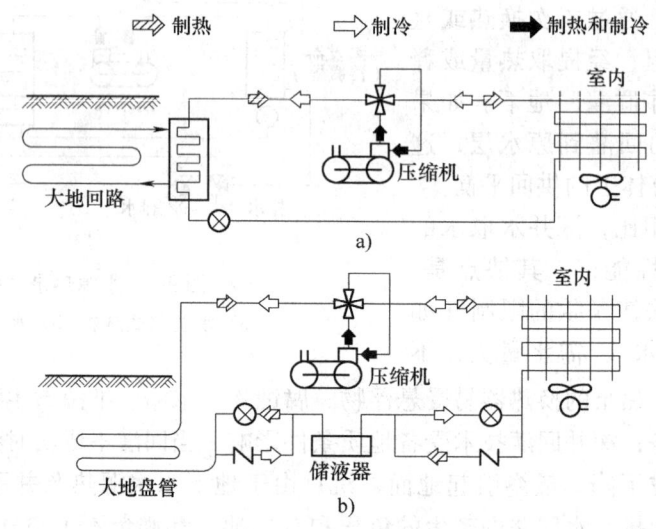

图9-6 土壤源热泵系统图
a) 土壤-水-空气式热泵(闭式) b) 土壤-空气式热泵(直接膨胀式)

闭式系统采用埋于地下的高强度塑料管作为换热器,管路中充满介质,通常是水或防冻水溶液。闭式系统利用泵作为循环动力,由于环路是封闭的,所以换热介质和地下水不直接接触,也不受矿物质影响。

直接膨胀式系统不像闭式系统那样采用中间介质水来传递热量,而是将热泵的蒸发器直接埋入地下进行换热,即制冷剂直接进入地下回路进行换热,由于取消了板式换热器或者套管式换热器,换热效率有所提高,但是由于制冷剂使用量比较大,其整体经济性和安全性不高。

闭式系统可分为水平式、螺旋式、垂直式三种。

(1) 水平管闭式系统 如图9-7所示,当有足够土地表面可利用时,可用此系统。塑料管水平埋设在沟壕中,沟壕长度取决于土壤状况和沟壕中管子的数量。该系统常用于住宅建筑。

其优点是:挖沟壕的成本较低,安装灵活。
其缺点是:需大量土地面积,由于埋设深度浅,土壤温度易受季节影响,因而热泵的效率略低。土壤热特性随季节、降雨量、埋设深度而波动。

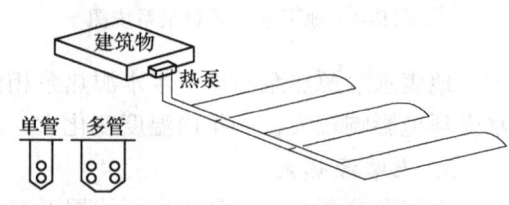

图9-7 水平管闭式系统

(2) 螺旋管闭式系统　图9-8所示是水平环路的一个变体,在沟壕内呈螺旋状放置。另一种螺旋环路系统则将螺旋状管放入狭窄且垂直的沟壕内。螺旋环路系统通常需要很长的管子,但沟壕的数量少于上述水平管闭式系统。它同样适用于土地面积较大的场所。

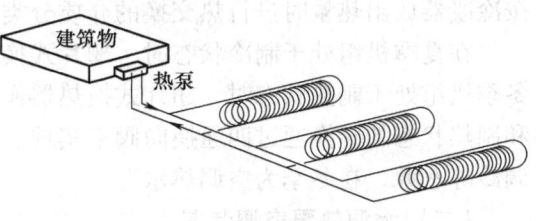

图9-8　螺旋管闭式系统

其优点是:比水平管闭式系统占地少,安装成本相对较低。其缺点是:所需管子较长,需要相对大面积的土地,土壤温度易受季节影响;比水平管闭式系统需要更大的泵,耗能大;在填埋过程中易损坏管路。

(3) 垂直环路闭式系统　如图9-9所示,当土地面积受限时可以采用垂直环路闭式系统。封闭管路插入垂直的井中,根据土壤及温度条件确定管长,设计中一般需要多个井。垂直环路闭式系统有三种换热器基本类型:U形管式、分置式和同心管式,其中U形管式应用较广。

其优点是:所需管材量少于其他闭式系统,泵的能耗最小,所需土地面积最少,土壤温度不易受季节变化的影响。其缺点是钻井费用高。

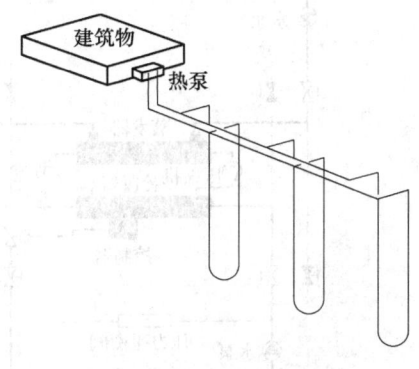

图9-9　垂直环路闭式系统

三、知识运用

(一) 空气源热泵空调装置

图9-10所示为风冷热泵冷热水机组原理图,其中实线为制冷回路,虚线为制热回路。

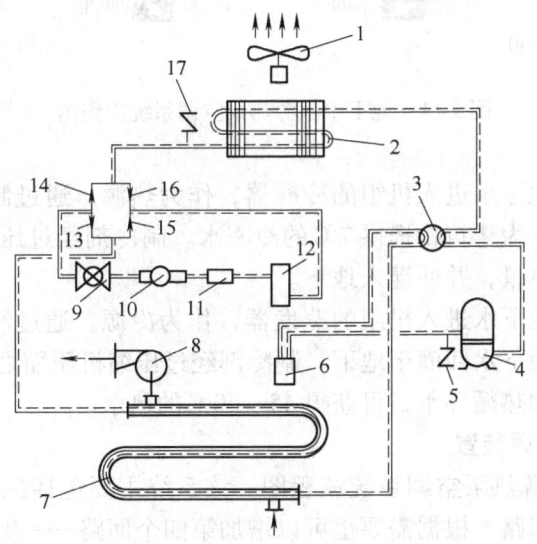

图9-10　风冷热泵冷热水机组原理图

1—风扇　2—翅片式换热器　3—四通换向阀　4—压缩机　5—低压接口　6—气液分离器　7—套管式换热器
8—水泵　9—膨胀阀　10—视镜　11—干燥过滤器　12—储液罐　13~16—单向阀　17—高压接口

按冷凝器放出热量时进行热交换的介质分类,它属于空气-水式热泵。

在夏季机组处于制冷状态时,翅片式换热器作为冷凝器,套管式换热器作为蒸发器。在冬季机组处于制热状态时,翅片式换热器作为蒸发器,套管式换热器作为冷凝器。制冷状态和制热状态的转换通过四通换向阀来实现。与套管式换热器连接的换热循环水,在夏季为空调冷冻水源,在冬季为空调热水源。

(二) 水源热泵空调装置

图9-11所示为地下水水源热泵空调系统流程图。图9-11a所示为制冷工况,图9-11b所示为制热工况。

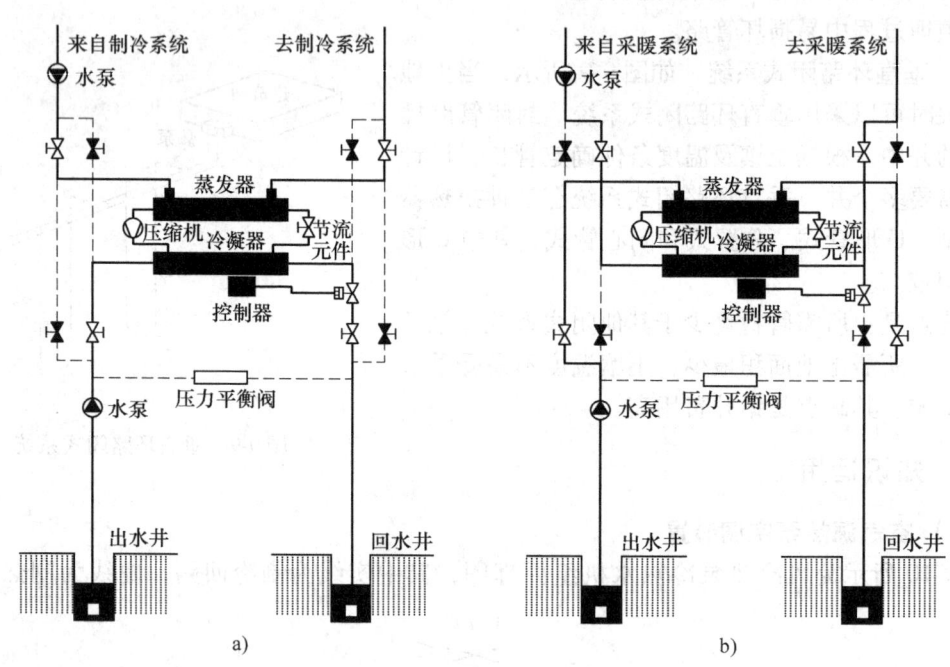

图9-11 地下水水源热泵空调系统流程图

夏季机组制冷时,地下水进入机组的冷凝器,作为热源。通过制冷剂在蒸发器中蒸发,吸收制冷系统水的热量,为建筑物提供7℃的冷冻水。制冷剂经过压缩机压缩后进入机组的冷凝器,由地下水带走热量,并回灌入地下。

冬季机组制热时,地下水进入机组的蒸发器,作为冷源。通过制冷剂在蒸发器中蒸发,吸收地下水中的热量,地下水回灌于地下。制冷剂经过压缩机压缩之后,成为高温高压的过热气体,进入冷凝器,加热循环水,可获得45~60℃的热水。

(三) 土壤源热泵空调装置

图9-12所示为土壤源热泵空调系统流程图。该系统主要包括三个回路:用户回路、制冷剂回路和地下换热器回路。根据需要也可以增加第四个回路——生活热水回路。图中地下换热器的敷设形式属于闭式,埋管方式为垂直式。

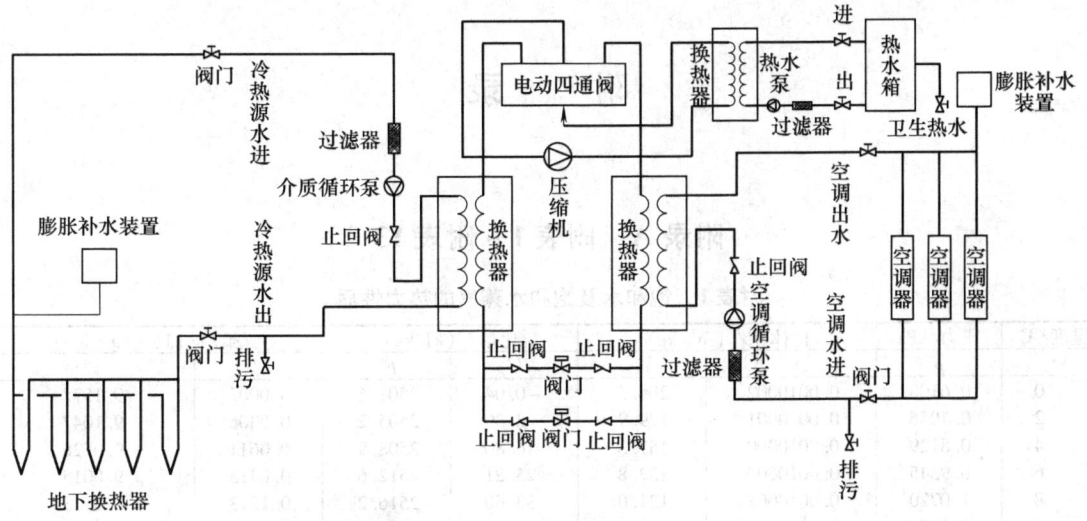

图 9-12 土壤源热泵空调系统流程图

思考题与练习题

1. 什么是热泵?
2. 简述热泵的工作原理,它与制冷机有何异同?
3. 根据热泵吸取热量的低温热源种类的不同,热泵可分为哪几类?分别阐述其特点。
4. 水源热泵的低温热源水的来源有哪些?
5. 土壤源热泵系统的地下换热器根据敷设形式不同,可分为几种形式?
6. 简述土壤源热泵空调系统的组成。

附　　录

附录 A　附表 1～附表 13

附表 1　饱和水及饱和水蒸气的热力性质

温度/℃	压力/kPa	比体积/（m³/kg）		比焓/（kJ/kg）		比熵/[kJ/(kg·K)]	
t	p	v'	v''	h'	h''	s'	s''
0	0.6108	0.0010002	206.3	−0.04	2501.6	0.0002	9.1577
2	0.7055	0.0010001	179.9	8.39	2505.2	0.0306	9.1047
4	0.8129	0.0010000	157.3	16.80	2508.9	0.0611	9.0526
6	0.9345	0.0010000	137.8	25.21	2512.6	0.0913	9.0015
8	1.0720	0.0010001	121.0	33.60	2516.2	0.1213	8.9513
10	1.2270	0.0010003	106.4	41.99	2519.9	0.1510	8.9020
12	1.4014	0.0010004	93.84	50.38	2523.6	0.1805	8.8536
14	1.5973	0.0010007	82.90	58.75	2527.2	0.2098	8.8060
16	1.8168	0.0010010	73.38	67.13	2530.9	0.2388	8.7593
18	2.062	0.0010013	65.09	75.50	2534.5	0.2677	8.7135
20	2.337	0.0010017	57.84	83.88	2538.2	0.2963	8.6684
22	2.642	0.0010022	51.49	92.23	2541.8	0.3247	8.6241
24	2.982	0.0010026	45.93	100.59	2545.5	0.3530	8.5806
26	3.360	0.0010032	41.03	108.95	2549.1	0.3810	8.5379
28	3.778	0.0010037	36.73	117.31	2552.7	0.4088	8.4959
30	4.241	0.0010043	32.93	125.66	2556.4	0.4365	8.4546
32	4.753	0.0010049	29.57	134.02	2560.0	0.4640	8.4140
34	5.318	0.0010056	26.60	142.38	2563.6	0.4913	8.3740
36	5.940	0.0010063	23.97	150.74	2567.2	0.5184	8.3348
38	6.624	0.0010070	21.63	159.09	2570.8	0.5453	8.2962
40	7.375	0.0010078	19.55	167.45	2574.4	0.5721	8.2583
42	8.198	0.0010086	17.69	175.31	2577.9	0.5987	8.2209
44	9.100	0.0010094	16.04	184.17	2581.5	0.6252	8.1842
46	10.086	0.0010103	14.56	192.53	2585.1	0.6514	8.1481
48	11.162	0.0010112	13.23	200.89	2588.6	0.6776	8.1125
50	12.335	0.0010121	12.05	209.26	2592.2	0.7035	8.0776
52	13.613	0.0010131	10.98	217.62	2595.7	0.7293	8.0432
54	15.002	0.0010140	10.02	225.98	2599.2	0.7550	8.0093
56	16.511	0.0010150	9.159	234.35	2602.7	0.7804	7.9759
58	18.147	0.0010161	8.381	242.72	2606.2	0.8059	7.9431
60	19.920	0.0010171	7.679	251.09	2609.7	0.8310	7.9108
62	21.84	0.0010182	7.044	259.46	2613.2	0.8560	7.8790
64	23.91	0.0010193	6.469	267.84	2616.6	0.8809	7.8477
66	26.15	0.0010205	5.948	276.21	2620.1	0.9057	7.8168
68	28.56	0.0010217	5.476	284.59	2623.5	0.9303	7.7864
70	31.16	0.0010228	5.046	292.97	2626.9	0.9548	7.7565
72	33.96	0.0010241	4.646	301.35	2630.3	0.9792	7.7270
74	36.96	0.0010253	4.300	309.74	2633.7	1.0034	7.6979
76	40.19	0.0010266	3.976	318.13	2637.1	1.0275	7.6693
78	43.65	0.0010279	3.680	326.52	2640.4	1.0514	7.6410
80	47.36	0.0010292	3.409	334.92	2643.8	1.0753	7.6132
82	51.33	0.0010305	3.162	343.31	2647.1	1.0990	7.5850
84	55.57	0.0010319	2.935	351.71	2650.4	1.1225	7.5588
86	60.11	0.0010333	2.727	360.12	2653.6	1.1460	7.5321
88	64.95	0.0010347	2.536	368.53	2656.9	1.1693	7.5058

(续)

温度/℃	压力/kPa	比体积/(m³/kg)		比焓/(kJ/kg)		比熵/[kJ/(kg·K)]	
t	p	v'	v"	h'	h"	s'	s"
90	70.11	0.0010361	2.361	376.94	2660.1	1.1925	7.4799
92	75.61	0.0010376	2.200	385.36	2663.4	1.2156	7.4543
94	81.46	0.0010391	2.052	393.78	2666.6	1.2386	7.4291
96	87.69	0.0010406	1.915	402.20	2669.7	1.2615	7.4042
98	94.30	0.0010421	1.789	410.63	2672.9	1.2842	7.3796
100	101.33	0.0010437	1.673	419.06	2676.0	1.3069	7.3554
102	108.78	0.0010453	1.566	427.50	2679.1	1.3294	7.3315
104	116.68	0.0010469	1.466	435.95	2682.2	1.3518	7.3078
106	125.04	0.0010485	1.374	444.40	2685.3	1.3742	7.2845
108	133.90	0.0010502	1.289	452.85	2688.3	1.3964	7.2615
110	143.26	0.0010519	1.210	461.32	2691.3	1.4185	7.2388
112	153.16	0.0010536	1.137	469.78	2694.3	1.4405	7.2164
114	163.62	0.0010553	1.069	478.26	2697.2	1.4624	7.1942
116	174.65	0.0010571	1.005	486.74	2700.2	1.4842	7.1723
118	186.28	0.0010588	0.9463	495.23	2703.1	1.5060	7.1507
120	198.54	0.0010606	0.8915	503.72	2706.0	1.5276	7.1293

附表2　NH_3饱和液体及蒸气的热力性质

温度/℃	压力/kPa	比焓/(kJ/kg)		比熵/[kJ/(kg·K)]		比体积/(L/kg)	
t	p	h'	h"	s'	s"	v'	v"
-60	12.86	-69.699	1371.333	-0.10927	6.65138	1.4008	4715.8
-55	30.09	-48.732	1380.388	-0.01209	6.53900	1.4123	3497.5
-50	40.76	-27.489	1387.182	0.08412	6.43263	1.4242	2633.4
-45	54.40	-5.919	1397.687	0.17962	6.33175	1.4364	2010.6
-40	71.59	15.914	1405.887	0.27418	6.23589	1.4490	1555.1
-35	93.00	38.046	1413.754	0.36797	6.14461	1.4619	1217.3
-30	119.36	60.469	1421.262	0.46089	6.0575	1.4753	963.49
-28	131.46	69.517	1424.170	0.49797	6.02374	1.4808	880.04
-26	144.53	77.870	1426.993	0.53483	5.99056	1.4864	805.11
-24	158.63	87.742	1429.762	0.57155	5.95794	1.4920	737.70
-22	173.82	96.916	1432.465	0.60813	5.92587	1.4977	676.97
-20	190.15	106.130	1435.100	0.64458	5.89431	1.5035	622.14
-18	207.67	115.381	1437.665	0.68108	5.86325	1.5093	572.57
-16	226.47	124.668	1440.160	0.71702	5.83268	1.5153	527.68
-14	246.59	133.988	1442.581	0.75300	5.80256	1.5213	486.96
-12	268.10	143.341	1444.929	0.78883	5.77289	1.5274	449.97
-10	291.06	152.723	1447.201	0.82448	5.74365	1.5336	416.32
-9	303.12	157.424	1448.308	0.84324	5.72918	1.5367	400.63
-8	315.56	162.132	1449.396	0.86026	5.71481	1.5399	385.65
-7	328.40	166.846	1450.464	0.87772	5.70054	1.5430	371.35

（续）

温度/℃	压力/kPa	比焓/（kJ/kg）		比熵/[kJ/(kg·K)]		比体积/（L/kg）	
t	p	h'	h″	s'	s″	v'	v″
-6	341.64	171.567	1451.513	0.89526	5.68637	1.5462	357.68
-5	355.31	176.293	1452.541	0.91254	5.67229	1.5495	344.61
-4	369.39	181.025	1453.550	0.93037	5.65831	1.5527	332.12
-3	383.91	185.761	1454.468	0.94785	5.64441	1.5560	320.17
-2	398.88	190.503	1455.505	0.96529	5.63061	1.5593	308.74
-1	414.29	195.249	1456.452	0.98267	5.61689	1.5626	297.74
0	430.17	200.000	1457.739	1.00000	5.60326	1.5660	287.31
1	446.52	204.754	1458.284	1.01728	5.58970	1.5693	277.28
2	463.34	209.512	1459.168	1.03451	5.57642	1.5727	267.66
3	480.66	214.273	1460.031	1.05168	5.56286	1.5762	258.45
4	498.47	219.038	1460.873	1.06880	5.54954	1.5796	249.61
5	516.79	223.805	1461.693	1.08587	5.53630	1.5831	241.14
6	535.63	228.574	1462.492	1.10288	5.52314	1.5866	233.02
7	554.99	233.346	1463.269	1.11966	5.51006	1.5902	225.22
8	574.89	238.119	1464.023	1.13672	5.49705	1.5937	217.74
9	595.34	242.894	1464.757	1.15365	5.48410	1.5973	210.55
10	616.35	247.670	1465.466	1.17034	5.47123	1.6010	203.65
11	637.92	252.447	1466.154	1.18706	5.45842	1.6046	197.02
12	660.07	257.225	1466.820	1.20372	5.44568	1.6083	190.65
13	682.80	262.003	1467.462	1.22032	5.43300	1.6120	184.53
14	706.13	266.783	1468.082	1.23686	5.42039	1.6158	178.64
15	754.62	271.559	1468.680	1.25333	5.40784	1.6196	172.98
16	779.80	276.336	1469.250	1.26974	5.39534	1.6234	167.54
17	805.62	281.113	1469.805	1.28609	5.38291	1.6273	162.30
18	832.09	285.888	1470.332	1.30238	5.37054	1.6311	157.25
19	859.22	290.662	1470.836	1.32660	5.35824	1.6351	152.40
20	887.01	295.435	1471.317	1.33476	5.34595	1.6390	147.72
21	887.01	300.205	1471.774	1.35085	5.33374	1.64301	143.22
22	915.48	304.995	1472.207	1.36687	5.32158	1.64704	138.88
23	944.65	309.741	1472.616	1.38283	5.30948	1.65111	134.69
24	974.52	314.505	1473.001	1.39873	5.29742	1.65522	130.66
25	1005.1	319.266	1473.362	1.41451	5.28541	1.65936	126.78
26	1036.4	324.025	1473.699	1.43031	5.27345	1.66354	123.03
27	1068.4	328.780	1474.011	1.44600	5.26153	1.66776	119.41
28	1101.2	333.532	1474.339	1.46163	5.24966	1.67203	115.92
29	1134.7	338.281	1474.562	1.47718	5.23784	1.67633	112.56
30	1169.0	343.026	1474.801	1.49269	5.22605	1.68068	109.30
31	1204.1	347.767	1475.014	1.50809	5.21431	1.68507	106.17

（续）

温度/℃	压力/kPa	比焓/(kJ/kg)		比熵/[kJ/(kg·K)]		比体积/(L/kg)	
t	p	h'	h''	s'	s''	v'	v''
0	40.18	200.00	388.89	1.00000	1.69150	0.65178	403.130
1	41.92	200.86	389.40	1.00313	1.69082	0.65275	387.493
2	43.73	201.73	389.91	1.00625	1.69016	0.65372	372.593
3	45.60	202.59	390.42	1.00936	1.68951	0.65470	358.366
4	47.54	203.46	390.93	1.01246	1.68888	0.65568	344.792
5	49.53	204.32	391.44	1.01555	1.68826	0.65667	331.859
6	51.60	205.19	391.95	1.01863	1.68766	0.65766	319.500
7	53.73	206.05	392.46	1.02170	1.68707	0.65866	307.698
8	55.93	206.92	392.97	1.02476	1.68650	0.65966	296.427
9	58.25	207.79	393.47	1.02782	1.68594	0.66067	285.648
10	60.55	208.65	393.98	1.03086	1.68539	0.66168	275.347
11	62.97	209.52	394.49	1.03389	1.68486	0.66270	265.483
12	65.47	210.39	395.00	1.03692	1.68434	0.66327	256.063
13	68.04	211.26	395.51	1.03994	1.68383	0.66475	247.037
14	70.70	212.13	396.02	1.04294	1.68333	0.66578	238.396
15	73.43	213.00	396.52	1.04594	1.68285	0.66682	230.130
16	76.25	213.87	397.03	1.04893	1.68238	0.66786	222.205
17	79.15	214.74	397.54	1.05191	1.68193	0.66891	214.614
18	82.14	215.61	398.04	1.05468	1.68148	0.66997	207.332
19	85.21	216.48	398.55	1.05785	1.68105	0.67102	200.361
20	88.38	217.35	399.05	1.06080	1.68062	0.67209	193.665
21	91.64	218.22	399.56	1.06375	1.68021	0.67316	187.245
22	94.99	219.10	400.06	1.06669	1.67982	0.67424	181.089
23	98.44	219.97	400.57	1.06961	1.67942	0.67532	175.166
24	101.98	220.84	401.07	1.07254	1.67905	0.67641	169.485
25	105.62	221.72	401.57	1.07545	1.67868	0.67750	164.034
26	109.37	222.59	402.07	1.07838	1.67832	0.67860	158.786
27	113.21	223.47	402.57	1.08125	1.67798	0.67971	153.754
28	117.16	224.34	403.08	1.08414	1.67768	0.68082	148.903
29	121.22	225.22	403.58	1.08702	1.67731	0.68194	144.246
30	125.38	226.10	404.08	1.08989	1.67699	0.68307	139.768
32	134.05	227.85	405.07	1.09561	1.67638	0.68533	131.305
34	143.18	229.61	406.07	1.10130	1.67581	0.68763	123.462
36	152.78	231.37	407.06	1.10696	1.67527	0.68995	116.135
38	162.87	233.13	408.05	1.11259	1.67476	0.69230	109.430
40	173.46	234.90	409.04	1.11819	1.67429	0.69468	103.151
45	202.28	239.32	411.49	1.13206	1.67324	0.70074	89.2884
50	234.64	243.75	413.93	1.14576	1.67237	0.70700	77.6428
55	270.83	248.21	416.34	1.15929	1.67165	0.71346	67.8040
60	311.10	252.68	418.73	1.17267	1.67109	0.72014	59.4543
70	405.15	261.68	423.42	1.19898	1.67031	0.73421	46.2114
80	519.21	270.79	427.98	1.22479	1.66992	0.74937	36.3872

附表4　R12饱和液体及蒸气的热力性质

温度/℃	压力/kPa	比焓/(kJ/kg)		比熵/[kJ/(kg·K)]		比体积/(L/kg)	
t	p	h'	h''	s'	s''	v'	v''
−60	22.62	146.463	324.236	0.77977	1.61373	0.63689	637.911
−55	29.98	150.808	326.567	0.79990	1.60552	0.64226	491.000
−50	39.15	155.169	328.897	0.81964	1.59810	0.64782	383.105
−45	50.44	159.549	331.223	0.83901	1.59142	0.65355	302.683
−40	64.17	163.948	333.541	0.85805	1.58539	0.65949	241.910
−35	80.71	168.369	335.849	0.86776	1.57996	0.66563	195.398
−30	100.41	172.810	338.143	0.89516	1.57507	0.67200	159.375
−28	109.27	174.593	339.057	0.90244	2.57326	0.67461	147.275
−26	118.72	176.380	339.968	0.90967	1.57152	0.67726	136.284
−24	128.80	178.171	340.876	0.91686	1.56985	0.67996	126.282
−22	139.53	179.965	341.780	0.92400	1.56825	0.68269	117.167
−20	150.93	181.764	342.682	0.93110	1.56672	0.68547	108.847
−18	163.04	183.567	343.580	0.93816	1.56526	0.68829	101.242
−16	175.89	185.374	344.474	0.94518	1.56385	0.69115	94.2788
−14	189.50	187.185	345.365	0.95216	1.56256	0.69407	87.8951
−12	203.90	189.001	346.252	0.95910	1.56121	0.69703	82.0344
−10	219.12	190.822	347.134	0.96601	1.55997	0.70004	76.6464
−9	227.04	191.734	347.574	0.96945	1.55938	0.70157	74.1155
−8	235.19	192.647	348.012	0.97287	1.55897	0.70310	71.6864
−7	243.55	193.562	348.450	0.97629	1.55822	0.70465	69.3543
−6	252.14	194.477	348.886	0.97971	1.55765	0.70622	67.1146
−5	260.96	195.395	349.321	0.98311	1.55710	0.70780	64.9629
−4	270.01	196.313	349.755	0.98650	1.55657	0.70939	62.8952
−3	279.30	197.233	350.187	0.98989	1.55604	0.71099	60.9075
−2	288.82	198.154	350.619	0.99327	1.55552	0.71261	58.9963
−1	298.59	199.076	351.049	0.99664	1.55502	0.71425	57.1579
0	308.61	200.000	351.477	1.00000	1.55452	0.71590	55.3892
1	318.88	200.925	351.905	1.00335	1.55404	0.71756	53.6869
2	329.40	201.852	352.331	1.00670	1.55356	0.71924	52.0481
3	340.19	202.780	352.755	1.01004	1.55310	0.72094	50.4700
4	351.24	203.710	353.179	1.01337	1.55264	0.72265	48.9499
5	263.55	204.642	353.600	1.01670	1.55220	0.72438	47.4853
6	374.14	205.575	354.020	1.02001	1.55176	0.72612	46.0737
7	386.01	206.509	354.439	1.02333	1.55133	0.72788	44.7129
8	398.15	207.445	354.856	1.02663	1.55091	0.72966	43.4006
9	410.58	208.383	355.272	1.02993	1.55050	0.73146	42.1349
10	423.30	209.323	355.686	1.03322	1.55010	0.73326	40.9137
11	436.31	210.264	356.098	1.03650	1.54970	0.73510	39.7352
12	449.62	211.207	356.509	1.03978	1.54931	0.73695	38.5975
13	463.23	212.152	356.918	1.04305	1.54893	0.73882	37.4991
14	477.14	213.099	357.325	1.04632	1.54856	0.74071	36.4382
15	491.37	214.048	357.703	1.04958	1.54819	0.74262	35.4133
16	505.91	214.998	358.134	1.05284	1.54783	0.74455	34.4230
17	520.76	215.951	358.535	1.05609	1.54748	0.74649	33.4658
18	535.94	216.906	358.935	1.05933	1.54713	0.74846	32.5405

(续)

温度/℃	压力/kPa	比焓/(kJ/kg)		比熵/[kJ/(kg·K)]		比体积/(L/kg)	
t	p	h'	h"	s'	s"	v'	v"
19	551.45	217.863	359.333	1.06258	1.54679	0.75045	31.6457
20	567.29	218.821	359.729	1.06581	1.54645	0.75246	30.7802
21	583.47	219.783	360.122	1.06904	1.54612	0.75449	29.9429
22	599.98	220.746	360.514	1.07227	1.54579	0.75655	29.1327
23	616.84	221.712	360.904	1.07549	1.54547	0.75863	28.3485
24	634.05	222.680	361.291	1.07871	1.54515	0.76073	27.5894
25	651.62	223.650	361.676	1.08193	1.54484	0.76286	26.8542
26	669.54	224.623	362.059	1.08514	1.54453	0.76501	26.1422
27	687.82	225.598	362.439	1.08835	1.54423	0.76718	25.4524
28	706.47	226.570	362.817	1.09155	1.54393	0.76938	24.7840
29	725.50	227.557	363.193	1.09475	1.54363	0.77161	24.1362
30	744.90	228.540	363.566	1.09795	1.54334	0.77386	23.5082
31	764.68	229.526	363.937	1.10115	1.54305	0.77614	22.8993
32	784.85	230.515	364.305	1.10434	1.54276	0.77845	22.3088
33	805.41	231.506	364.670	1.10753	1.54247	0.78079	21.7359
34	826.36	232.501	365.033	1.11072	1.54219	0.78316	21.1802
35	847.72	233.498	365.392	1.11391	1.54191	0.78556	20.6408
36	869.48	234.499	365.749	1.11710	1.54163	0.78799	20.1173
37	891.04	235.503	366.103	1.12028	1.54135	0.79045	19.6091
38	914.23	236.510	366.454	1.12347	1.54107	0.79294	19.1156
39	937.23	237.521	366.802	1.12665	1.54079	0.79546	18.6362
40	960.65	238.535	367.146	1.12984	1.54051	0.79802	18.1706
41	984.51	239.552	367.487	1.13302	1.54024	0.80062	17.7182
42	1008.8	240.574	367.825	1.13620	1.53996	0.80325	17.2785
43	1033.5	241.598	368.160	1.13938	1.53968	0.80592	16.8511
44	1058.7	242.627	368.491	1.14257	1.53941	0.80863	16.4356
45	1084.3	243.659	368.818	1.14575	1.53913	0.81137	16.0316
46	1110.4	244.696	369.141	1.14894	1.53885	0.81416	15.6386
47	1136.9	245.736	369.461	1.15213	1.53856	0.81698	15.2563
48	1163.9	246.781	369.777	1.15532	1.53828	0.81985	14.8844
49	1191.4	247.830	370.088	1.15851	1.53799	0.82277	14.5224
50	1210.3	248.884	370.396	1.16170	1.53770	0.82573	14.1701
52	1276.6	251.004	370.997	1.16810	1.53712	0.83179	13.4931
54	1335.9	253.144	371.581	1.17451	1.53651	0.83804	12.8509
56	1397.2	255.304	372.145	1.18093	1.53589	0.84451	12.2412
58	1460.5	257.486	372.688	1.18738	1.53524	0.85121	11.6620
60	1525.9	259.690	373.210	1.19384	1.53457	0.85814	11.1113
62	1593.5	261.918	373.707	1.20034	1.53387	0.86534	10.5872
64	1663.2	264.172	374.180	1.20686	1.53313	0.87282	10.0881
66	1735.1	266.452	374.625	1.21342	1.53235	0.88059	9.61234
68	1809.3	268.762	375.042	1.22001	1.53153	0.88870	9.15844
70	1885.8	271.102	375.427	1.22665	1.53066	0.89716	8.72502
75	2087.5	277.100	376.234	1.24347	1.52821	0.92009	7.72258
80	2304.6	283.341	376.777	1.26069	1.52526	0.94612	6.82143
85	2538.0	289.879	376.985	1.27845	1.52164	0.97621	6.00494
90	2788.5	296.788	376.748	1.29691	1.51708	1.01190	5.25759
95	3056.9	304.181	375.887	1.31637	1.51113	1.05581	4.56341
100	3344.1	312.261	374.070	1.33732	1.50296	1.11311	3.90280

附表5 R13 饱和液体及蒸气的热力性质

温度/℃	压力/bar	比焓/(kJ/kg)		比熵/[kJ/(kg·K)]		比体积	
t	p	h'	h''	s'	s''	v' (L/kg)	v'' (m³/kg)
−120	0.069878	84.357	250.120	0.45954	1.54196	0.60182	1.7339
−115	0.10751	88.288	252.224	0.48478	1.52137	0.60821	1.1611
−110	0.16055	92.281	254.323	0.50962	1.50286	0.61480	0.79969
−105	0.23333	96.341	258.433	0.53410	1.48618	0.62161	0.56491
−100	0.33107	100.475	258.534	0.56329	1.47113	0.62367	0.40825
−95	0.45935	104.685	260.623	0.58221	1.45753	0.63593	0.30113
−90	0.62458	108.973	262.294	0.60539	1.44521	0.64357	0.22627
−88	0.70257	110.711	263.515	0.61530	1.44060	0.64669	0.20279
−86	0.78305	112.462	264.333	0.62468	1.43317	0.64986	0.18221
−84	0.88152	114.225	265.145	0.63402	1.43191	0.65308	0.16412
−82	0.98846	116.002	265.953	0.64333	1.42779	0.65636	0.14818
−80	1.0944	117.791	266.754	0.65260	1.42333	0.66069	0.13409
−79	1.1534	118.691	267.153	0.65723	1.42190	0.66138	0.12766
−78	1.2148	119.594	267.550	0.66184	1.42001	0.66303	0.12160
−77	1.2788	120.500	267.945	0.66645	1.41815	0.66480	0.11589
−76	1.3453	121.400	268.389	0.67105	1.41633	0.66653	0.11051
−75	1.4145	122.321	268.731	0.67565	1.41453	0.66823	0.10543
−74	1.4864	123.287	269.121	0.68023	1.41277	0.67004	0.10063
−73	1.5611	124.155	269.505	0.68481	1.41103	0.67182	0.096101
−72	1.6336	125.077	269.893	0.68933	1.40933	0.67362	0.091817
−71	1.7191	126.002	270.230	0.69394	1.40765	0.67543	0.087764
−70	1.8026	126.931	270.663	0.69849	1.40601	0.67726	0.083928
−69	1.8891	127.862	271.043	0.70303	1.40439	0.67911	0.080296
−68	1.9788	128.797	271.422	0.70757	1.40280	0.68097	0.076854
−67	2.0716	129.734	271.798	0.71210	1.40123	0.68286	0.073502
−66	2.1678	130.675	272.172	0.71662	1.39969	0.68476	0.070498
−65	2.2673	131.619	272.544	0.72113	1.39817	0.68668	0.067562
−64	2.3703	132.566	272.914	0.72564	1.39668	0.68862	0.064774
−63	2.4768	133.516	273.231	0.73013	1.39521	0.69058	0.062126
−62	2.5868	134.469	273.645	0.73462	1.39376	0.69256	0.059609
−61	2.7006	135.425	274.008	0.73910	1.39233	0.69456	0.057216
−60	2.8180	136.384	274.368	0.74357	1.39093	0.69659	0.054929
−59	2.9393	137.346	274.725	0.74804	1.38954	0.69863	0.052772
−58	3.0644	138.311	275.079	0.75249	1.38818	0.70070	0.050709
−57	3.1925	139.279	275.431	0.75694	1.38684	0.70279	0.048744
−56	3.3267	140.251	275.780	0.76138	1.38551	0.70490	0.046870
−55	3.4639	141.225	276.127	0.76581	1.38420	0.70703	0.045084
−54	3.6054	142.202	276.470	0.77023	1.38291	0.70919	0.043380
−53	3.7511	143.182	276.811	0.77465	1.38164	0.71138	0.041755
−52	3.9012	144.165	277.149	0.77906	1.38038	0.71359	0.040202
−51	4.0557	145.151	277.483	0.78346	1.37914	0.71582	0.038719
−50	4.2147	146.140	277.815	0.78785	1.37792	0.71809	0.037303
−49	4.3783	147.132	278.143	0.79223	1.37671	0.72038	0.035948
−48	4.5465	148.127	278.468	0.79660	1.37551	0.72270	0.034653
−47	4.7195	149.125	278.790	0.80097	1.37433	0.72504	0.033414

(续)

温度/℃	压力/bar	比焓/(kJ/kg)		比熵/[kJ/(kg·K)]		比体积	
t	p	h'	h''	s'	s''	v'/(L/kg)	v''/(m³/kg)
-46	4.8973	150.126	279.109	0.80533	1.37316	0.72742	0.032228
-45	5.0801	150.146	279.424	0.80968	1.37201	0.72983	0.031093
-44	5.2678	151.130	279.763	0.81402	1.37086	0.73226	0.030005
-43	5.4605	152.137	280.044	0.81836	1.36973	0.73473	0.028963
-42	5.6584	154.159	280.348	0.82269	1.36861	0.73724	0.027965
-41	5.8615	155.175	280.649	0.82701	1.36750	0.73977	0.027007
-40	6.0700	156.193	280.946	0.83132	1.36639	0.74234	0.026088
-39	6.2338	157.215	281.239	0.83562	1.36530	0.74495	0.025207
-38	6.5030	158.240	281.528	0.83992	1.36422	0.74760	0.024361
-37	6.7278	159.268	281.814	0.84421	1.36314	0.75028	0.023548
-36	6.9583	160.299	282.095	0.84849	1.36208	0.75300	0.022767
-35	7.1944	161.333	282.372	0.85277	1.36102	0.75576	0.022017
-34	7.4364	162.370	282.644	0.85704	1.35996	0.75856	0.021296
-33	7.6842	163.410	282.912	0.86130	1.35892	0.76140	0.020603
-32	7.9380	164.453	283.176	0.86556	1.35788	0.76429	0.019936
-31	8.1978	165.500	283.435	0.86981	1.35684	0.76723	0.019294
-30	8.4637	166.550	283.689	0.87405	1.35581	0.77021	0.018677
-29	8.7359	167.603	283.939	0.87828	1.35478	0.77324	0.018082
-28	9.0143	168.659	284.184	0.88251	1.35375	0.77632	0.017509
-27	9.2992	169.719	284.423	0.88674	1.35273	0.77945	0.016957
-26	9.5904	170.782	284.658	0.89096	1.35171	0.78264	0.016425
-25	9.8883	171.849	284.887	0.89517	1.35069	0.78588	0.015912
-24	10.193	172.920	285.110	0.89938	1.34967	0.78918	0.015417
-23	10.504	173.994	285.328	0.90358	1.34865	0.79253	0.014940
-22	10.822	175.072	285.541	0.90778	1.34764	0.79595	0.014479
-21	11.147	176.153	285.747	0.91198	1.34662	0.79944	0.014035
-20	11.479	177.239	285.947	0.91617	1.34559	0.80299	0.013605
-18	12.164	179.422	286.329	0.92454	1.34354	0.81031	0.012790
-16	12.878	181.622	286.684	0.93250	1.34147	0.81793	0.012028
-14	13.622	183.840	287.011	0.94126	1.33937	0.82587	0.011315
-12	14.396	186.077	287.308	0.94961	1.33724	0.83418	0.010648
-10	15.202	188.335	287.572	0.95796	1.33508	0.84288	0.010022
-8	16.040	190.015	287.801	0.96633	1.33286	0.85201	0.009432
-6	16.911	192.919	287.993	0.97470	1.33059	0.86162	0.008881
-4	17.815	195.249	288.144	0.98310	1.32824	0.87177	0.008360
-2	18.754	197.608	288.250	0.99153	1.32582	0.88251	0.007868
0	19.729	200.000	288.367	1.00000	1.31929	0.89393	0.007404
5	22.329	206.148	288.199	1.02144	1.31643	0.92606	0.006348
10	25.176	212.614	287.629	1.04352	1.30845	0.96516	0.005414
15	28.292	219.561	286.388	1.06676	1.29868	1.0152	0.004572
20	31.708	227.350	284.024	1.09232	1.28565	1.0852	0.003785

注：1bar = 10^5Pa。

附表6 R22饱和液体及蒸气的热力性质

温度/℃	压力/kPa	比焓/(kJ/kg)		比熵/[kJ/(kg·K)]		比体积/(L/kg)	
t	p	h'	h''	s'	s''	v'	v''
−60	37.48	134.763	379.114	0.73254	1.87886	0.68208	537.152
−55	49.47	139.830	381.529	0.75599	1.86389	0.68856	414.827
−50	64.39	144.959	383.921	0.77919	1.85000	0.69526	324.557
−45	82.71	150.153	386.282	0.80216	1.83708	0.70219	256.990
−40	104.95	155.414	388.609	0.82490	1.82504	0.70936	205.745
−35	131.68	160.742	390.896	0.84743	1.81380	0.71680	166.400
−30	163.48	166.140	393.138	0.86976	1.80329	0.72452	135.844
−28	177.76	168.318	394.021	0.87864	1.79927	0.72769	125.563
−26	192.99	170.507	394.896	0.88748	1.79535	0.73092	116.214
−24	209.22	172.708	395.762	0.89630	1.79152	0.73420	107.701
−22	226.48	174.919	396.619	0.90509	1.78779	0.73753	99.9362
−20	244.83	177.142	397.467	0.91386	1.78415	0.74091	92.8432
−18	264.29	179.376	398.305	0.92259	1.78059	0.74436	86.3546
−16	284.93	181.622	399.133	0.93129	1.77711	0.74786	80.4103
−14	306.78	183.878	399.951	0.93997	1.77371	0.75143	74.9572
−12	329.89	186.147	400.759	0.94862	1.77039	0.75506	69.9478
−10	354.30	188.426	401.555	0.95725	1.76713	0.75876	65.3399
−9	367.01	189.571	401.949	0.96155	1.76553	0.76063	63.1746
−8	380.06	190.718	402.341	0.96585	1.76394	0.76253	61.0958
−7	393.47	191.868	402.729	0.97014	1.76237	0.76444	59.0996
−6	407.23	193.021	403.114	0.97442	1.76082	0.76636	57.1820
−5	421.35	194.176	403.496	0.97870	1.75928	0.76831	55.3394
−4	435.84	195.335	403.876	0.98297	1.75775	0.77028	53.5682
−3	450.70	196.497	404.252	0.98724	1.75624	0.77226	51.8653
−2	465.94	197.662	404.626	0.99150	1.75475	0.77427	50.2274
−1	481.57	198.828	404.994	0.99575	1.75326	0.77629	48.6517
0	497.59	200.000	405.361	1.00000	1.75279	0.77834	47.1354
1	514.01	201.174	405.724	1.00424	1.75034	0.78041	45.6757
2	530.83	202.351	406.084	1.00848	1.74889	0.78249	44.2702
3	548.06	203.530	406.440	1.01271	1.74746	0.78460	42.9166
4	565.71	204.713	406.739	1.01694	1.74604	0.78673	41.6124
5	583.78	205.899	407.143	1.02116	1.74463	0.78889	40.3556
6	602.28	207.089	407.489	1.02537	1.74324	0.79107	39.1441
7	621.22	208.281	407.831	1.02958	1.74185	0.79327	37.9759
8	640.59	209.477	408.169	1.03379	1.74047	0.79549	36.8493
9	660.42	210.675	408.504	1.03799	1.73911	0.79775	35.7624
10	680.70	211.877	408.835	1.04218	1.73775	0.80002	34.7136
11	701.44	213.083	409.162	1.04637	1.73640	0.80232	33.7013
12	722.65	214.296	409.485	1.05056	1.73506	0.80465	32.7239
13	744.33	215.503	409.804	1.05474	1.73373	0.80701	31.7801
14	766.50	216.719	410.119	1.05892	1.73241	0.80939	30.8683
15	789.15	217.937	410.430	1.06309	1.73109	0.81180	29.9874
16	812.29	219.160	410.736	1.06726	1.72978	0.81424	29.1361
17	835.93	220.386	411.038	1.07142	1.72848	0.81671	28.3131
18	860.08	221.615	411.336	1.07559	1.72719	0.81922	27.5173

附表7 R134a 饱和液体及蒸气的热力性质

t	p_s	v''	v'	h''	h'	s''	s'	ex''	ex'
°C	kPa	10^{-3} m³/kg		kJ/kg		kJ/(kg·K)		kJ/kg	
-85	2.56	5899.997	0.64884	345.37	94.12	1.8702	0.5348	-112.877	34.014
-84	2.78	5515.059	0.65022	345.97	95.18	1.8675	0.5416	-111.473	33.051
-83	3.03	5097.447	0.65143	346.58	96.36	1.8639	0.5480	-109.792	32.323
-82	3.29	4715.850	0.65262	347.19	97.54	1.8604	0.5543	-108.131	31.615
-81	3.57	4366.959	0.65382	347.80	98.71	1.8569	0.5606	-106.490	30.916
-80	3.87	4045.366	0.65501	348.41	99.89	1.8535	0.5668	-104.855	30.243
-79	4.19	3759.812	0.65623	349.02	101.04	1.8503	0.5731	-103.297	29.538
-78	4.54	3493.348	0.65744	349.63	102.20	1.8471	0.5792	-101.728	28.865
-77	4.91	3248.319	0.65864	350.24	103.36	1.8439	0.5853	-100.176	28.207
-76	5.30	3025.483	0.65986	350.86	104.51	1.8409	0.5914	-98.661	27.544
-75	5.72	2816.477	0.66106	351.48	105.68	1.8379	0.5974	-97.131	26.914
-74	6.17	2626.073	0.66227	352.09	106.83	1.8349	0.6034	-95.637	26.282
-73	6.65	2450.663	0.66349	352.71	107.99	1.8320	0.6094	-94.161	25.661
-72	7.16	2288.719	0.66471	353.33	109.16	1.8292	0.6153	-92.701	25.049
-71	7.70	2137.182	0.66591	353.95	110.33	1.8264	0.6212	-91.234	24.463
-70	8.27	2004.070	0.66719	354.57	111.46	1.8239	0.6272	-89.867	23.818
-69	8.88	1873.702	0.66840	355.19	112.64	1.8211	0.6330	-88.426	23.258
-68	9.53	1752.404	0.66960	355.81	113.83	1.8184	0.6388	-86.990	22.708
-67	10.22	1641.775	0.67083	356.44	115.00	1.8158	0.6446	-85.594	22.155
-66	10.95	1538.115	0.67205	357.06	116.19	1.8132	0.6504	-84.194	21.617
-65	11.72	1442.296	0.67327	357.68	117.38	1.8107	0.6562	-82.815	21.091
-64	12.53	1353.013	0.67450	358.31	118.57	1.8082	0.6619	-81.442	20.574
-63	13.40	1270.244	0.67574	358.93	119.76	1.8057	0.6676	-80.087	20.063
-62	14.31	1193.497	0.67697	359.56	120.96	1.8033	0.6733	-78.748	19.563
-61	15.27	1122.071	0.67822	360.19	122.16	1.8010	0.6790	-77.422	19.069
-60	16.29	1055.363	0.67947	360.81	123.37	1.7987	0.6847	-76.104	18.584
-59	17.36	993.557	0.68073	361.44	124.57	1.7964	0.6903	-74.807	18.104
-58	18.49	935.875	0.68199	362.07	125.78	1.7942	0.6959	-73.520	17.634
-57	19.68	882.258	0.68326	362.70	126.99	1.7920	0.7016	-72.251	17.171
-56	20.93	832.420	0.68455	363.32	128.20	1.7900	0.7072	-71.000	16.706
-55	22.24	785.161	0.68583	363.95	129.42	1.7878	0.7127	-69.740	16.266
-54	23.63	741.612	0.68712	364.58	130.64	1.7858	0.7183	-68.512	15.824
-53	25.08	700.754	0.68843	365.21	131.86	1.7838	0.7239	-67.291	15.385
-52	26.61	662.603	0.68973	365.84	133.08	1.7819	0.7294	-66.084	14.960
-51	28.21	626.867	0.69105	366.47	134.31	1.7800	0.7349	-64.889	14.538
-50	29.90	593.412	0.69238	367.10	135.54	1.7782	0.7405	-63.706	14.122
-49	31.66	561.993	0.69372	367.73	136.77	1.7763	0.7460	-62.533	13.713
-48	33.51	533.282	0.69510	368.36	137.99	1.7747	0.7515	-61.404	13.286
-47	35.44	505.116	0.69642	368.99	139.24	1.7728	0.7569	-60.230	12.915
-46	37.47	479.896	0.69782	369.62	140.47	1.7713	0.7624	-59.128	12.500
-45	39.58	454.926	0.69916	370.25	141.72	1.7695	0.7678	-57.971	12.145
-44	41.80	432.125	0.70055	370.88	142.96	1.7679	0.7733	-56.860	11.768
-43	44.11	410.626	0.70194	371.51	144.21	1.7663	0.7787	-55.758	11.400
-42	46.53	390.430	0.70334	372.14	145.46	1.7647	0.7841	-54.668	11.036
-41	49.05	371.402	0.70476	372.77	146.71	1.7632	0.7895	-53.588	10.680

(续)

t	p_s	v''	v'	h''	h'	s''	s'	ex''	ex'
°C	kPa	10^{-3} m³/kg		kJ/kg		kJ/(kg·K)		kJ/kg	
-40	51.69	353.529	0.70619	373.40	147.96	1.7618	0.7949	-52.521	10.329
-39	54.44	336.610	0.70762	374.03	149.22	1.7603	0.8002	-51.461	9.985
-38	57.30	320.695	0.70907	374.66	150.48	1.7589	0.8056	-50.413	9.647
-37	60.28	305.661	0.71053	375.29	151.74	1.7575	0.8109	-49.374	9.316
-36	63.39	291.481	0.71200	375.91	153.00	1.7562	0.8162	-48.346	8.991
-35	66.63	278.087	0.71348	376.54	154.26	1.7549	0.8216	-47.328	8.671
-34	69.99	265.480	0.71497	377.17	155.53	1.7536	0.8269	-46.324	8.356
-33	73.50	254.035	0.71654	377.80	156.78	1.7526	0.8322	-45.373	8.007
-32	77.14	242.169	0.71799	378.42	158.07	1.7512	0.8374	-44.334	7.749
-31	80.92	231.457	0.71951	379.05	159.35	1.7500	0.8427	-43.354	7.457
-30	84.85	221.302	0.72105	379.67	160.62	1.7488	0.8479	-42.382	7.168
-29	88.94	211.679	0.72260	380.30	161.90	1.7477	0.8532	-41.419	6.885
-28	93.17	202.582	0.72416	380.92	163.18	1.7466	0.8584	-40.467	6.609
-27	97.57	193.928	0.72574	381.55	164.47	1.7455	0.8636	-39.521	6.338
-26	102.13	185.709	0.72732	382.17	165.75	1.7444	0.8688	-38.582	6.074
-25	106.86	177.937	0.72892	382.79	167.04	1.7434	0.8740	-37.656	5.815
-24	111.76	170.783	0.73059	383.42	168.32	1.7425	0.8792	-36.769	5.533
-23	116.84	163.788	0.73223	384.04	169.61	1.7416	0.8844	-35.862	5.285
-22	122.10	156.856	0.73380	384.65	170.92	1.7405	0.8895	-34.924	5.076
-21	127.54	150.767	0.73553	385.28	172.20	1.7397	0.8947	-34.067	4.804
-20	133.18	144.450	0.73712	385.89	173.52	1.7387	0.8997	-33.138	4.611
-19	139.01	138.728	0.73880	386.51	174.82	1.7378	0.9049	-32.263	4.388
-18	145.03	133.457	0.74057	387.13	176.11	1.7371	0.9100	-31.425	4.137
-17	151.27	128.035	0.74221	387.74	177.43	1.7361	0.9151	-30.525	3.959
-16	157.71	123.054	0.74393	388.35	178.74	1.7353	0.9201	-29.666	3.753
-15	164.36	118.481	0.74572	388.97	180.04	1.7346	0.9253	-28.847	3.528
-14	171.23	113.962	0.74747	389.58	181.35	1.7338	0.9303	-28.005	3.334
-13	178.33	109.640	0.74924	390.19	182.67	1.7331	0.9354	-27.168	3.146
-12	185.65	105.499	0.75102	390.80	183.99	1.7323	0.9404	-26.335	2.964
-11	193.20	101.566	0.75281	391.40	185.31	1.7316	0.9454	-25.514	2.788
-10	201.00	97.832	0.75463	392.01	186.63	1.7309	0.9504	-24.704	2.614
-9	209.03	94.243	0.75646	392.62	187.96	1.7302	0.9554	-23.896	2.448
-8	217.32	90.783	0.75829	393.22	189.29	1.7295	0.9604	-23.088	2.292
-7	225.85	87.527	0.76016	393.82	190.62	1.7289	0.9654	-22.299	2.134
-6	234.65	84.374	0.76203	394.42	191.95	1.7283	0.9704	-21.508	1.986
-5	243.71	81.304	0.76388	395.01	193.29	1.7276	0.9753	-20.709	1.858
-4	253.04	78.495	0.76584	395.61	194.62	1.7270	0.9803	-19.951	1.703
-3	262.64	75.747	0.76776	396.21	195.96	1.7265	0.9852	-19.184	1.570
-2	272.52	73.063	0.76967	396.80	197.31	1.7258	0.9901	-18.407	1.458
-1	282.68	70.601	0.77168	397.40	198.65	1.7254	0.9951	-17.670	1.318
0	293.14	68.164	0.77365	397.98	200.00	1.7248	1.0000	-16.915	1.203
1	303.89	65.848	0.77565	398.57	201.35	1.7243	1.0049	-16.173	1.092
2	314.94	63.645	0.77769	399.16	202.70	1.7238	1.0098	-15.443	0.979
3	326.30	61.441	0.77967	399.73	204.06	1.7232	1.0146	-14.688	0.898
4	337.98	59.429	0.78176	400.32	205.42	1.7228	1.0196	-13.975	0.791

（续）

t	p_s	v''	v'	h''	h'	s''	s'	ex''	ex'
°C	kPa	$10^{-3}\,\mathrm{m^3/kg}$		kJ/kg		kJ/(kg·K)		kJ/kg	
5	349.96	57.470	0.78384	400.90	206.78	1.7223	1.0244	−13.258	0.701
6	362.28	55.569	0.78593	401.48	208.14	1.7219	1.0293	−12.540	0.617
7	374.92	53.767	0.78805	402.05	209.51	1.7214	1.0341	−11.836	0.537
8	387.90	52.002	0.79017	402.62	210.88	1.7210	1.0390	−11.125	0.468
9	401.22	50.339	0.79235	403.20	212.25	1.7206	1.0438	−10.433	0.393
10	414.88	48.721	0.79453	403.76	213.63	1.7201	1.0486	−9.740	0.331
11	428.90	47.176	0.79673	404.33	215.01	1.7197	1.0534	−9.056	0.273
12	443.27	45.680	0.79896	404.89	216.39	1.7193	1.0583	−8.373	0.219
13	458.01	44.249	0.80120	405.45	217.77	1.7190	1.0631	−7.700	0.172
14	473.12	42.866	0.80348	406.01	219.16	1.7186	1.0679	−7.029	0.129
15	488.60	41.532	0.80577	406.57	220.55	1.7182	1.0727	−6.363	0.091
16	504.47	40.260	0.80810	407.12	221.94	1.7179	1.0774	−5.708	0.056
17	520.73	39.016	0.81044	407.67	223.34	1.7175	1.0822	−5.050	0.032
18	537.38	37.823	0.81281	408.21	224.74	1.7171	1.0870	−4.399	0.009
19	554.43	36.682	0.81520	408.76	226.14	1.7168	1.0917	−3.758	−0.006
20	571.88	35.576	0.81762	409.30	227.55	1.7165	1.0965	−3.120	−0.018
21	589.75	34.503	0.82007	409.84	228.96	1.7162	1.1012	−2.483	−0.024
22	608.04	33.475	0.82255	410.37	230.37	1.7158	1.1060	−1.855	−0.026
23	626.76	32.486	0.82506	410.90	231.79	1.7155	1.1107	−1.233	−0.022
24	645.90	31.526	0.82760	411.43	233.20	1.7152	1.1154	−0.614	−0.014
25	665.49	30.603	0.83017	411.96	234.63	1.7149	1.1202	−0.001	0.000
26	685.52	29.703	0.83276	412.47	236.05	1.7146	1.1249	0.611	0.020
27	706.00	28.847	0.83539	412.99	237.49	1.7144	1.1296	1.211	0.044
28	726.93	28.008	0.83805	413.51	238.92	1.7141	1.1343	1.813	0.074
29	748.34	27.195	0.84073	414.01	240.36	1.7137	1.1390	2.411	0.110
30	770.21	26.424	0.84347	414.52	241.80	1.7135	1.1437	2.995	0.148
31	792.56	25.663	0.84622	415.02	243.24	1.7132	1.1484	3.585	0.195
32	815.39	24.942	0.84903	415.52	244.69	1.7129	1.1531	4.160	0.243
33	838.72	24.235	0.85186	416.01	246.15	1.7127	1.1578	4.736	0.298
34	862.54	23.551	0.85474	416.50	247.61	1.7124	1.1625	5.308	0.358
35	886.87	22.899	0.85768	416.99	249.07	1.7121	1.1672	5.868	0.419
36	911.71	22.234	0.86051	417.45	250.53	1.7117	1.1718	6.446	0.508
37	937.07	21.634	0.86359	417.94	252.00	1.7116	1.1765	6.990	0.571
38	962.95	21.034	0.86663	418.41	253.48	1.7113	1.1812	7.542	0.652
39	989.36	20.451	0.86971	418.87	254.96	1.7110	1.1859	8.090	0.738
40	1016.32	19.893	0.87284	419.34	256.44	1.7108	1.1906	8.629	0.828
41	1043.82	19.343	0.87601	419.79	257.93	1.7104	1.1952	9.170	0.925
42	1071.88	18.812	0.87922	420.24	259.43	1.7102	1.1999	9.704	1.027
43	1100.50	18.308	0.88254	420.69	260.93	1.7099	1.2046	10.226	1.128
44	1129.69	17.799	0.88579	421.11	262.43	1.7096	1.2092	10.758	1.249
45	1159.45	17.320	0.88919	421.55	263.94	1.7093	1.2139	11.274	1.364
46	1189.80	16.849	0.89261	421.97	265.46	1.7090	1.2186	11.790	1.488
47	1220.74	16.390	0.89604	422.39	266.97	1.7087	1.2232	12.302	1.622
48	1252.28	15.956	0.89965	422.81	268.50	1.7084	1.2279	12.802	1.749
49	1284.43	15.529	0.90325	423.22	270.03	1.7081	1.2326	13.300	1.889

(续)

t	p_s	v''	v'	h''	h'	s''	s'	ex''	ex'
°C	kPa	$10^{-3} \mathrm{m^3/kg}$		kJ/kg		kJ/(kg·K)		kJ/kg	
50	1317.19	15.112	0.90694	423.62	271.57	1.7078	1.2373	13.795	2.031
51	1350.58	14.711	0.91067	424.01	273.12	1.7075	1.2420	14.283	2.181
52	1384.60	14.315	0.91448	424.39	274.67	1.7071	1.2466	14.770	2.336
53	1419.25	13.931	0.91834	424.77	276.22	1.7068	1.2513	15.252	2.498
54	1454.56	13.566	0.92231	425.15	277.79	1.7064	1.2560	15.723	2.663
55	1490.52	13.203	0.92634	425.51	279.36	1.7061	1.2607	16.195	2.834
56	1527.15	12.852	0.93045	425.86	280.94	1.7057	1.2654	16.660	3.012
57	1564.45	12.509	0.93464	426.20	282.52	1.7053	1.2701	17.121	3.195
58	1602.43	12.177	0.93893	426.54	284.12	1.7049	1.2748	17.576	3.383
59	1641.10	11.854	0.94330	426.87	285.72	1.7045	1.2795	18.026	3.578
60	1680.47	11.538	0.94775	427.18	287.33	1.7041	1.2842	18.471	3.780
61	1720.56	11.227	0.95232	427.48	288.94	1.7036	1.2890	18.913	3.986
62	1761.36	10.932	0.95702	427.79	290.57	1.7032	1.2937	19.344	4.197
63	1802.89	10.640	0.96181	428.07	292.21	1.7027	1.2985	19.772	4.415
64	1845.15	10.354	0.96672	428.34	293.85	1.7021	1.3033	20.197	4.639
65	1888.17	10.080	0.97175	428.61	295.51	1.7016	1.3080	20.612	4.869
66	1931.94	9.805	0.97692	428.84	297.17	1.7011	1.3128	21.026	5.106
67	1976.48	9.545	0.98222	429.09	298.85	1.7005	1.3176	21.429	5.349
68	2021.80	9.286	0.98766	429.31	300.53	1.6999	1.3225	21.829	5.599
69	2067.90	9.033	0.99326	429.51	302.23	1.6993	1.3273	22.223	5.855
70	2114.81	8.788	0.99902	429.70	303.94	1.6986	1.3321	22.609	6.119
71	2162.53	8.546	1.00496	429.86	305.67	1.6979	1.3370	22.990	6.388
72	2211.07	8.311	1.01110	430.02	307.41	1.6972	1.3419	23.363	6.665
73	2260.44	8.082	1.01741	430.16	309.16	1.6964	1.3469	23.729	6.949
74	2310.67	7.858	1.02396	430.29	310.93	1.6956	1.3518	24.088	7.241
75	2361.75	7.638	1.03073	430.38	312.71	1.6948	1.3568	24.440	7.539
76	2413.70	7.424	1.03774	430.47	314.51	1.6939	1.3618	24.783	7.846
77	2466.53	7.213	1.04500	430.53	316.33	1.6930	1.3668	25.118	8.162
78	2520.27	7.006	1.05259	430.56	318.17	1.6920	1.3719	25.445	8.485
79	2574.91	6.802	1.06047	430.56	320.03	1.6909	1.3771	25.764	8.817
80	2630.48	6.601	1.06869	430.53	321.92	1.6898	1.3822	26.073	9.158
81	2687.00	6.407	1.07728	430.48	323.82	1.6886	1.3874	26.371	9.508
82	2744.47	6.214	1.08628	430.40	325.76	1.6874	1.3927	26.660	9.868
83	2802.91	6.024	1.09574	430.27	327.72	1.6860	1.3981	26.937	10.239
84	2862.35	5.836	1.10570	430.10	329.71	1.6846	1.4035	27.203	10.620
85	2922.80	5.647	1.11621	429.86	331.74	1.6829	1.4089	27.454	11.014
86	2984.27	5.464	1.12736	429.61	333.80	1.6813	1.4145	27.693	11.419
87	3046.80	5.283	1.13923	429.29	335.91	1.6795	1.4202	27.916	11.839
88	3110.39	5.103	1.15172	428.91	338.05	1.6775	1.4259	28.123	12.272
89	3175.08	4.929	1.16552	428.51	340.27	1.6755	1.4318	28.314	12.722
90	3240.89	4.751	1.18024	427.99	342.54	1.6732	1.4379	28.483	13.189
91	3307.85	4.572	1.19624	427.37	344.88	1.6706	1.4441	28.627	13.676
92	3375.98	4.397	1.21380	426.69	347.31	1.6679	1.4505	28.749	14.185
93	3445.32	4.215	1.23325	425.83	349.83	1.6648	1.4572	28.835	14.720
94	3515.91	4.033	1.25507	424.84	352.48	1.6613	1.4642	28.887	15.285
95	3587.80	3.851	1.27926	423.70	355.23	1.6574	1.4714	28.900	15.883
96	3661.03	3.661	1.30887	422.30	358.27	1.6529	1.4794	28.855	16.537
97	3735.68	3.469	1.34352	420.69	361.53	1.6478	1.4880	28.754	17.248
98	3811.83	3.261	1.38682	418.60	365.18	1.6415	1.4975	28.551	18.046
99	3889.62	3.037	1.44484	415.94	369.47	1.6336	1.5088	28.221	18.983
100	3969.25	2.779	1.53410	412.19	375.04	1.6230	1.5234	27.656	20.192
101	4051.31	2.382	1.96810	404.50	392.88	1.6018	1.5707	26.276	23.917
101.15	4064.00	1.969	1.96850	393.07	393.07	1.5712	1.5712	23.976	23.976

（续）

温度/℃	压力/kPa	比焓/（kJ/kg）		比熵/[kJ/（kg·K）]		比体积/（L/kg）	
t	p	h'	h''	s'	s''	v'	v''
32	1240.0	352.504	1475.175	1.52345	5.20261	1.68950	103.13
33	1276.7	357.237	1475.366	1.53872	5.19095	1.69398	100.21
34	1314.1	361.966	1475.504	1.55397	5.17932	1.69850	97.376
35	1352.5	366.691	1475.616	1.56908	5.16774	1.70307	94.641
36	1391.6	371.411	1475.703	1.58416	5.15619	1.70769	91.998
37	1431.6	376.127	1475.765	1.59917	5.14467	1.71235	89.442
38	1472.4	380.838	1475.800	1.61411	5.13319	1.71707	86.970
39	1514.1	385.548	1475.810	1.62897	5.12174	1.72183	84.580
40	1556.7	390.247	1475.795	1.64379	5.11032	1.72665	82.266
41	1600.2	394.945	1475.750	1.65852	5.09894	1.73152	80.028
42	1644.6	399.639	1475.681	1.67319	5.08758	1.73644	77.861
43	1689.9	404.320	1475.586	1.68780	5.07625	1.74142	75.764
44	1736.2	409.011	1475.463	1.70234	5.06495	1.74645	73.733
45	1783.4	413.690	1475.314	1.71681	5.05367	1.75154	71.766
46	1831.5	418.366	1475.137	1.73122	5.04242	1.75668	69.860
47	1880.6	423.037	1474.934	1.74556	5.03120	1.76189	68.014
48	1930.7	427.704	1474.703	1.75984	5.01999	1.76716	66.225
49	1981.8	432.267	1474.444	1.77406	5.00881	1.77249	64.491
50	2033.8	437.026	1474.157	1.78821	4.99765	1.77788	62.809
51	2086.8	441.682	1473.840	1.80230	4.98651	1.78334	61.179
52	2141.1	447.334	1473.500	1.81634	4.97539	1.78887	59.598
53	2196.2	450.984	1473.138	1.83903	4.96428	1.79446	58.064
54	2252.5	455.630	1472.728	1.84432	4.95319	1.80013	56.576
55	2309.8	460.274	1472.290	1.85808	4.94212	1.80586	55.132

附表 3 R11 饱和液体及蒸气的热力性质

温度/℃	压力/kPa	比焓/（kJ/kg）		比熵/[kJ/（kg·K）]		比体积/（L/kg）	
t	p	h'	h''	s'	s''	v'	v''
-30	9.24	174.25	373.57	0.90099	1.72074	0.62466	1581.77
-25	12.15	178.53	376.11	0.91824	1.71447	0.62894	1225.53
-20	15.78	182.81	378.66	0.93517	1.70885	0.63331	960.954
-15	20.25	187.09	381.22	0.95179	1.70377	0.63777	761.949
-10	25.71	191.39	383.77	0.96813	1.69922	0.64234	610.466
-8	28.20	193.11	384.80	0.97459	1.69753	0.64419	560.196
-6	30.88	194.83	385.82	0.98100	1.69592	0.64606	514.840
-4	33.76	196.55	386.84	0.98738	1.69438	0.64795	473.883
-2	36.86	198.27	387.86	0.99371	1.69291	0.64985	436.764

附表8 R290饱和液体及蒸气的热力性质

温度 t K	压力 p MPa	比体积 v'' m³/kg	密度 ρ kg/m³	比 焓 h'/(kJ/kg)	h''/(kJ/kg)	比 熵 s'/[kJ/(kg·K)]	s''/[kJ/(kg·K)]
85.47	0.30×10^{-9}	53716674	732.90	124.92	690.02	1.8738	8.3548
90	0.15×10^{-8}	11180892	728.37	133.56	693.58	1.9723	8.0953
95	0.75×10^{-8}	2362188	723.37	143.13	697.78	2.0758	7.8413
100	0.37×10^{-7}	585463	718.36	152.74	702.23	2.1743	7.6163
105	0.12×10^{-6}	166434	713.34	162.37	706.88	2.2682	7.4163
110	0.39×10^{-6}	53276	708.32	172.03	711.71	2.3581	7.2377
115	0.11×10^{-6}	18913	703.29	181.73	716.68	2.4443	7.0778
120	0.31×10^{-5}	7351.7	698.25	191.46	721.78	2.5271	6.9343
125	0.76×10^{-5}	3095.9	693.20	201.23	726.98	2.6069	6.8051
130	0.000018	1399.6	688.14	211.03	732.27	2.6838	6.6885
135	0.000038	674.08	683.07	220.88	737.64	2.7581	6.5833
140	0.000077	343.54	677.99	230.77	743.07	2.8300	6.4881
145	0.000149	184.22	672.90	240.70	748.57	2.8997	6.4018
150	0.000274	103.41	667.79	250.67	754.12	2.9674	6.3237
155	0.000484	60.504	662.66	260.70	759.72	3.0331	6.2529
160	0.000822	36.755	657.51	270.78	765.37	3.0971	6.1886
165	0.001347	23.102	652.34	280.91	771.06	3.1594	6.1304
170	0.002139	14.979	647.15	291.10	776.80	3.2202	6.0775
175	0.003297	9.9919	641.93	301.34	782.58	3.2796	6.0296
180	0.004945	6.8399	636.68	311.66	788.40	3.3377	5.9862
185	0.007238	4.7946	631.41	322.03	794.26	3.3946	5.9469
190	0.010354	3.4347	626.09	332.48	800.15	3.4503	5.9114
195	0.014506	2.5100	620.74	343.01	806.08	3.5049	5.8793
200	0.019934	1.8681	615.35	353.61	812.03	3.5586	5.8502
205	0.026912	1.4138	609.91	364.29	818.01	3.6113	5.8241
210	0.035741	1.0867	604.43	375.07	824.01	3.6631	5.8005
215	0.046753	0.84713	598.89	385.94	830.02	3.7142	5.7793
220	0.060307	0.66902	593.29	396.90	836.04	3.7645	5.7603
225	0.076789	0.53470	587.62	407.97	842.06	3.8141	5.7433
230	0.096607	0.43206	581.89	419.16	848.08	3.8631	5.7280
231.07	0.101325	0.41333	580.65	421.57	849.37	3.8735	5.7249
232	0.10556	0.39788	579.58	423.68	850.49	3.8827	5.7224
234	0.11515	0.36698	577.25	428.24	852.89	3.9022	5.7170
236	0.12540	0.33899	574.91	432.83	855.28	3.9217	5.7118
238	0.13604	0.31358	572.55	437.44	857.68	3.9412	5.7069
240	0.14800	0.29049	570.19	442.07	860.07	3.9605	5.7022
242	0.16041	0.26946	567.80	446.72	862.45	3.9798	5.6977
244	0.17361	0.25028	565.41	451.40	864.83	3.9990	5.6934
246	0.18761	0.23275	562.99	456.10	867.21	4.0182	5.6894
248	0.20246	0.21672	560.57	460.84	869.58	4.0373	5.6855
250	0.21819	0.20202	558.12	465.58	871.94	4.0563	5.6817

(续)

温度 t	压力 p	比体积 v″	密度 ρ	比 焓		比 熵	
K	MPa	m³/kg	kg/m³	h′/(kJ/kg)	h″/(kJ/kg)	s′/[kJ/(kg·K)]	s″/[kJ/(kg·K)]
252	0.23483	0.18854	555.66	470.36	874.30	4.0753	5.6782
254	0.25242	0.17614	553.18	475.16	876.64	4.0942	5.6748
256	0.27098	0.16474	550.68	479.98	878.98	4.1130	5.6716
258	0.29056	0.15423	548.16	484.82	881.30	4.1318	5.6685
260	0.31118	0.14453	545.62	489.70	883.62	4.1505	5.6656
262	0.33288	0.13557	543.06	494.60	885.93	4.1692	5.6628
264	0.35569	0.12727	540.08	499.52	888.22	4.1878	5.6601
266	0.37966	0.11959	537.88	504.47	890.50	4.2063	5.6576
268	0.40482	0.11247	535.25	509.45	892.77	4.2248	5.6551
270	0.43120	0.10586	532.61	514.45	895.02	4.2433	5.6528
275	0.50276	0.09128	525.87	527.07	900.58	4.2893	5.6475
280	0.58278	0.07905	518.97	539.88	906.03	4.3349	5.6426
285	0.67186	0.06874	511.88	552.87	911.36	4.3804	5.6383
290	0.77068	0.05998	504.58	566.06	916.54	4.4257	5.6343
295	0.87971	0.05250	497.05	579.47	921.57	4.4709	5.6305
300	0.99973	0.04608	489.26	593.11	926.41	4.5160	5.6270
305	1.1314	0.04054	481.17	607.01	931.05	4.5611	5.6235
310	1.2753	0.03574	472.76	621.18	935.45	4.6062	5.6200
315	1.4321	0.03155	463.97	635.66	939.57	4.6516	5.6164
320	1.6027	0.02788	454.74	650.49	943.38	4.6971	5.6124
325	1.7876	0.02465	445.00	660.70	946.81	4.7431	5.6080
330	1.9876	0.02179	434.65	681.37	949.79	4.7896	5.6030
335	2.2036	0.01925	423.56	697.56	952.21	4.8368	5.5969
340	2.4362	0.01696	411.55	714.38	953.92	4.8850	5.5896
345	2.6866	0.01489	398.35	731.96	954.71	4.9346	5.5803
350	2.9556	0.01299	383.54	750.52	954.23	4.9861	5.5681
355	3.2445	0.01121	350.37	770.44	951.90	5.0405	5.5516
360	3.5551	0.009490	345.34	792.50	946.25	5.0997	5.5277
365	3.8902	0.007716	316.22	818.95	935.15	5.1699	5.4883
*369.80	4.2420	0.00457	219	879.2	879.2	5.330	5.330

注：*为临界点。

附表 9 R502 饱和液体及蒸气的热力性质

温度/℃	压力/kPa	比焓/(kJ/kg)		比熵/[kJ/(kg·K)]		比体积/(L/kg)	
t	p	h′	h″	s′	s″	v′	v″
-40	129.64	158.085	328.147	0.83570	1.56512	0.68307	127.687
-30	197.86	167.883	333.027	0.87665	1.55583	0.69890	85.7699
-25	241.00	172.959	335.415	0.89719	1.55187	0.70733	71.1552
-20	291.01	178.149	337.762	0.91775	1.54826	0.71615	57.4614
-15	348.55	183.452	340.068	0.93833	1.54500	0.72538	50.0230
-10	414.30	188.864	342.313	0.95891	1.54203	0.73509	42.3423
-8	443.04	191.058	343.197	0.96714	1.54092	0.73911	39.6747
-6	473.20	193.269	344.071	0.97536	1.53985	0.74323	37.2074

(续)

温度/℃	压力/kPa	比焓/（kJ/kg）		比熵/[kJ/（kg·K）]		比体积/（L/kg）	
t	p	h'	h"	s'	s"	v'	v"
-4	504.98	195.497	344.936	0.98358	1.53886	0.74743	34.9228
-2	538.20	197.740	345.791	0.99179	1.53780	0.75172	32.8049
0	573.13	200.000	346.634	1.00000	1.53683	0.75612	30.8393
1	591.18	201.136	347.052	1.00410	1.53635	0.75836	29.9095
2	609.65	202.275	347.467	1.00820	1.53588	0.76062	29.0131
3	628.54	203.419	347.879	1.01229	1.53542	0.76291	28.1485
4	647.86	204.566	348.288	1.01639	1.53496	0.76523	27.3145
5	667.61	205.717	348.693	1.02048	1.53451	0.76758	26.5097
6	687.80	206.872	349.096	1.02457	1.53406	0.76996	25.7330
7	708.43	208.031	349.496	1.02866	1.53362	0.77237	24.9831
8	729.51	209.193	349.892	1.03274	1.53318	0.77481	24.2589
9	751.05	210.359	350.285	1.03682	1.53275	0.77728	23.5593
10	773.05	211.529	350.675	1.04090	1.53232	0.77978	22.8835
11	795.52	212.703	351.032	0.04497	1.53190	0.78232	22.2303
12	818.46	213.880	351.444	1.04905	1.53147	0.78489	21.5989
13	841.87	215.001	351.824	1.05311	1.53106	0.78750	20.9883
14	865.78	216.245	352.199	1.05718	1.53064	0.79014	20.3979
15	890.17	217.433	352.571	1.06124	1.53023	0.79282	19.8266
16	915.06	218.624	352.939	1.06530	1.52982	0.79555	19.2739
17	940.45	219.820	353.303	1.06936	1.52941	0.79831	18.7389
18	966.35	221.018	353.663	1.07341	1.52900	0.80111	18.2210
19	992.76	222.220	354.019	1.07746	1.52859	0.80395	17.7194
20	1019.7	223.426	354.370	1.08151	1.52819	0.80684	17.2336
21	1047.1	224.635	354.717	1.08555	1.52778	0.80978	16.7630
22	1075.1	225.858	355.060	1.08959	1.52737	0.81276	16.3069
23	1103.7	227.064	355.398	1.09362	1.52697	0.81579	15.8049
24	1132.7	228.284	355.732	1.09766	1.52656	0.81887	15.4363
25	1162.3	229.506	356.001	1.10168	1.52615	0.82200	15.0207
26	1192.5	230.734	356.385	1.10571	1.52573	0.82518	14.6175
27	1223.2	231.964	356.703	1.10973	1.52532	0.82842	14.2263
28	1254.6	233.198	357.017	1.11375	1.52490	0.83171	13.8468
29	1286.4	234.436	357.325	1.11776	1.52448	0.83507	13.4783
30	1318.9	235.677	357.628	1.12177	1.52405	0.83848	13.1205
32	1385.6	238.170	358.216	1.12978	1.52318	0.84551	12.4356
34	1454.7	240.677	358.780	1.13778	1.52229	0.85282	11.7889
36	1526.2	243.200	359.318	1.14577	1.52137	0.86042	11.1778
38	1600.3	245.739	359.828	1.15375	1.52042	0.86834	10.5996
40	1677.0	248.295	360.309	1.16171	1.51943	0.87662	10.0521
45	1880.3	254.762	361.367	1.18164	1.51672	0.89908	8.80325
50	2101.3	261.361	362.180	1.20159	1.51358	0.92465	7.70220
55	2341.1	268.128	362.684	1.22168	1.50983	0.95430	6.72295
60	2601.4	275.130	362.780	1.24209	1.50518	0.98962	5.8440
70	3191.8	290.465	360.952	1.28562	1.49103	1.09069	4.8602
80	3900.4	312.822	350.672	1.34730	1.45448	1.34203	2.70616

附表10　R407C［R32/R125/R134a（R23/R25/R52）］沸腾状态液体和结露状态气体性质

压力	温度		密度	比体积	比焓		比熵	
	沸点	露点	液体	气体	液体	气体	液体	气体
MPa	°C		kg/m³	m³/kg	kJ/kg		kJ/(kg·K)	
0.01000	-82.82	-74.96	1496.6	1.89611	91.52	365.89	0.5302	1.9437
0.02000	-72.81	-65.15	1468.1	0.98986	104.03	371.89	0.5942	1.9071
0.04000	-61.51	-54.07	1435.2	0.51699	118.30	378.64	0.6635	1.8730
0.06000	-54.18	-46.89	1413.5	0.35346	127.63	382.97	0.7068	1.8543
0.08000	-48.61	-41.44	1396.8	0.26976	134.78	386.21	0.7389	1.8416
0.10000	-44.06	-36.98	1382.9	0.21867	140.65	388.83	0.7648	1.8321
0.10132b	-43.79	-36.71	1382.1	0.21597	141.01	388.99	0.7663	1.8315
0.12000	-40.19	-33.19	1371.0	0.18413	145.69	391.04	0.7865	1.8245
0.14000	-36.80	-29.87	1360.4	0.15918	150.12	392.95	0.8053	1.8183
0.16000	-33.77	-26.90	1350.9	0.14027	154.10	394.64	0.8220	1.8130
0.18000	-31.02	-24.21	1342.2	0.12544	157.73	396.15	0.8370	1.8084
0.20000	-28.50	-21.74	1334.1	0.11348	161.07	397.52	0.8507	1.8043
0.22000	-26.17	-19.46	1326.6	0.10363	164.17	398.78	0.8632	1.8007
0.24000	-24.00	-17.34	1319.5	0.09537	167.07	399.94	0.8748	1.7974
0.26000	-21.96	-15.35	1312.8	0.08834	169.80	401.01	0.8857	1.7945
0.28000	-20.05	-13.47	1306.5	0.08228	172.38	402.01	0.8959	1.7918
0.30000	-18.23	-11.70	1300.4	0.07700	174.83	402.95	0.9055	1.7893
0.32000	-16.51	-10.01	1294.6	0.07236	177.17	403.83	0.9145	1.7869
0.34000	-14.86	-8.41	1289.0	0.06824	179.41	404.67	0.9232	1.7848
0.36000	-13.29	-6.87	1283.7	0.06457	181.55	405.45	0.9314	1.7827
0.38000	-11.79	-5.40	1278.5	0.06127	183.61	406.20	0.9392	1.7808
0.40000	-10.34	-3.99	1273.5	0.05829	185.60	406.91	0.9468	1.7790
0.42000	-8.95	-2.63	1268.7	0.05559	187.52	407.59	0.9540	1.7773
0.44000	-7.61	-1.32	1264.0	0.05312	189.37	408.24	0.9609	1.7757
0.46000	-6.31	-0.05	1259.4	0.05086	191.17	408.85	0.9676	1.7741
0.48000	-5.06	1.17	1255.0	0.04878	192.91	409.44	0.9741	1.7726
0.50000	-3.84	2.36	1250.6	0.04687	194.61	410.01	0.9803	1.7712
0.55000	-0.96	5.17	1240.2	0.04266	198.65	411.33	0.9951	1.7679
0.60000	1.73	7.79	1230.4	0.03913	202.45	412.54	1.0088	1.7649
0.65000	4.26	10.25	1221.0	0.03613	206.04	413.64	1.0217	1.7622
0.70000	6.65	12.58	1212.0	0.03355	209.45	414.64	1.0338	1.7596

(续)

压力	温度		密度	比体积	比 焓		比 熵	
	沸点	露点	液体	气体	液体	气体	液体	气体
MPa	°C		kg/m³	m³/kg	kJ/kg		kJ/(kg·K)	
0.75000	8.91	14.78	1203.3	0.03129	212.71	415.57	1.0452	1.7572
0.80000	11.06	16.87	1195.0	0.02931	215.82	416.43	1.0561	1.7549
0.85000	13.11	18.86	1186.9	0.02755	218.81	417.23	1.0664	1.7528
0.90000	15.07	20.77	1179.1	0.02598	221.69	417.97	1.0763	1.7507
0.95000	16.95	22.59	1171.5	0.02457	224.47	418.65	1.0857	1.7488
1.00000	18.76	24.35	1164.1	0.02330	227.15	419.29	1.0948	1.7469
1.10000	22.19	27.67	1149.8	0.02109	232.28	420.44	1.1120	1.7433
1.20000	25.39	30.77	1136.0	0.01923	237.13	421.44	1.1281	1.7400
1.30000	28.40	33.68	1122.8	0.01765	241.74	422.30	1.1431	1.7367
1.40000	31.24	36.42	1109.9	0.01629	246.15	423.04	1.1574	1.7337
1.50000	33.94	39.02	1097.4	0.01510	250.38	423.68	1.1709	1.7307
1.60000	36.50	41.49	1085.1	0.01405	254.44	424.21	1.1838	1.7277
1.70000	38.95	43.84	1073.1	0.01312	258.38	424.66	1.1961	1.7248
1.80000	41.29	46.09	1061.3	0.01229	262.18	425.02	1.2080	1.7220
1.90000	43.54	48.25	1049.6	0.01154	265.88	425.31	1.2194	1.7191
2.00000	45.70	50.31	1038.1	0.01087	269.48	425.51	1.2304	1.7163
2.10000	47.79	52.30	1026.7	0.01025	273.00	425.65	1.2411	1.7135
2.20000	49.80	54.22	1015.3	0.00969	276.43	425.71	1.2515	1.7106
2.30000	51.74	56.07	1004.0	0.00917	279.80	425.70	1.2616	1.7077
2.40000	53.63	57.86	992.7	0.00869	283.10	425.63	1.2714	1.7048
2.50000	55.45	59.58	981.4	0.00825	286.35	425.48	1.2810	1.7018
2.60000	57.22	61.26	970.0	0.00784	289.55	425.27	1.2904	1.6988
2.70000	58.94	62.88	958.6	0.00746	292.71	425.00	1.2996	1.6957
2.80000	60.62	64.45	947.1	0.00710	295.83	424.65	1.3087	1.6925
2.90000	62.25	65.98	935.5	0.00676	298.92	424.23	1.3176	1.6892
3.00000	63.84	67.47	923.8	0.00644	301.99	423.74	1.3264	1.6858
3.20000	66.90	70.32	899.7	0.00586	308.08	422.52	1.3438	1.6786
3.40000	69.83	73.02	874.5	0.00533	314.14	420.96	1.3609	1.6709
3.60000	72.63	75.57	847.8	0.00484	320.25	419.00	1.3779	1.6623
3.80000	75.31	78.00	819.0	0.00439	326.49	416.54	1.3952	1.6526
4.00000	77.90	80.30	787.0	0.00396	332.98	413.42	1.4130	1.6414
4.20000	80.40	82.46	749.8	0.00354	339.95	409.31	1.4321	1.6277
4.635	86.1	86.1	506.0	0.00198	375.0	375.0	1.528	1.528

附表 11　R410A ［R32/R125 (R50/R50)］沸腾状态液体和结露状态气体性质

压力	温度		密度	比体积	比焓		比熵	
	沸点	露点	液体	气体	液体	气体	液体	气体
MPa	°C		kg/m³	m³/kg	kJ/kg		kJ/(kg·K)	
0.01000	-88.54	-88.50	1462.0	2.09550	78.00	377.63	0.4650	2.0879
0.02000	-79.05	-79.01	1434.3	1.09540	90.48	383.18	0.5309	2.0388
0.04000	-68.33	-68.29	1402.4	0.57278	104.64	389.31	0.6018	1.9916
0.06000	-61.39	-61.35	1381.4	0.39184	113.86	393.17	0.6461	1.9650
0.08000	-56.13	-56.08	1365.1	0.29918	120.91	396.04	0.6789	1.9465
0.10000	-51.83	-51.78	1351.7	0.24259	126.69	398.33	0.7052	1.9324
0.10132	-51.57	-51.52	1350.9	0.23961	127.04	398.47	0.7068	1.9316
0.12000	-48.17	-48.12	1340.1	0.20433	131.64	400.24	0.7273	1.9211
0.14000	-44.96	-44.91	1329.9	0.17668	136.00	401.89	0.7464	1.9116
0.16000	-42.10	-42.05	1320.7	0.15572	139.90	403.33	0.7634	1.9034
0.18000	-39.51	-39.45	1312.2	0.13928	143.46	404.62	0.7786	1.8963
0.20000	-37.13	-37.07	1304.4	0.12602	146.73	405.78	0.7925	1.8900
0.22000	-34.93	-34.87	1297.1	0.11510	149.76	406.84	0.8052	1.8843
0.24000	-32.89	-32.83	1290.3	0.10593	152.60	407.81	0.8170	1.8791
0.26000	-30.97	-30.90	1283.9	0.09813	155.27	408.71	0.8280	1.8744
0.28000	-29.16	-29.10	1277.7	0.09141	157.79	409.54	0.8383	1.8700
0.30000	-27.45	-27.38	1271.9	0.08556	160.19	410.31	0.8481	1.8659
0.32000	-25.83	-25.76	1266.3	0.08041	162.47	411.04	0.8573	1.8622
0.34000	-24.28	-24.21	1260.9	0.07584	164.66	411.72	0.8660	1.8586
0.36000	-22.80	-22.73	1255.8	0.07177	166.75	412.36	0.8743	1.8553
0.38000	-21.39	-21.31	1250.8	0.06811	168.76	412.96	0.8823	1.8521
0.40000	-20.03	-19.95	1246.0	0.06481	170.70	413.54	0.8899	1.8491
0.42000	-18.72	-18.64	1241.3	0.06180	172.57	414.08	0.8972	1.8463
0.44000	-17.45	-17.38	1236.8	0.05907	174.38	414.60	0.9042	1.8436
0.46000	-16.24	-16.16	1232.4	0.05656	176.13	415.09	0.9110	1.8410
0.48000	-15.06	-14.98	1228.1	0.05425	177.83	415.56	0.9175	1.8385
0.50000	-13.91	-13.83	1223.9	0.05212	179.48	416.00	0.9238	1.8361
0.55000	-11.20	-11.12	1214.0	0.04746	183.41	417.04	0.9388	1.8305
0.60000	-8.68	-8.59	1204.5	0.04354	187.11	417.96	0.9527	1.8254
0.65000	-6.30	-6.22	1195.5	0.04021	190.60	418.80	0.9657	1.8207
0.70000	-4.07	-3.98	1186.9	0.03734	193.92	419.56	0.9779	1.8163

(续)

压力	温度		密度	比体积	比 焓		比 熵	
	沸点	露点	液体	气体	液体	气体	液体	气体
MPa	°C		kg/m³	m³/kg	kJ/kg		kJ/(kg·K)	
0.75000	-1.95	-1.86	1178.6	0.03484	197.08	420.25	0.9894	1.8122
0.80000	0.07	0.16	1170.6	0.03264	200.10	420.88	1.0004	1.8083
0.85000	1.99	2.08	1162.9	0.03069	203.00	421.45	1.0108	1.8046
0.90000	3.83	3.92	1155.5	0.02894	205.79	421.97	1.0207	1.8011
0.95000	5.59	5.69	1148.2	0.02738	208.49	422.45	1.0303	1.7978
1.00000	7.28	7.38	1141.2	0.02597	211.09	422.89	1.0394	1.7946
1.10000	10.48	10.59	1127.6	0.02351	216.06	423.64	1.0568	1.7885
1.20000	13.48	13.58	1114.5	0.02145	220.76	424.27	1.0729	1.7828
1.30000	16.28	16.39	1102.0	0.01970	225.22	424.78	1.0881	1.7774
1.40000	18.93	19.04	1089.8	0.01818	229.48	425.18	1.1024	1.7723
1.50000	21.44	21.55	1078.0	0.01686	233.56	425.49	1.1160	1.7674
1.60000	23.83	23.94	1066.5	0.01570	237.49	425.72	1.1290	1.7627
1.70000	26.11	26.22	1055.3	0.01467	241.29	425.86	1.1414	1.7581
1.80000	28.29	28.40	1044.2	0.01375	244.96	425.93	1.1533	1.7536
1.90000	30.37	30.49	1033.3	0.01292	248.52	425.93	1.1648	1.7492
2.00000	32.38	32.49	1022.6	0.01217	251.99	425.87	1.1759	1.7448
2.10000	34.31	34.43	1012.0	0.01149	255.37	425.74	1.1866	1.7406
2.20000	36.18	36.29	1001.4	0.01087	258.68	425.54	1.1970	1.7363
2.30000	37.98	38.09	991.0	0.01030	261.91	425.29	1.2071	1.7321
2.40000	39.72	39.83	980.5	0.00977	265.08	424.98	1.2169	1.7279
2.50000	41.40	41.51	970.1	0.00928	268.20	424.61	1.2265	1.7237
2.60000	43.04	43.15	959.7	0.00883	271.27	424.18	1.2359	1.7194
2.70000	44.62	44.73	949.3	0.00840	274.29	423.69	1.2451	1.7152
2.80000	46.17	46.27	938.8	0.00801	277.27	423.14	1.2541	1.7109
2.90000	47.67	47.77	928.3	0.00764	280.23	422.53	1.2630	1.7065
3.00000	49.13	49.23	917.7	0.00729	283.15	421.85	1.2718	1.7021
3.20000	51.94	52.04	896.0	0.00665	288.94	420.30	1.2890	1.6930
3.40000	54.61	54.71	873.7	0.00607	294.67	418.47	1.3059	1.6835
3.60000	57.17	57.26	850.4	0.00555	300.41	416.29	1.3226	1.6734
3.80000	59.61	59.69	825.8	0.00506	306.20	413.72	1.3394	1.6624
4.00000	61.94	62.02	799.1	0.00461	312.13	410.64	1.3564	1.6503
4.20000	64.18	64.25	769.5	0.00417	318.33	406.86	1.3741	1.6365
4.790	70.2	70.2	548.0	0.00183	352.5	352.5	1.472	1.472

附表12 压缩机名义工况下的制冷量、单位轴功率制冷量、单位制冷量质量

缸径 mm	行程	缸数 高压级	缸数 低压级	转速/(r/min)	R22 名义工况制冷量/kW	R22 单位轴功率制冷量/(kW/kW)	R22 单位制冷量质量/(kg/kW)	转速/(r/min)	R717 名义工况制冷量/kW	R717 单位轴功率制冷量/(kW/kW)	R717 单位制冷量质量/(kg/kW)
70	70	1	3	1440	11.0	1.63	16.6		8.52	1.49	20.8
		2	4		17.0	1.61	13.7		13.2	1.47	16.5
		2	6		22.0	1.65	11.6		17.0	1.50	14.6
	55	1	3		8.52	1.56	20.2		7.10	1.41	26.1
		2	4		13.2	1.54	16.6		11.0	1.40	20.0
		2	6		17.0	1.58	14.6		14.2	1.42	18.6
100	100	1	3	1160	28.8	1.78	20.8	1440	28.6	1.65	21.0
		2	4		44.6	1.74	15.9		44.2	1.62	16.1
		2	6		57.6	1.80	14.8		57.2	1.66	14.9
	80	1	3	1440	28.6	1.66	19.9		22.9	1.54	24.9
		2	4		44.2	1.63	15.5		35.2	1.52	19.4
		2	6		57.2	1.68	14.3		45.6	1.55	17.9
	70	1	3		25.0	1.45	17.4		20.0	1.35	21.8
		2	4		38.7	1.43	13.6		30.8	1.33	17.0
		2	6		50.05	1.47	12.5		39.9	1.36	15.7
125	110	1	3	960	39.4	1.76	22.9	1160	43.8	1.65	20.5
		2	4		57.2	1.73	18.2		63.8	1.62	17.0
		2	6		78.6	1.77	16.5		87.6	1.66	14.8
	100	1	3		35.8	1.75	25.2		39.8	1.59	22.6
		2	4		52.2	1.72	20.8		58.0	1.57	18.7
		2	6		71.6	1.76	18.2		79.6	1.60	16.3
170	140	1	3	720	68.2	1.75	30.5	960	79.6	1.63	27.3
		2	4		105.5	1.72	22.8		123.0	1.60	20.6
		2	6		136.5	1.76	21.2		159.0	1.64	18.2

附表 13 压缩机基本参数

类别	缸径 mm	行程	转速范围/ (r/min)	缸数	容积排量（8 缸）			
					最高转速/ (r/min)	排量/ (m³/h)	最低转速/ (r/min)	排量/ (m³/h)
半封闭式	48、55、62		1410	2				
	30、40、50、60			2、3、4				
	70	70	1000~1800	2、3、4、6、8	1800	232.6	1000	129.2
		55				182.6		101.5
开启式	100	100	750~1500	2、4、6、8	1500	565.2	750	282.6
		70				395.6		197.8
	125	110	600~1200	4、6、8	1200	777.2	600	388.6
		100				706.5		353.3
	170	140	500~1000		1000	1524.5	500	762.3
	250	200	500~600	8	600	2826	500	2355

注：1. 70mm 以下缸径的半封闭式压缩机结构为单作用逆流式。

2. 70mm 以上（包括70mm）缸径、4缸以上（包括4缸）高速多缸压缩机需配置冷量调节机构和卸载起动机构。

3. 开启式压缩机采用联轴器直接传动或 V 带传动。

附录 B 附图 1 ~ 附图 9

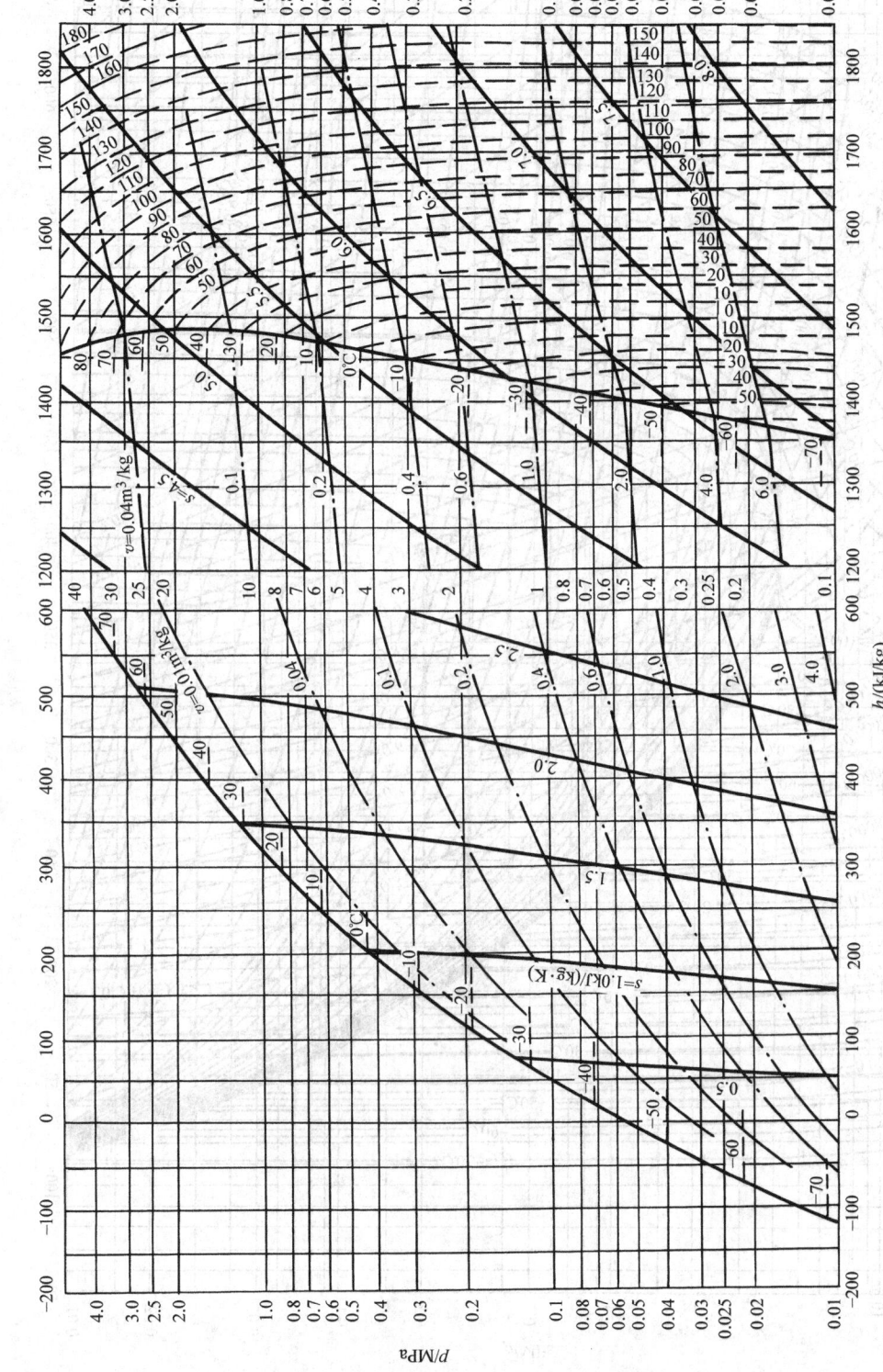

附图 1 NH₃ 的压焓图

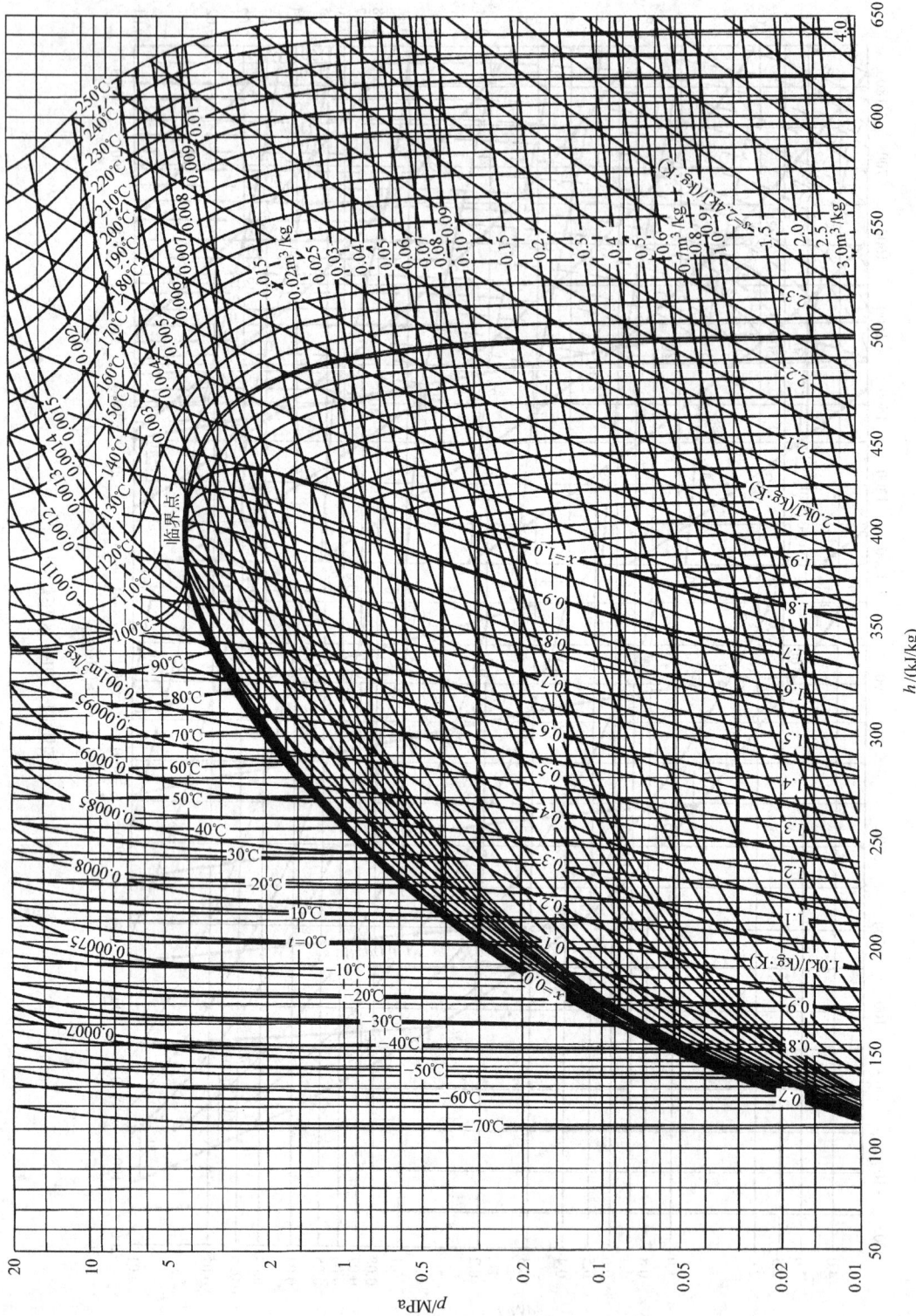

附图 2　R134a 的压焓图

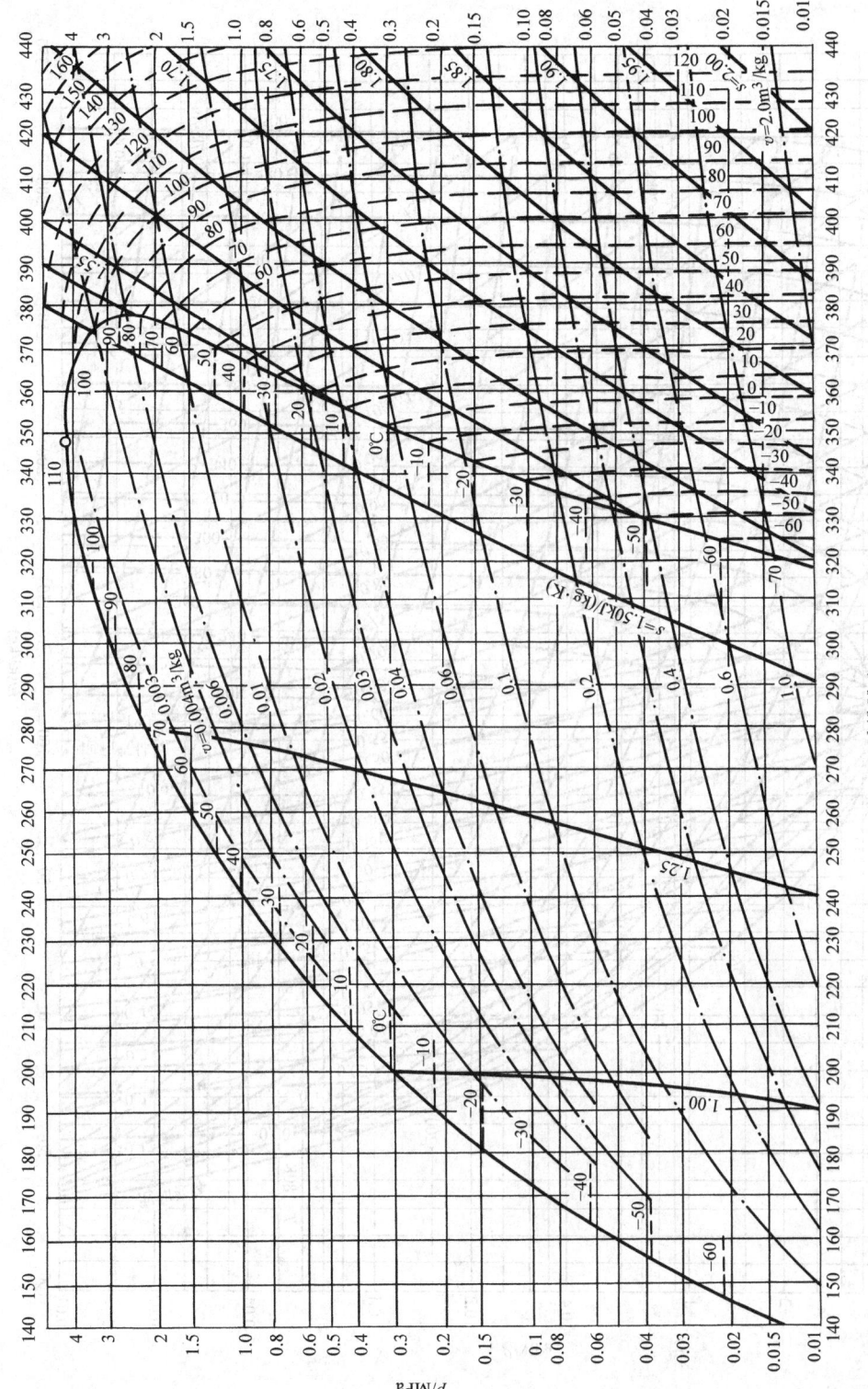

附图 3　R12 的压焓图

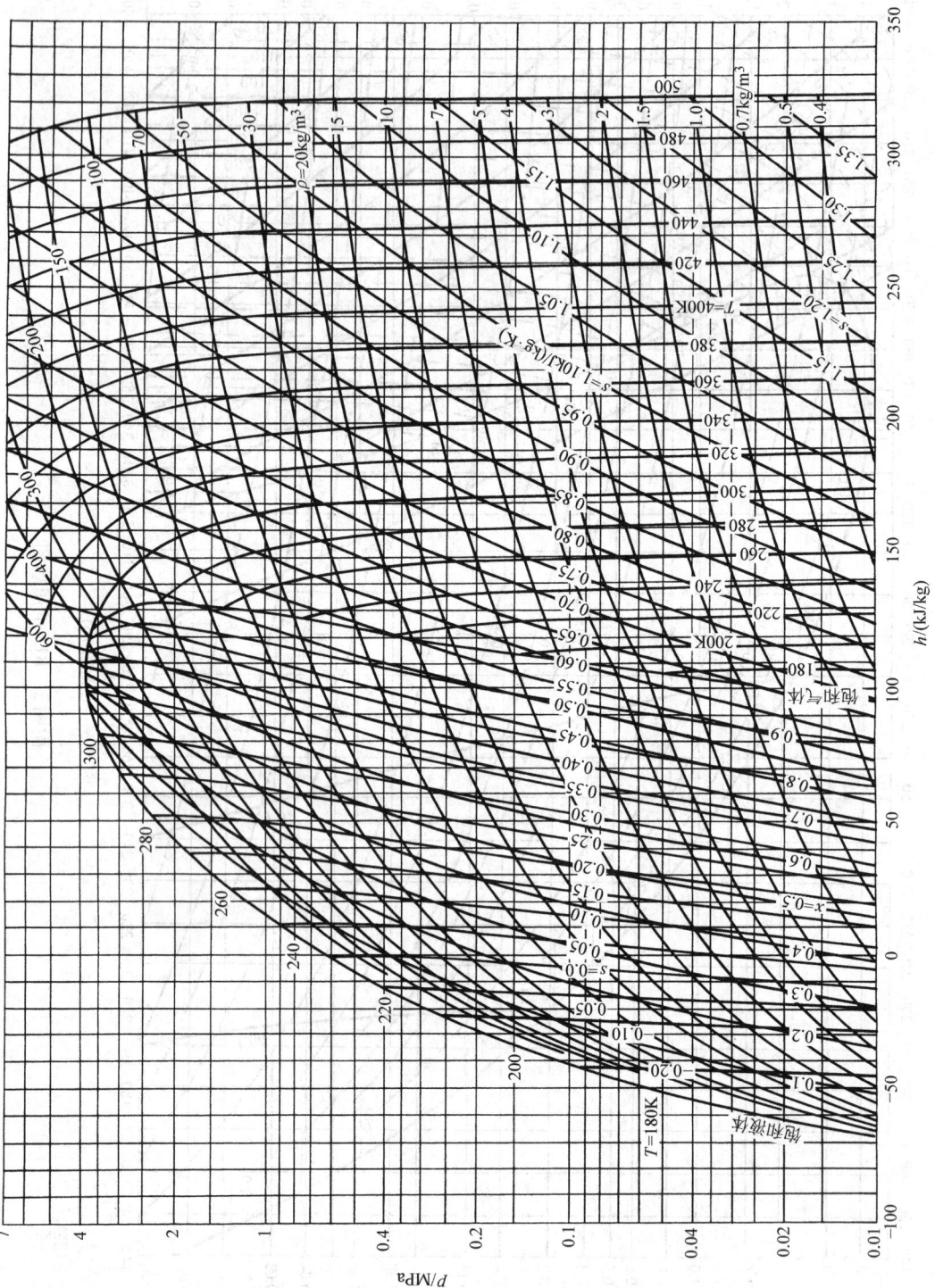

附图 4　R13 的压焓图

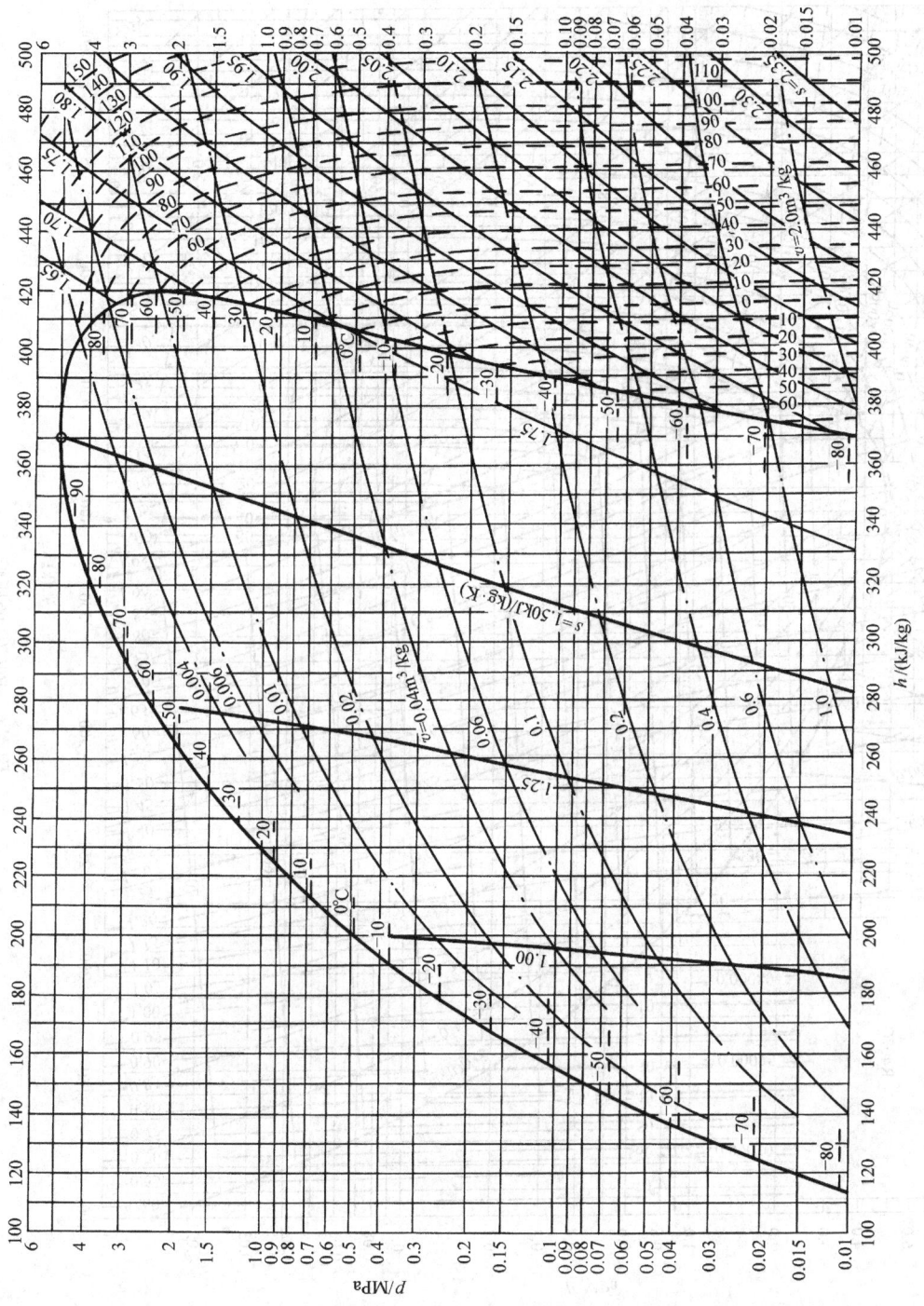

附图 5　R22 的压焓图

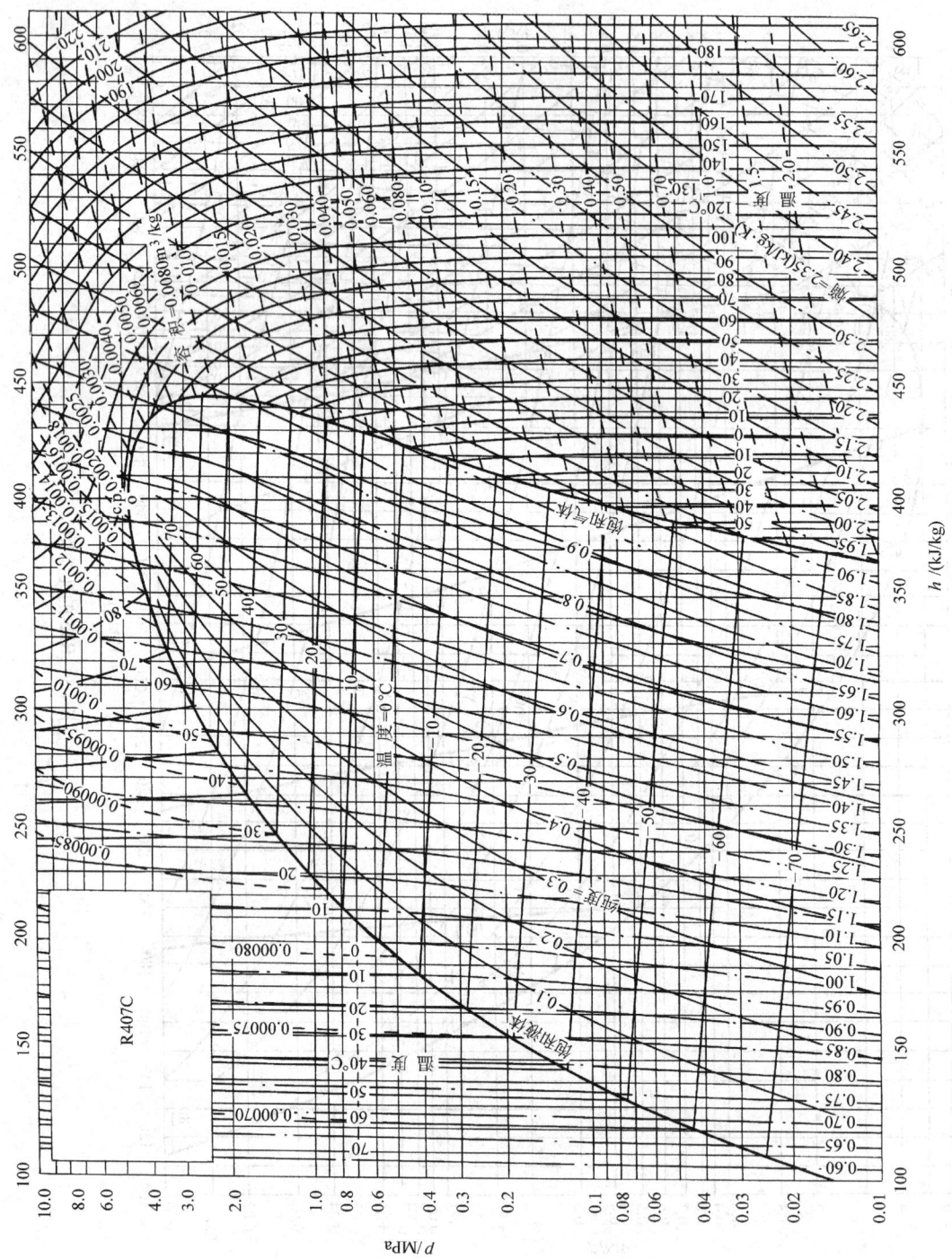

附图 6　R407C 的压焓图

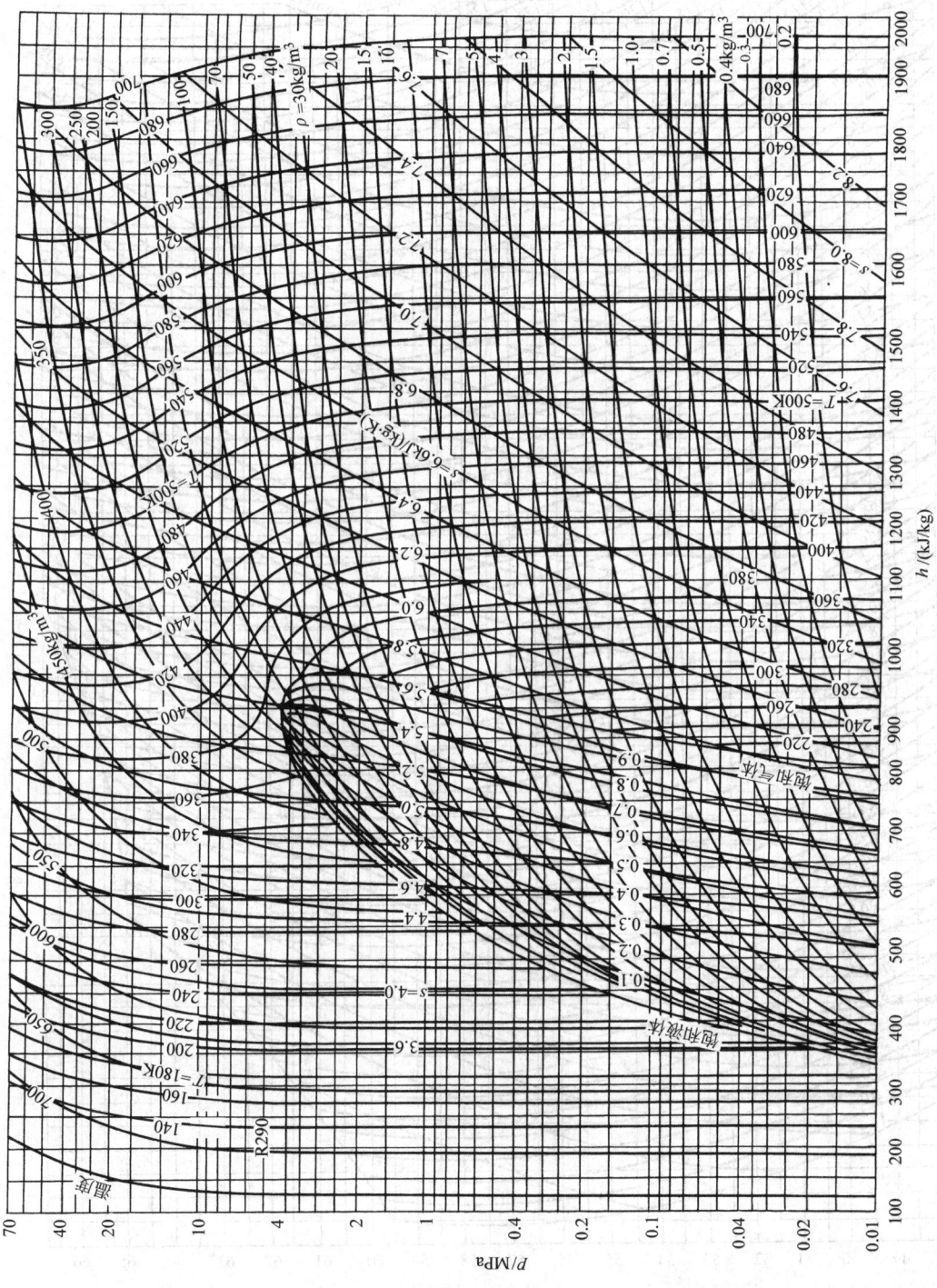

附图 7 R290 的压焓图

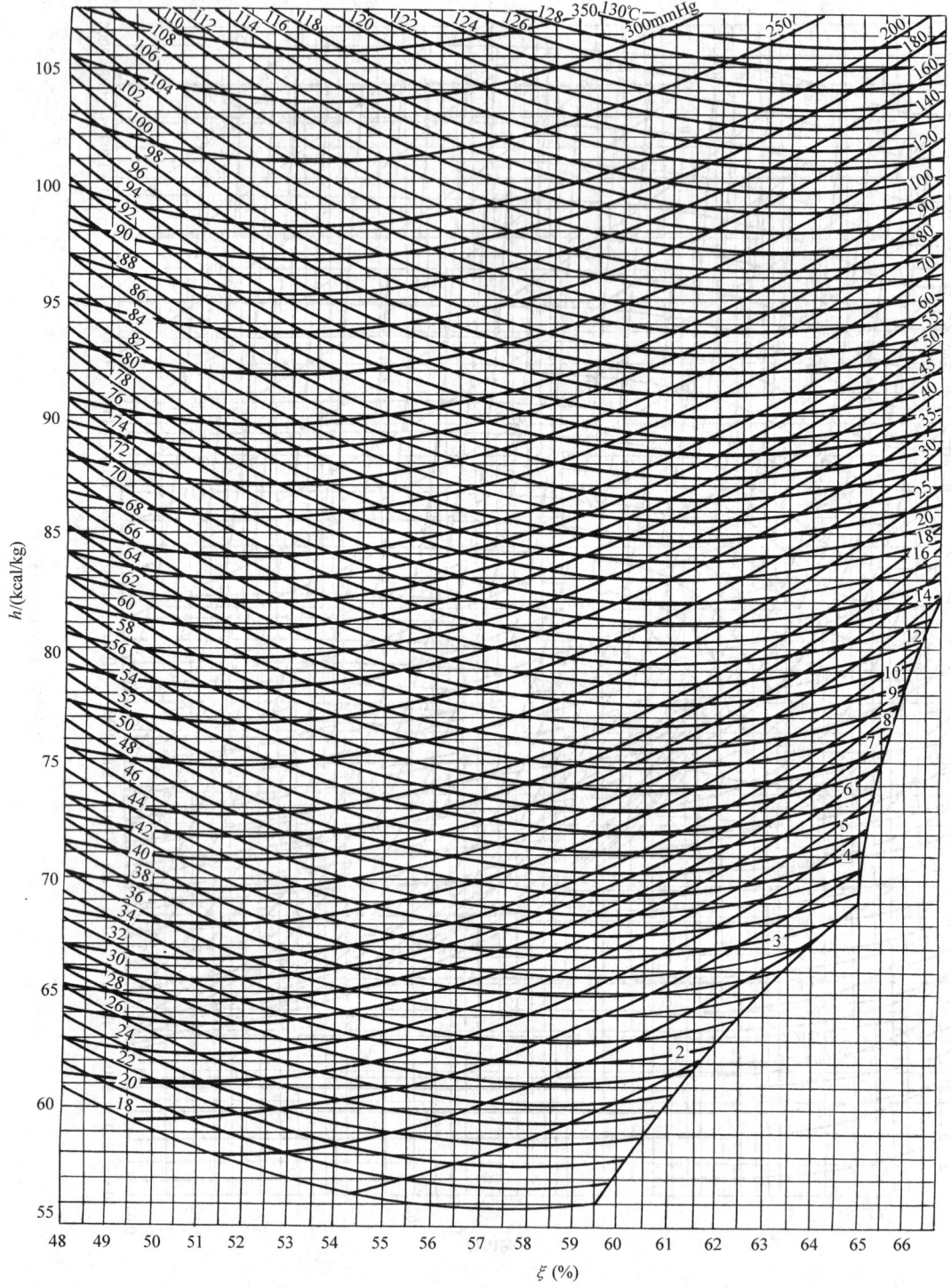

附图 8　LiBr-H_2O 溶液的 h-ξ 图（1）

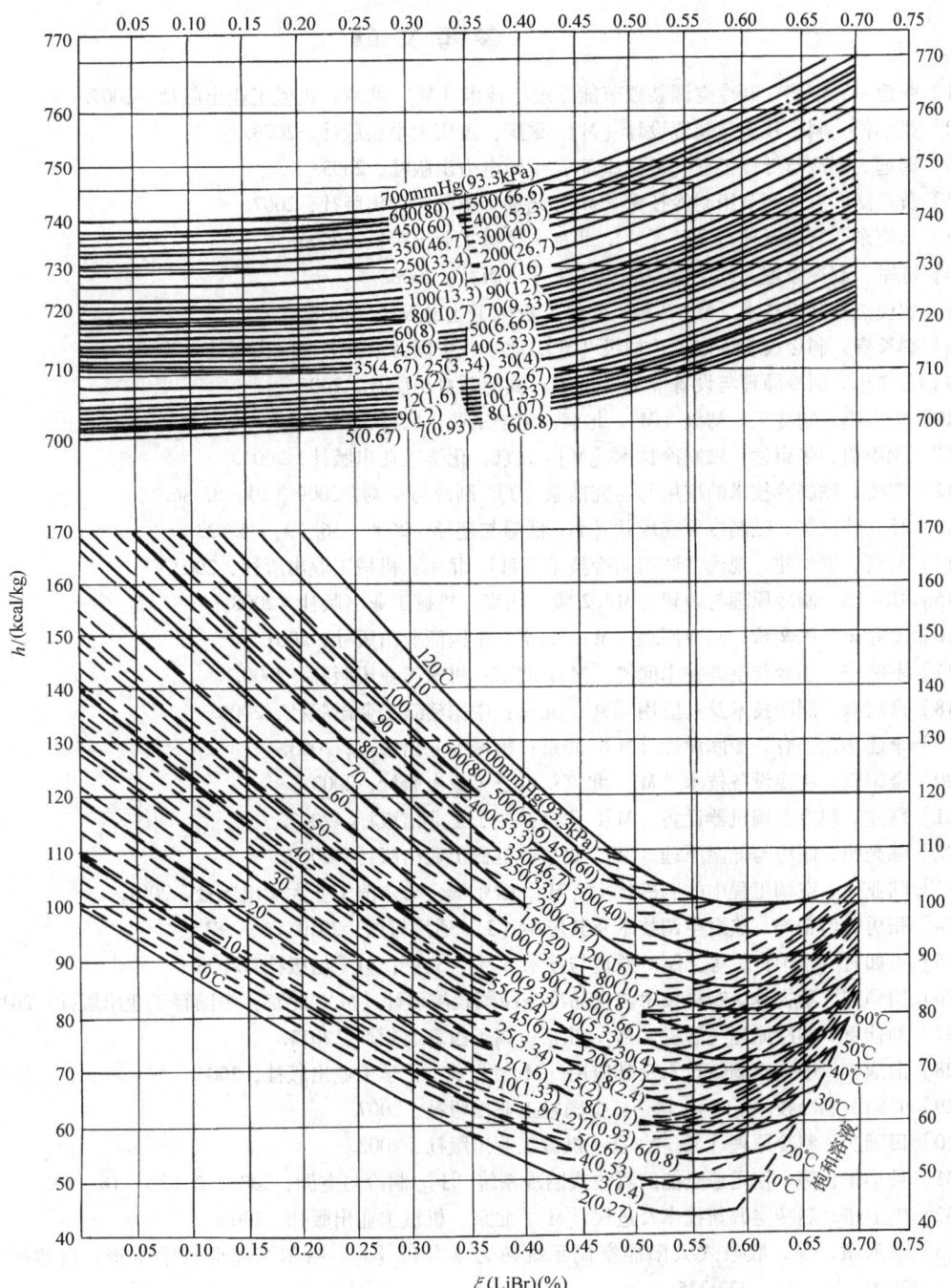

附图9 LiBr-H$_2$O溶液的 h-ξ 图（2）

参 考 文 献

[1] 张建一,李莉. 制冷空调装置节能原理与技术 [M]. 北京:机械工业出版社,2007.
[2] 张小松. 制冷技术与装置设计 [M]. 重庆:重庆大学出版社,2008.
[3] 周远. 制冷与低温工程 [M]. 北京:中国电力出版社,2003.
[4] 黄奕沄. 空气调节用制冷技术 [M]. 北京:中国电力出版社,2007.
[5] 李晓东. 制冷原理与设备 [M]. 北京:机械工业出版社,2006.
[6] 陈军. 制冷原理 [M]. 北京:电子工业出版社,2008.
[7] 贺俊杰. 制冷技术 [M]. 2版. 北京:机械工业出版社,2007.
[8] 魏长春. 制冷设备维修工:初级 [M]. 北京:中国劳动社会保障出版社,2000.
[9] 姜守忠. 制冷原理与设备 [M]. 北京:高等教育出版社,2005.
[10] 朱方鸣. 制冷工:初级 [M]. 北京:化学工业出版社,2007.
[11] 鲍雨梅,张康达. 磁制冷技术 [M]. 北京:化学工业出版社,2004.
[12] 刘涛. 磁制冷技术的应用与研究前景 [J]. 制冷与空调,2009 (2):83-86.
[13] 孙立佳,等. 磁制冷研究现状 [J]. 低温与超导,2008,36 (9):17-23.
[14] 易新,梁仁建. 现代空调用制冷技术 [M]. 北京:机械工业出版社,2003.
[15] 郑贤德. 制冷原理与装置 [M]. 2版. 北京:机械工业出版社,2008.
[16] 姜守忠,匡奕珍. 制冷原理 [M]. 北京:中国商业出版社,2001.
[17] 卜啸华. 制冷与空调技术问答 [M]. 北京:机械工业出版社,2000.
[18] 彦启森. 制冷技术及其应用 [M]. 北京:中国建筑工业出版社,2006.
[19] 李建华,王春. 冷库设计 [M]. 北京:机械工业出版社,2003.
[20] 金国砥. 制冷设备技术 [M]. 北京:电子工业出版社,2003.
[21] 魏龙. 制冷空调机器设备 [M]. 北京:电子工业出版社,2007.
[22] 陈光明. 制冷与低温原理 [M]. 北京:机械工业出版社,2000.
[23] 陆亚俊. 空调工程中的制冷技术 [M]. 哈尔滨:哈尔滨工业大学出版社,2001.
[24] 张勇,何希杰. 热泵空调技术及其应用 [J]. 通用机械,2010 (1):81.
[25] 王如竹,丁国良,等. 制冷原理与技术 [M]. 北京:科学出版社,2003.
[26] 闫师杰,董吉林. 制冷技术与食品冷冻冷藏设施设计 [M]. 北京:中国轻工业出版社,2011.
[27] 刘佳霓. 制冷原理与装置 [M]. 北京:高等教育出版社,2011.
[28] 俞炳丰. 中央空调新技术及其应用 [M]. 北京:化学工业出版社,2004.
[29] 时阳. 制冷技术 [M]. 北京:中国轻工业出版社,2007.
[30] 田国庆. 制冷原理 [M]. 北京:机械工业出版社,2002.
[31] 吴小华,等. 使用地热能的吸收式制冷系统 [J]. 制冷与空调,2003,3 (3):16-19.
[32] 刘卫华. 制冷空调新技术及进展 [M]. 北京:机械工业出版社,2004.
[33] 季阿敏,等. 吸收式太阳能空调系统热力学分析 [J]. 哈尔滨商业大学学报:自然科学版,2010,26 (2):223-225.
[34] 岳帮贤. 制冷工 [M]. 北京:化学工业出版社,2004.
[35] 雷霞. 制冷原理 [M]. 北京:机械工业出版社,2003.
[36] 朱立. 制冷压缩机与设备 [M]. 北京:机械工业出版社,2005.
[37] 曹德胜. 制冷空调系统的安全运行、维护管理及节能环保 [M]. 北京:中国电力出版社,2003.